新世纪普通高等教育电子信息类课程规划教材

数字电子技术

主　编　刘玉玲
副主编　陈雪小　张冰冰
　　　　潘可贤　陈俊秀

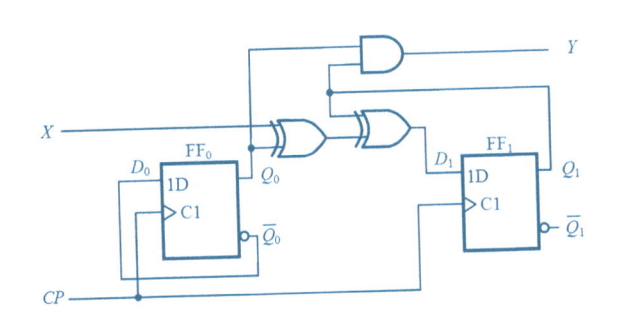

大连理工大学出版社

图书在版编目(CIP)数据

数字电子技术 / 刘玉玲主编. -- 大连：大连理工大学出版社，2021.8(2025.1重印)
新世纪普通高等教育电子信息类课程规划教材
ISBN 978-7-5685-3149-8

Ⅰ.①数… Ⅱ.①刘… Ⅲ.①数字电路－电子技术－高等学校－教材 Ⅳ.①TN79

中国版本图书馆 CIP 数据核字(2021)第 158437 号

大连理工大学出版社出版

地址：大连市软件园路 80 号　邮政编码：116023
营销中心：0411-84707410　84708842　邮购及零售：0411-84706041
E-mail:dutp@dutp.cn　URL:http://dutp.dlut.edu.cn
大连朕鑫印刷物资有限公司印刷　　大连理工大学出版社发行

幅面尺寸:185mm×260mm　　印张:11.75　　字数:271 千字
2021 年 8 月第 1 版　　　　　2025 年 1 月第 3 次印刷

责任编辑：王晓历　　　　　　　责任校对：陈稳旭
　　　　　　　　封面设计：张　莹

ISBN 978-7-5685-3149-8　　　　　　　　　定　价:38.80 元

本书如有印装质量问题，请与我社营销中心联系更换。

前 言

数字电子技术是高等职业院校电子信息类专业的一门重要的基础课程,本教材适用于高等职业院校信息专业及相关专业的学生,同时也可供电子技术方面的工程技术人员学习和参考。

数字电子技术涉及的内容较多,在课程内容的安排上,本教材以小规模和中规模集成电路为主来组织内容,注重从实际出发、由浅入深,通过各种半导体器件和电路阐述数字电子线路的基本概念、基本分析和设计方法,并配有一定数量的例题和习题。

本教材在内容编排上,做到基础理论适当,对公式、定理的推导及证明从简;减少了功能器件的内部原理分析;着重介绍其外围及应用说明,并突出理论应用于实践的特色。

由于数字电子技术课程一般安排在模拟电子技术课程之后,因此当使用线性电路和模拟电子的知识时,直接作为结论加以引用。

为响应教育部全面推进高等学校课程思政建设工作的要求,本教材编写团队深入推进党的二十大精神融入教材,不仅围绕专业育人目标,结合课程特点,注重知识传授能力的培养与价值塑造统一,还体现了专业素养、科研学术道德等教育,立志培养有理想、敢担当、能吃苦、肯奋斗的新时代好青年,让青春在全面建设社会主义现代化国家的火热实践中谱写绚丽华章。

本教材共7章,包括:数字逻辑概述;逻辑代数基础;组合逻辑电路;锁存器和触发器;时序逻辑电路;波形的产生和变换;数模和模数转换器。在安排教学内容时,可根据具体要求和课时做必要的增删。

本教材由厦门工学院刘玉玲任主编,厦门工学院陈雪小、张冰冰、潘可贤、陈俊秀任副主编,福建京奥通信技术有限公司康忠林参与了编写。具体编写分工如下:第1章、第3.1节、第3.2节、第3.3节、第5章、第6.3节、第6.4节由刘玉玲编写;第2章由陈雪小编写;第3.4节由张冰冰编

写;第4章由康忠林编写;第6.1节、第6.2节、第6.5节由潘可贤编写;第7章由陈俊秀编写。

在编写本教材的过程中,编者参考、引用和改编了国内外出版物中的相关资料以及网络资源,在此表示深深的谢意!相关著作权人看到本教材后,请与出版社联系,出版社将按照相关法律的规定支付稿酬。

由于编者的水平有限,书中难免存在错误和不妥之处,殷切期望使用本教材的师生和其他读者,给予批评和指正。

编 者
2021年8月

所有意见和建议请发往:dutpbk@163.com
欢迎访问高教数字化服务平台:http://hep.dutpbook.com
联系电话:0411-84708445　84708462

数字资源列表

8421BCD编码器工作原理	3线-8线译码器工作原理	二-十进制译码器工作原理	LED数码管内部结构与工作原理
SD10-CD4511共阴型LED数码管显示原	同步JK触发器工作原理	边沿JK触发器	由JK触发器构成加法计数器
同步4位二进制计数器74LS161	D触发器构成左移寄存器原理	双向移位寄存器原理	555定时器工作原理
555定时器实现施密特触发器工作原理	555定时器实现单稳态触发器工作原理	SD35-555定时器实现多谐振荡器工作	T形电阻网络DAC工作原理

目　录

第1章　数字逻辑概述 ··········· 1
　1.1　概　述 ··········· 1
　1.2　数　制 ··········· 2
　1.3　不同数制间的转换 ··········· 3
　1.4　二进制算术运算 ··········· 6
　1.5　常用的编码 ··········· 8
　本章小结 ··········· 11
　习　题 ··········· 11

第2章　逻辑代数基础 ··········· 13
　2.1　概　述 ··········· 13
　2.2　基本逻辑运算 ··········· 13
　2.3　逻辑代数的基本公式和定理 ··········· 17
　2.4　逻辑函数及其表示方法 ··········· 19
　2.5　逻辑函数表达式的形式 ··········· 23
　2.6　逻辑函数的化简方法 ··········· 27
　本章小结 ··········· 36
　习　题 ··········· 36

第3章　组合逻辑电路 ··········· 40
　3.1　概　述 ··········· 40
　3.2　组合逻辑电路的分析与设计 ··········· 41
　3.3　组合逻辑电路中的竞争-冒险 ··········· 46
　3.4　常用组合逻辑电路 ··········· 50
　本章小结 ··········· 73
　习　题 ··········· 73

第4章　锁存器和触发器 ··········· 75
　4.1　基本双稳态电路 ··········· 75
　4.2　锁存器 ··········· 76
　4.3　触发器 ··········· 83
　本章小结 ··········· 93

习　题 …………………………………………………………………… 93
第 5 章　时序逻辑电路 …………………………………………………… 95
　5.1　概　述 ……………………………………………………………… 95
　5.2　同步时序逻辑电路的分析 ………………………………………… 96
　5.3　同步时序逻辑电路的设计 ………………………………………… 103
　5.4　异步时序逻辑电路的分析 ………………………………………… 109
　5.5　若干典型的时序逻辑电路 ………………………………………… 111
　　本章小结 ……………………………………………………………… 127
　　习　题 ………………………………………………………………… 128
第 6 章　波形的产生和变换 ……………………………………………… 131
　6.1　概　述 ……………………………………………………………… 131
　6.2　单稳态触发器 ……………………………………………………… 132
　6.3　施密特触发器 ……………………………………………………… 137
　6.4　多谐振荡器 ………………………………………………………… 141
　6.5　555 定时器 ………………………………………………………… 148
　　本章小结 ……………………………………………………………… 156
　　习　题 ………………………………………………………………… 156
第 7 章　数模和模数转换器 ……………………………………………… 160
　7.1　D/A 转换器 ………………………………………………………… 161
　7.2　A/D 转换器 ………………………………………………………… 169
　　本章小结 ……………………………………………………………… 176
　　习　题 ………………………………………………………………… 177
参考文献 …………………………………………………………………… 179
附录　本书常用符号表 …………………………………………………… 180

第1章
DI-YI ZHANG
数字逻辑概述

思政目标

数字电子技术是一门研究电子器件及其应用的学科,涉及的领域极其广阔。科学技术的发展规律都是从无到有,从小到大,由浅入深的过程,引导学生注重平时的日积月累;对于数制及其转换部分要让学生扩展思维,不被已有规则束缚,能够理解一种新制度的形成,理解人类社会规则的形成、以及规则促使进步的意义。

1.1 概 述

电子技术是一门研究电子器件及其应用的学科,涉及的领域极其广泛。在当今,电子技术的应用已经渗透到了人类活动的一切领域。从电视、电话、移动通信、计算机、医疗仪器、现代的家用电器到各种先进的仪器设备,其中无不包含着电子技术的研究成果。

在实际生产生活中的各种物理量中,模拟信号是指在时间上和幅值上均连续变化的物理量所表达的信息,如温度、湿度、压力、长度、电压、电流等,通常又把模拟信号称为连续信号,它在一定的时间范围内可以有无限多个不同的取值。数字信号是在模拟信号的基础上经过采样、量化和编码而形成的。相对于模拟信号,数字信号是指在时间上和幅值上是离散的、不连续的信号。

数字信号是用一组特殊的状态来描述信号,有电位型和脉冲型两种表示形式。电位型是用数字"0"或"1",表示低电位或高电位信号;脉冲型是用数字"0"或"1"表示无脉冲或有脉冲。在实际的数字信号传输中,通常是将一定范围的信息变化归类为状态 0 或状态 1,这种状态的设置大大提高了数字信号的抗噪声能力。不仅如此,在保密性、抗干扰、传输质量等方面,数字信号都比模拟信号要好,且更加节约信号传输通道资源。

数字电路所处理的各种数字信号都是以数码形式给出的。不同的数码既可以用来表示不同数量的大小,又可以用来表示不同的事物或事物的不同状态。

1.2 数制

在日常生活中人们经常会遇到计数问题,并且习惯用十进制数解决。而在数字系统中,一般采用二进制数,有时也采用八进制数或十六进制数。多位数码中的每一位数的构成及低位向高位进位的规则称为数制。数制的种类有二进制、八进制、十进制和十六进制,以下分别进行阐述。

1. 十进制

十进制是日常生活和工作中最常使用的进位计数制。在十进制数中,每一位有 0~9 共十个数码,按一定的规律排列表示,其计数规律是"逢十进一"。超过 9 的数必须用多位数表示,如 9+1=10,其中左边的"1"为十位数,右边的"0"为个位数,也就是 $10=1\times 10^1+0\times 10^0$。十进制就是以 10 为基数的计数体制。例如

$$234.57 = 2\times 10^2 + 3\times 10^1 + 4\times 10^0 + 5\times 10^{-1} + 7\times 10^{-2}$$

式中,$10^2, 10^1, 10^0$ 分别为百位、十位和个位数码的权,而小数点以右数码的权值是 10 的负幂。一般来说,任意十进制数 N 可表示为

$$(N)_D = \sum_{i=-\infty}^{\infty} k_i \times 10^i \tag{1-1}$$

式(1-1)中,下标 D(Decimal) 表示十进制,k_i 是第 i 次幂的系数,它可以是 0~9 这十个数码中的任何一个,i 为数制中各数码反的位置。

根据式(1-1)可得到多位任意进制数展开式的普遍形式

$$(N)_R = \sum_{i=-\infty}^{\infty} k_i \times R^i \tag{1-2}$$

式(1-2)中 i 的取值与式(1-1)的规定相同,R 称为计数的基数,k 为第 i 次幂的系数,R^i 称为第 i 位的权。

2. 二进制

二进制数中,只有 **0** 和 **1** 两个数码,计数规律是"逢二进一",即 **1+1 = 10**(读为"一零")。必须注意,这里的"**10**"与十进制数的"10"是完全不同的,它并不代表数字"拾"。左边的"**1**"表示 2^1 的系数,右边的"**0**"表示 2^0 的系数,即 $\mathbf{10} = 1\times 2^1 + 0\times 2^0$。因此,二进制就是以 2 为基数的计数体制。

根据式(1-2),任意一个二进制数均可表示为

$$(N)_B = \sum_{i=-\infty}^{\infty} k_i \times 2^i \tag{1-3}$$

式(1-3)中,下标 B(Binary) 表示二进制,k_i 为基数"2"的第 i 次幂的系数,可以是 **0** 或 **1**,同时式(1-3)可作为二进制数转换为十进制数的转换公式。

例 1-1 试将二进制数 $(11011001)_B$ 转换为十进制数。

解：将每一位二进制数与其位权相乘,然后相加便得相应的十进制数。

$(11011001)_B = 1×2^7 + 1×2^6 + 0×2^5 + 1×2^4 + 1×2^3 + 0×2^2 + 0×2^1 + 1×2^0 = (217)_D$

3. 八进制

八进制数中只有 0,1,2,3,4,5,6,7 八个数码,进位规律是"逢八进一"。各位的权都是 8 的幂。八进制就是以 8 为基数的计数体制。任意八进制可表示为

$$(N)_O = \sum_{i=-\infty}^{\infty} k_i × 8^i \qquad (1-4)$$

式(1-4)中,下标 O(Octal) 表示八进制,k_i 为基数"8"的第 i 次幂的系数。

4. 十六进制

十六进制数中只有 0,1,2,3,4,5,6,7,8,9,A,B,C,D,E,F 十六个数码,进位规律是"逢十六进一"。各位的权均为 16 的幂。十六进制就是以 16 为基数的计数体制。

例如 $(A6.C)_H = 10×16^1 + 6×16^0 + 12×16^{-1}$

任意十六进制可表示为

$$(N)_H = \sum_{i=-\infty}^{\infty} k_i × 16^i \qquad (1-5)$$

式(1-5)中,下标 H(Hexadecimal) 表示十六进制,k_i 为基数"16"的第 i 次幂的系数。

1.3 不同数制间的转换

1. 二 - 十进制数转换

将二进制数转换为等值的十进制数称为二 - 十进制数转换。二进制数转换为十进制数的方法是将二进制数按式(1-3)展开,即将每位二进制数与其权相乘,然后相加便得到相应的十进制数。例如

$(1010.01)_B = 1×2^3 + 0×2^2 + 1×2^1 + 0×2^0 + 0×2^{-1} + 1×2^{-2} = (10.25)_D$

2. 十 - 二进制数转换

十进制数转换为二进制数时,整数部分和小数部分的方法不同,下面将分别阐述。

(1) 整数部分

对于数整数部分可写成

$$(N)_D = b_n × 2^n + b_{n-1} × 2^{n-1} + \cdots + b_1 × 2^1 + b_0 × 2^0 \qquad (1-6)$$

式中 $b_n, b_{n-1}, \cdots, b_1, b_0$ 是二进制数各位的数字。将等式提取 2 公因子,得

$$(N)_D = 2(b_n × 2^{n-1} + b_{n-1} × 2^{n-2} + \cdots + b_1 × 2^0) + b_0 \qquad (1-7)$$

由式(1-7)可知,将十进制数除以 2,可得其余数为 b_0,得到的商为

$$b_n \times 2^{n-1} + b_{n-1} \times 2^{n-2} + \cdots + b_1$$

即

$$2(b_n \times 2^{n-2} + b_{n-1} \times 2^{n-3} + \cdots + b_2) \qquad (1\text{-}8)$$

将式(1-8)[式(1-6)的商]再次除以 2,则所得余数为 b_1。

以此类推,反复将每次得到的商再除以 2 直到商为 0,就可由所有的余数求得二进制数的每一位。

例 1-2 将十进制数 $(73)_D$ 转换为二进制数。

解: 根据上述阐述,转换步骤如下:

```
2 | 73      余 1 …… b₀
2 | 36      余 0 …… b₁
2 | 18      余 0 …… b₂
2 | 9       余 1 …… b₃
2 | 4       余 0 …… b₄
2 | 2       余 0 …… b₅
2 | 1       余 1 …… b₆
    0
```

由上可得 $(73)_D = (\mathbf{1001001})_B$。

例 1-3 将十进制数 $(125)_D$ 转换为二进制数。

解: 根据上述阐述,转换步骤如下:

```
2 | 125     余 1 …… b₀
2 | 62      余 0 …… b₁
2 | 31      余 1 …… b₂
2 | 15      余 1 …… b₃
2 | 7       余 1 …… b₄
2 | 3       余 1 …… b₅
2 | 1       余 1 …… b₆
    0
```

由上可得 $(125)_D = (\mathbf{1111101})_B$。

(2) 小数部分

对于小数部分可写成

$$(N)_D = b_{-1} \times 2^{-1} + b_{-2} \times 2^{-2} + \cdots + b_{-(n-1)} \times 2^{-(n-1)} + b_{-n} \times 2^{-n} \qquad (1\text{-}9)$$

将等式两边分别乘以 2,得

$$2(N)_D = b_{-1} \times 2^0 + b_{-2} \times 2^{-1} + \cdots + b_{-(n-1)} \times 2^{-(n-2)} + b_{-n} \times 2^{-(n-1)} \quad (1-10)$$

由此可见,将十进制小数乘以 2,所得乘积的整数即为 b_{-1}。以此类推,将十进制小数每次乘 2,再将所得乘积的小数部分再乘 2,直到满足误差要求并进行"四舍五入"为止,即可完成将十进制小数转换成二进制小数。

例 1-4 将十进制数 $(0.725)_D$ 转换为二进制数,要求误差不大于 2^{-7}。

解:按照上面方法,要求误差不大于 2^{-7},即小数共 7 位,可得 $b_{-1}, b_{-2}, \cdots, b_{-7}$ 如下:

$0.725 \times 2 = 1.450$ ············· 整数 **1** ······ b_{-1}
$0.450 \times 2 = 0.900$ ············· 整数 **0** ······ b_{-2}
$0.900 \times 2 = 1.800$ ············· 整数 **1** ······ b_{-3}
$0.800 \times 2 = 1.600$ ············· 整数 **1** ······ b_{-4}
$0.600 \times 2 = 1.200$ ············· 整数 **1** ······ b_{-5}
$0.200 \times 2 = 0.400$ ············· 整数 **0** ······ b_{-6}
$0.400 \times 2 = 0.800$ ············· 整数 **0** ······ b_{-7}

由于最后的小数大于 0.5,根据"四舍五入"的原则,b_{-7} 应为 **1**,所以

$$(0.725)_D = (\mathbf{0.1011101})_B$$

3. 二 - 十六进制数转换

4 位二进制数有 16 个状态,而 1 位十六进制数有 16 个(0~F)不同的数码,因此二进制转换为十六进制,以小数点为基准,整数部分从右到左每 4 位为一组,不足 4 位的在高位补 **0**;小数部分从左到右每 4 位为一组,不足 4 位的在低位补 **0**。每 4 位一组的二进制数表示 1 位十六进制数。

例 1-5 将二进制数 **110101001011011.100101** 转换为十六进制数。

解:每 4 位二进制数组成 1 位十六进制数,按照上述方法,整数部分最高位补 1 个 **0**,小数最低位补 2 个 **0** 得

$(\underline{0}110 \quad 1010 \quad 0101 \quad 1011. \quad 1001 \quad 0100)_B = (6A5B.94)_H$

4. 十六 - 二进制数转换

十六 - 二进制数转换,只需将十六进制数的每一位用 4 位二进制数代替即可。

例 1-6 将十六进制数 C8A.6F 转换为二进制数。

解:每一位十六进制数由 4 位二进制数组成,按照上述方法可得

$(C8A.6F)_H = (\mathbf{1100 \quad 1000 \quad 1010. \quad 0110 \quad 1111})_B$

5. 八 - 二进制数转换

同理,对于八进制数,可将 3 位二进制数分为一组,对应于 1 位八进制数。在将二进制数转换为八进制数时,以小数点为基准,整数部分从右到左每 3 位为一组,不足 3 位的在高位补 **0**;小数部分从左到右每 3 位为一组,不足 3 位的在低位补 **0**。每 3 位一组的二进制数表示 1 位八进制数。

例 1-7 将八进制数 271.1 转换为二进制数。

解:每一位八进制数由 3 位二进制数组成,按照上述方法可得

$(271.1)_O = (\mathbf{010 \quad 111 \quad 001. \quad 001})_B$

例 1-8 将二进制数 **01100101.01** 转换为八进制数。

解:每 3 位二进制数组成 1 位八进制数,按照上述方法,整数部分最高位补 1 个 **0**,小数

最低位补 1 个 0 得
$$(001\ 100\ 101.\ 010)_B = (145.2)_O$$

6. 十六-十进制数转换

在将十六进制数转换为十进制数时,可根据式(1-5)将各位按权展开后相加求得。在将十进制数转换为十六进制数时,可先转换为二进制数,再将得到的二进制数转换为相应的十六进制数。这两种转换方法在上面已阐述过。

1.4 二进制算术运算

当两个二进制数码表示两个数量大小时,它们之间可以进行数值运算,这种运算称为算术运算。下面介绍无符号二进制数和有符号二进制数的算术运算。

1.4.1 无符号二进制数的算术运算

二进制算术运算和十进制算术运算的规则基本相同,唯一的区别在于二进制数是"逢二进一",十进制数是"逢十进一"。

1. 二进制加法

无符号二进制的加法规则为
$$0+0=0, \quad 0+1=1, \quad 1+0=1, \quad 1+1=\underline{1}0$$
下划线处的 1 表示进位位,两个 1 相加,向高位进 1,表示两个 1 相加"逢二进一"。

例 1-9 计算两个二进制数 0011 和 0110 的和。

解:
```
    0 0 1 1
  + 0 1 1 0
  ---------
    1 0 0 1
```
即 0011 + 0110 = 1001。

例 1-10 计算两个二进制数 01100011 和 11000110 的和。

解:
```
     0 1 1 0 0 0 1 1
   + 1 1 0 0 0 1 1 0
   -----------------
   1 0 0 1 0 1 0 0 1
```
即 01100011 + 11000110 = 100101001。

例 1-11 计算两个二进制数 1010.001 和 111.011 的和。

解:
```
    1 0 1 0 . 0 0 1
  +   1 1 1 . 0 1 1
  -----------------
  1 0 0 0 1 . 1 0 0
```
即 1010.001 + 111.011 = 10001.100。

2. 二进制减法

无符号二进制的减法规则为

$$0-0=0,\ 1-1=0,\ 1-0=1,\ 0-1=\underline{1}1$$

下划线处的 **1** 表示借位位,表示 **0** 减 **1** 不够减,向高位借 **1**。

例 1-12 计算两个二进制数 **1001** 和 **0011** 的差。

解:

$$\begin{array}{r} 1\ 0\ 0\ 1 \\ -\ \ 0\ 0\ 1\ 1 \\ \hline 0\ 1\ 1\ 0 \end{array}$$

即 $1001-0011=0110$。

由于无符号二进制数中无法表示负数,因此要求被减数一定大于减数。

3. 二进制乘法和除法运算

无符号二进制的乘法规则为

$$0\times 0=0,\ 0\times 1=0,\ 1\times 0=0,\ 1\times 1=1$$

无符号二进制的除法规则为

$$0\div 1=0,\ 1\div 1=1$$

注意: 除数不能为 **0**,否则无意义。

1.4.2 有符号二进制数的减法运算

无符号数的运算只考虑二进制数的正数,并未涉及负数。那么负数应该怎么表示呢？当涉及负数时,就要用有符号的二进制数表示。在定点运算的情况下,二进制数的最高位（最左边的位）表示符号位,**0** 表示正数,**1** 表示负数,其余部分为数值位。这种形式的数称为原码。例如

$$(+7)_D = (\underline{0}\ 0111)_B$$
$$(-7)_D = (\underline{1}\ 0111)_B$$

在数字电路或系统中,为简化电路,常将负数用补码表示,以便将减法运算变为加法运算。下面将介绍二进制数的补码表示、负数的减法运算和为了便于得到补码,引入反码的概念。

1. 二进制补码

反码是将原码的数值位（除了最高位符号位,剩下的二进制数位）逐位求反得到的二进制数。

补码或反码的最高位为符号位,正数为 **0**,负数为 **1**。

当二进制数为正数时,其补码、反码与原码相同,即

$$N = N_{反} = N_{补} \tag{1-11}$$

其中 N 为原码,$N_{反}$ 为反码,$N_{补}$ 为补码。

当二进制数为负数时,将原码的数值位逐位求反（反码）,然后在最低位加 **1** 得到补码,即

$$N_{补} = N_{反} + 1 \tag{1-12}$$

8 数字电子技术

例 1-13 写出带符号位二进制数 **00010110**（+22）和 **10010110**（-22）的反码和补码。

解：根据式(1-11)和式(1-12)得

	原码	反码	补码
	00010110	00010110	00010110
	10010110	11101001	11101010

对于 n 位带符号的二进制数的原码、反码和补码的数值范围分别为：

原码：$-(2^{n-1}-1) \sim +(2^{n-1}-1)$

反码：$-(2^{n-1}-1) \sim +(2^{n-1}-1)$

补码：$-2^{n-1} \sim +(2^{n-1}-1)$

2. 补码的减法运算

有符号数的减法运算的原理是减去一个正数相当于加上一个负数，即 $A-B=A+(-B)$，对 $-B$ 求补码，然后进行加法运算。进行二进制补码的加法运算时，必须注意被加数补码与加数补码的位数一定要相等，即让两个二进制数补码的符号位对齐。通常两个二进制数的补码采用相同的位数表示。

例 1-14 试用 4 位二进制补码计算 7-3。

解：

$$(7-3)_{补} = (7)_{补} + (-3)_{补}$$
$$= 0111 + (1011)_{补}$$
$$= 0111 + (1011)_{反} + 1$$
$$= 0111 + 1101$$
$$= \underline{1}\,0100$$
$$= 0100$$

其中下划线处的 **1** 表示进位位，在计算中自动丢弃。运算是以 4 位二进制补码表示的，计算结果仍然保留 4 位数。

1.5 常用的编码

以一定的规则编制代码，用以表示十进制数值、字母和符号等的过程称为**编码**。将代码还原成所表示的十进制数、字母和符号等的过程称为**解码或译码**。以下就几种常用的编码进行阐述。

1.5.1 二-十进制码

二-十进制码是用 4 位二进制数表示 1 位十进制数中的 0～9 的十个数码，即二进制编码的十进制码（Binary-Coded-Decimal，BCD 码）。4 位二进制数有 16 个（**0000～1111**）代码，根据不同的规则从中选择 10 种来表示十进制的 10 个数码，有许多方案。表 1-1 列出了几种常用的 BCD 码。

表 1-1　　　　　　　　　　　几种常见的 BCD 码

十进制数	有权码			无权码	
	8421 码	5421 码	2421 码	余 3 码	余 3 循环码
0	0000	0000	0000	0011	0010
1	0001	0001	0001	0100	0110
2	0010	0010	0010	0101	0111
3	0011	0011	0011	0110	0101
4	0100	0100	0100	0111	0100
5	0101	1000	1011	1000	1100
6	0110	1001	1100	1001	1101
7	0111	1010	1101	1010	1111
8	1000	1011	1110	1011	1110
9	1001	1100	1111	1100	1010

8421BCD 码是最常用的一种 BCD 码。在这种编码方式中，每一位二进制代码的 **1** 都代表一个固定数值，将每一位的 **1** 代表的是十进制数加起来，得到的结果就是它所代表的十进制数码。由于代码中从左到右每一位的 **1** 分别表示 8,4,2,1，因此将这种代码称为 8421 码。每一位的 **1** 代表的十进制数称为这一位的权。8421 码中每一位的权是固定不变的，它属于有权码。

5421 码和 2421 码也是有权码。5421 码各位的权依次为 5,4,2,1。2421 码各位的权依次为 2,4,2,1。它的特点是，将任意一个十进制数 N 的代码各位取反，所得代码正好表示 N 的 9 的补码。

余 3 码的编码规则与 8421 码不同，如果把每一个余 3 码看作 4 位二进制数，则它的数值要比它所表示的十进制数码多 3，因此将这种代码称为余 3 码。它是一种无权码。按余 3 码循环码组成计数器时，每次转换过程只有一个触发器翻转，译码时不会发生竞争-冒险现象。

余 3 循环码也是无权码，每一位的 **1** 在不同代码中并不表示固定的数值。它的主要特点是相邻的两个代码之间仅有一位的状态不同。

1.5.2　格雷码

格雷码(Gray Code)也是一种常见的无权码，又称循环码。表 1-2 给出了 4 位格雷码的编码顺序。它具有相邻性，即两个相邻代码之间仅有 1 位取值不同，并且 0 和最大数 (2^n-1)之间也只有 1 位不同。格雷码的这个特点使它在代码形成和传输时引起的误差较小。因而常用于将模拟量转换成用连续二进制数序列表示数字量的系统中。

格雷码的缺点是不能直接进行算术运算。这是因为格雷码是无权码，其每一位的权值不是固定的。

表 1-2　　　　　　　　　　　　　　　格雷码

十进制数	二进制码	格雷码	十进制数	二进制码	格雷码
0	0000	0000	8	1000	1100
1	0001	0001	9	1001	1101
2	0010	0011	10	1010	1111
3	0011	0010	11	1011	1110
4	0100	0110	12	1100	1010
5	0101	0111	13	1101	1011
6	0110	0101	14	1110	1001
7	0111	0100	15	1111	1000

1.5.3　ASCII 码

美国信息交换标准代码(American Standard Code for Information Interchange，简称 ASCII 码)。ASCII 是目前国际上通用的一种字符码。人们通过键盘上的字母、符号和数值向计算机发送数据和指令,每一个键符可用一个二进制码来表示。ASCII 码是用 7 位二进制码来表示 128 个十进制数,英文大小写字母、控制符、运算符以及特殊符号,见表 1-3,其中一些控制符的含义见表 1-4,控制符不可显示。

表 1-3　　　　　　　　　　　　　　　ASCII 码

$b_3b_2b_1b_0$	$b_6b_5b_4$							
	000	001	010	011	100	101	110	111
0000	NUL	DLE	SP	0	@	P	`	p
0001	SOH	DC1	!	1	A	Q	a	q
0010	STX	DC2	"	2	B	R	b	r
0011	ETX	DC3	#	3	C	S	c	s
0100	EOT	DC4	$	4	D	T	d	t
0101	ENQ	NAK	%	5	E	U	e	u
0110	ACK	SYN	&	6	F	V	f	v
0111	BEL	ETB	'	7	G	W	g	w
1000	BS	CAN	(	8	H	X	h	x
1001	HT	EM	)	9	I	Y	i	y
1010	LF	SUB	*	:	J	Z	j	z
1011	VT	ESC	+	;	K	[	k	{
1100	FF	FS	,	<	L	\	l	|
1101	CR	GS	-	=	M	]	m	}
1110	SO	RS	.	>	N	∧	n	~
1111	SI	US	/	?	O	_	o	DEL

表 1-4　　　　　　　　　　　ASCII 码中控制符的含义

字符	含义	字符	含义
NUL	Null 空白	DLE	Data Link Escape 数据链路换码
SOH	Start Of Heading 标题开始	DC1	Device Conirol 1 设备控制 1
STX	Start Of Text 文本开始	DC2	Device Conirol 2 设备控制 2
ETX	End Of Text 文本结束	DC3	Device Conirol 3 设备控制 3
EOT	End Of Transmission 传输结束	DC4	Device Conirol 4 设备控制 4
ENQ	Enquiry 询问	NAK	Negative Acknowledge 否认
ACK	Acknowledge 确认	SYN	Synchronous Idle 同步空转
BEL	Bell 报警	ETB	End Of Transmission Block 块传输结束
BS	Backspace 退一格	CAN	Cancel 取消
HT	Horizontal Tab 水平列表	EM	End Of Medium 纸尽
LF	Line Feed 换行	SUB	Substitute 替换
VT	Vertieal Tab 垂直列表	ESC	Escape 脱离
FF	Form Feed 走纸	FS	File Separator 文件分隔符
CR	Carriage Return 回车	GS	Group Separator 组分隔符
SO	Shift Out 移出	RS	Record Separator 记录分隔符
SI	Shift In 移入	US	Unit Separator 单元分隔符
SP	Space 空格	DEL	Delete 删除

<<< 本章小结 >>>

● 用 0 和 1 可以组成二进制数表示数量的大小,也可以表示对立的两种逻辑状态。数字系统中常用二进制数来表示数值。

● 在微处理器、计算机和数据通信中,采用十六进制。任意一种格式的数可以在十六进制、二进制、八进制和十进制之间相互转换。

● 二进制数有加、减、乘、除四种运算,加法是各种运算的基础。特殊二进制码常用来表示十进制数。如 8421 码、2421 码、5421 码、余三码、余三循环码和格雷码等。

<<< 习　　题 >>>

1-1 将下列二进制数转换为十进制数:

(1) $(1001)_B$　　　　　　　　(2) $(10101)_B$

(3) $(110101)_B$　　　　　　　(4) $(1011110)_B$

(5) $(0.11)_B$　　　　　　　　(6) $(0.011)_B$

(7) $(0.1101)_B$　　　　　　　(8) $(10.101)_B$

(9) $(101.01)_B$　　　　　　　(10) $(1011.011)_B$

(11) $(101.01)_B$　　　　　　 (12) $(1010.11)_B$

(13) $(11001.01)_B$　　　　　 (14) $(100000.1)_B$

(15) $(01011.0111)_B$

1-2 将下列二进制数转换为八进制数：

(1) $(010010)_B$ (2) $(10100111)_B$

(3) $(1101.011)_B$ (4) $(11010.110101)_B$

(5) $(010.01)_B$ (6) $(10.1011)_B$

(7) $(111010.101)_B$ (8) $(1010110.01011)_B$

(9) $(001101101)_B$ (10) $(111100.1)_B$

1-3 将下列二进制数转换为十六进制数：

(1) $(101010)_B$

(2) $(01101.1011)_B$

(3) $(11010100.010110)_B$

1-4 将下列十进制数转换为二进制数、八进制数和十六进制数（要求转换误差不大于 2^{-4}）：

(1) $(30)_D$ (2) $(75)_D$

(3) $(127)_D$ (4) $(256)_D$

(5) $(0.25)_D$ (6) $(0.125)_D$

(7) $(0.035)_D$ (8) $(0.768)_D$

(9) $(3.25)_D$ (10) $(23.165)_D$

(11) $(100.05)_D$ (12) $(1020.4)_D$

1-5 将下列十六进制数转换为二进制数：

(1) $(6)_H$ (2) $(7A)_H$

(3) $(BE08.5D)_H$ (4) $(9C1.A4)_H$

1-6 将下列十六进制数转换为十进制数：

(1) $(8)_H$ (2) $(72)_H$

(3) $(FA5.6D)_H$ (4) $(BC.92)_H$

(5) $(09A.E)_H$ (6) $(BD.873)_H$

1-7 写出下列二进制数的原码、反码和补码：

(1) $(+1001)_B$ (2) $(+1110)_B$

(3) $(-0101)_B$ (4) $(-1011)_B$

(5) $(-10010101)_B$ (6) $(-01111011)_B$

(7) $(-10101110)_B$ (8) $(-00111010)_B$

1-8 写出下列有符号二进制补码所表示的十进制数：

(1) **11001**   (2) **01110**

(3) **1001010**   (4) **010011010**

1-9 将下列十进制数转换为8421BCD码：

(1) $(53)_D$ (2) $(179)_D$

(3) $(356.78)_D$ (4) $(27.125)_D$

(5) $(104)_D$ (6) $(521.01)_D$

第2章
DI-ER ZHANG
逻辑代数基础

思政目标

不同的逻辑式可由同一逻辑函数表示,这些逻辑式的繁简程度相差甚远。逻辑函数的化简方法包含公式化简和卡诺图化简两种,让学生认识一件事情的完成可通过多种方法实现,通往成功的道路不止一条。教学中注意引导学生遇事应多思考、多想解决问题的办法,不断提高自身的创新能力。

2.1 概 述

在数字逻辑电路中,用1位二进制数码0和1表示一个事物的两种不同逻辑状态。不同的数码不仅可以表示数量的不同大小,而且还能用来表示不同的事物。例如,可以用1和0分别表示一件事情的是和非、真和伪、有和无、好和坏,或者表示电路的通和断、电灯的亮和暗、门的开和关等。这种只有两种对立逻辑状态的逻辑关系称为二值逻辑。所谓"逻辑",在这里是指事物之间的因果关系。当两个二进制数码表示不同的逻辑状态时,它们之间可以按照指定的某种因果关系进行推理运算,我们将这种运算称为逻辑运算。

逻辑运算与算术运算不同,它所使用的数学工具是逻辑代数(又称为布尔代数)。它与普通代数一样,由逻辑变量和逻辑运算组成。逻辑代数中也用字母表示变量,这种变量称为逻辑变量。逻辑运算表示的是逻辑变量以及常量之间逻辑状态的推理运算,而不是数量之间的运算。在普通代数中,变量的取值可以是任意的,而在逻辑代数中,逻辑变量只有两个可取的值(0和1)。通过本章的学习,读者将会看到,虽然有些逻辑代数的运算公式在形式上和普通代数的运算公式雷同,但是两者所包含的物理意义有本质的不同。

2.2 基本逻辑运算

在逻辑代数中有与、或、非三种基本的逻辑运算。运算是一种函数关系,它可以用语言描述，也可用逻辑代数表达式描述，还可用表格或图形来描述。下面分别讨论三种基本的逻辑运算。

1. 与运算

如图 2-1(a)所示为一个简单的与逻辑电路，只有当两个开关同时闭合时，指示灯才会亮；当 A 和 B 中有一个断开或两个都断开时，指示灯不亮。在这个电路中开关 A，B 与灯 L 的逻辑关系是：只有决定事物结果的全部条件同时具备时，结果才发生。这种因果关系称为逻辑与，或称逻辑相乘。

输入逻辑变量所有取值的组合与其对应的输出逻辑函数值构成的表格，称为真值表。如果用二值逻辑 **0** 和 **1** 来表示开关和灯的状态，设开关断开和灯不亮均用 **0** 表示，而开关闭合和灯亮均用 **1** 表示，则可得出其真值表，见表 2-1，其中 A，B 表示开关，L 表示灯的状态。若用逻辑表达式来描述，则可写为

$$L = A \cdot B \tag{2-1}$$

式(2-1)中小圆点"·"表示 A，B 的**与运算**(乘号"·"可省略)，也称逻辑乘。同时，将实现与逻辑运算的单元电路称为**与门**，其逻辑符号如图 2-1(b)(特异形符号)和图 2-1(c)(矩形符号)所示。在 IEEE 标准中，门电路的图形符号有两种，矩形符号和特异形符号。中国国家标准《电气简图用图形符号 第 12 部分：二进制逻辑元件》(GB/T 4728.12－2008)中采用矩形符号。本书所用的逻辑符号为特异形符号。

(a) 电路图　　　　　　　(b) 特异形符号　　　　　　　(c) 矩形符号

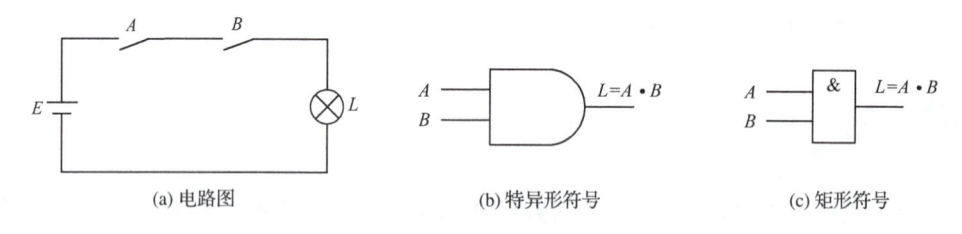

图 2-1　与逻辑运算

表 2-1　　　　　　　　与逻辑真值表

A	B	$L=A \cdot B$
0	0	0
0	1	0
1	0	0
1	1	1

2. 或运算

如图 2-2(a)所示为一个简单的或逻辑电路，只要有任何一个开关闭合，指示灯就亮；当 A 和 B 均断开时，灯不亮。在这个电路中，开关 A，B 与灯 L 的逻辑关系：在决定事物结果的诸多条件中，只要有任何一个满足，结果就会发生。这种因果关系称为逻辑或，或称逻辑相加。仿照前述，表 2-2 为或逻辑真值表。若用逻辑表达式来描述，则可写为

$$L = A + B \tag{2-2}$$

式(2-2)中符号"+"表示 A，B 的**或运算**，也表示逻辑相加。将实现或逻辑运算的单元电路称为**或门**，其逻辑符号如图 2-2(b)(特异形符号)和图 2-2(c)(矩形符号)所示。

(a) 电路图　　　　　　　(b) 特异形符号　　　　　　(c) 矩形符号

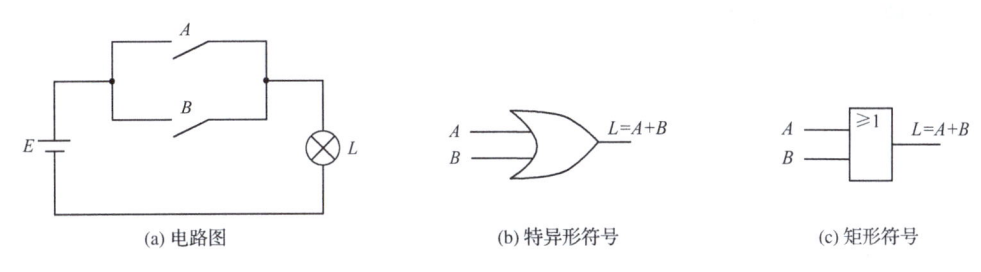

图 2-2　或逻辑运算

表 2-2　　　　　　　　　或逻辑真值表

A	B	L=A+B
0	0	0
0	1	1
1	0	1
1	1	1

3. 非运算

如图 2-3(a)所示为一个简单的非逻辑电路,开关断开时灯亮,开关闭合时灯不亮。在这个电路中开关 A 与灯 L 的逻辑关系:只要条件具备了,结果便不会发生;而当条件不具备时,结果一定发生。这种因果关系称为**逻辑非**,或称逻辑求反。仿照前述,表 2-3 为其逻辑真值表。若用逻辑表达式来描述,则可写为

$$L=\overline{A} \tag{2-3}$$

式(2-3)中字母 A 上方的短线"—"表示**非运算**。在逻辑运算中,通常将 A 称为原变量,而将 $\overline{A}$ 称为非变量。能实现非运算的电路称为**非门**,也称为反相器,其逻辑符号如图 2-3(b)(特异形符号)和图 2-3(c)(矩形符号)所示。

(a) 电路图　　　　　　　(b) 特异形符号　　　　　　(c) 矩形符号

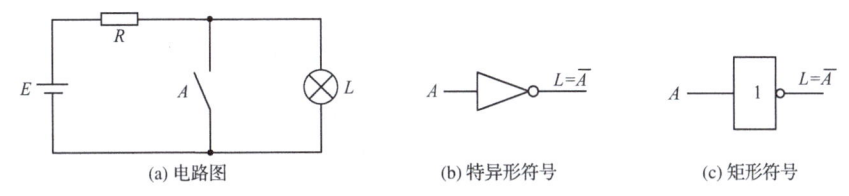

图 2-3　非逻辑运算

表 2-3　　非逻辑真值表

A	L=$\overline{A}$
0	1
1	0

上述与、或逻辑运算可以推广到多变量的情况:

$$L=A \cdot B \cdot C \cdots \tag{2-4}$$

$$L=A+B+C \cdots \tag{2-5}$$

4. 几种常用逻辑运算

在实际逻辑运算中,除了**与**、**或**、**非**三种基本运算外,还经常使用一些其他的逻辑运算,例如**与非**、**或非**、**异或**和**同或**。

与非运算是与运算和非运算的组合。与非逻辑符号如图 2-4 所示,与非逻辑真值表见表 2-4。逻辑表达式可写成

$$L=\overline{A \cdot B} \tag{2-6}$$

(a) 特异形符号　　　　　(b) 矩形符号

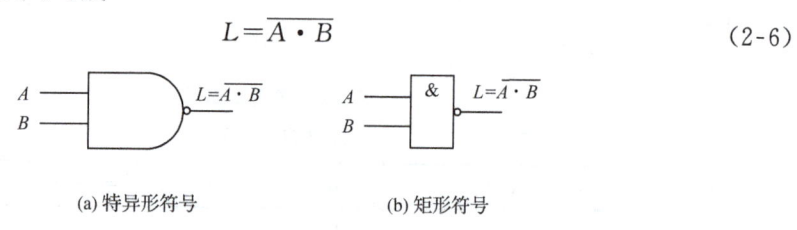

图 2-4　与非逻辑符号

表 2-4　　　　　与非逻辑真值表

A	B	$L=\overline{A \cdot B}$
0	0	1
0	1	1
1	0	1
1	1	0

或非运算是或运算和非运算的组合。或非逻辑符号如图 2-5 所示,或非逻辑真值表见表 2-5。逻辑表达式可写成

$$L=\overline{A+B} \tag{2-7}$$

(a) 特异形符号　　　　　(b) 矩形符号

图 2-5　或非逻辑符号

表 2-5　　　　　或非逻辑真值表

A	B	$L=\overline{A+B}$
0	0	1
0	1	0
1	0	0
1	1	0

异或的逻辑关系:当两个输入状态相同时,输出为 **0**;当两个输入状态不同时,输出为 **1**。异或逻辑符号如图 2-6 所示,异或逻辑真值表见表 2-6。逻辑表达式为

$$L=\overline{A}B+A\overline{B}=A \oplus B \tag{2-8}$$

(a) 特异形符号　　　　　　　　(b) 矩形符号

图 2-6　异或逻辑符号

表 2-6　　　　　　　　异或逻辑真值表

A	B	$L=A\oplus B$
0	0	0
0	1	1
1	0	1
1	1	0

同或和异或的逻辑关系刚好相反：当两个输入状态相同时，输出为 **1**；当两个输入状态不同时，输出为 **0**。同或逻辑符号如图 2-7 所示，同或逻辑真值表见表 2-7。逻辑表达式为

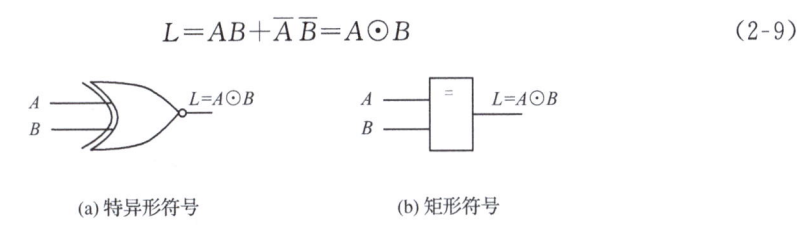

$$L=AB+\overline{A}\,\overline{B}=A\odot B \tag{2-9}$$

(a) 特异形符号　　　　　　　　(b) 矩形符号

图 2-7　同或逻辑符号

表 2-7　　　　　　　　同或逻辑真值表

A	B	$L=A\odot B$
0	0	1
0	1	0
1	0	0
1	1	1

2.3　逻辑代数的基本公式和定理

逻辑代数（又称布尔代数）有一系列的定律、定理和规则，用它们对数学表达式进行处理，可以完成对逻辑电路的化简、变换、分析和设计。

2.3.1　逻辑代数的基本公式

表 2-8 列出了常用的逻辑代数基本定律和恒等式。等式中的字母（例如 A,B,C）为逻辑变量，其值可以取 **0** 或 **1**，代表逻辑信号的两种可能状态之一。

表 2-8　　　　　　　　　　　逻辑代数定律、定理和恒等式

名称	或	与	非
基本定律	$A+0=A$ $A+1=1$ $A+A=A$ $A+\overline{A}=1$	$A \cdot 0=0$ $A \cdot 1=A$ $A \cdot A=A$ $A \cdot \overline{A}=0$	$\overline{\overline{A}}=A$
交换律	$A+B=B+A$	$A \cdot B=B \cdot A$	
结合律	$(A+B)+C=A+(B+C)$	$(A \cdot B) \cdot C=A \cdot (B \cdot C)$	
分配律	$A \cdot (B+C)=A \cdot B+A \cdot C$	$A+B \cdot C=(A+B) \cdot (A+C)$	
吸收律	$A+A \cdot B=A$	$A \cdot (A+B)=A$	
反演律（摩根定理）	$\overline{A \cdot B \cdot C \cdots}=\overline{A}+\overline{B}+\overline{C}+\cdots$	$\overline{A+B+C \cdots}=\overline{A} \cdot \overline{B} \cdot \overline{C} \cdots$	
其他常用恒等式	$A+\overline{A} \cdot B=A+B$ $A \cdot B+\overline{A} \cdot C+B \cdot C=A \cdot B+\overline{A} \cdot C$	$A \cdot (\overline{A}+B)=A \cdot B$ $A \cdot B+\overline{A} \cdot C+B \cdot C \cdot D=A \cdot B+\overline{A} \cdot C$	

其中 $A \cdot B+\overline{A} \cdot C+B \cdot C=A \cdot B+\overline{A} \cdot C$ 恒等式说明，若两个乘积项中分别包含因子 A 和 $\overline{A}$，而这两个乘积项的其余因子组成第三个乘积项时，则第三个乘积项是多余的，可以消去。

在以上所有定律中，数学家摩根提出的反演律具有特殊重要的意义。反演律又称为摩根定理，它经常用于求一个原函数的非函数或者对逻辑函数进行变换。表 2-8 的基本公式对化简逻辑函数表达式非常有用，可以用来减少表达式中乘积项的数量。

2.3.2　逻辑代数的基本定理

1. 代入定理

在任何一个逻辑等式中，如果用一个函数代替等式两边出现的某变量 A，则等式依然成立，这就是代入定理。

例如，在 $A \cdot (B+C)=A \cdot B+A \cdot C$ 中，将所有出现 A 的地方都用函数 $D+E$ 代替，则等式仍成立，即得 $(D+E) \cdot (B+C)=(D+E) \cdot B+(D+E) \cdot C$。

对所有基本定律或定理都可以使用代入定理。例如对于二变量的摩根定理 $\overline{A \cdot B}=\overline{A}+\overline{B}$，若用 $C+D$ 代替等式中的 A，则 $\overline{(C+D) \cdot B}=\overline{C+D}+\overline{B}=\overline{C} \cdot \overline{D}+\overline{B}$，以此类推，任意多个变量的摩根定理都成立。

2. 反演定理

对于任意一个逻辑式 L，若将其中所有的与（·）换成或（＋），或（＋）换成与（·），0 换成 1，1 换成 0，原变量换成非变量，非变量换成原变量，则得到的结果就是 $\overline{L}$。这个规律称为反演定理。

利用反演定理，可以比较容易地求出一个原函数的非函数。运用反演定理时需注意遵守以下两个规则：

(1) 保持原来的运算优先级，即先括号，然后与运算，最后或运算。

(2) 不属于单个变量上的非号应保留不变。

例 2-1 试求 $L=(\overline{A+B})\cdot(C+D)\cdot \mathbf{1}$ 的非函数 $\overline{L}$。

解：按照反演定理，得

$$\overline{L}=AB+\overline{C}\,\overline{D}+\mathbf{0}=AB+\overline{C}\,\overline{D}$$

例 2-2 试求 $L=\overline{\overline{AB}+\overline{C+D+\overline{E}}}$ 的非函数 $\overline{L}$。

解：按照反演定理，保留不属于单个变量上的非号不变，得

$$\overline{L}=\overline{AB}\cdot\overline{\overline{C}\cdot\overline{D}\cdot E}$$

3. 对偶定理

对偶定理为：若某个逻辑表达式相等，则它们的对偶式也相等。

设 L 是一个逻辑表达式，把 L 中的"**与、或互换**，**0、1 互换**"，变量保持不变，那么就得到一个新的逻辑函数式，这就是 L 的对偶式，记作 L'。**与、或互换**就是把与（·）换成**或**（＋），**或**（＋）换成**与**（·）；**0、1 互换**就是把 **1** 换成 **0**，**0** 换成 **1**。变换时需注意保持原式中"先括号、然后与、最后或"的运算顺序。

例如：

若 $L=A+BC$，则 $L'=A\cdot(B+C)=A\cdot B+A\cdot C$

若 $L=AB+\overline{C}D+\mathbf{0}$，则 $L'=(A+B)(\overline{C}+D)$

若 $L=\overline{A}\cdot(B+\overline{C}D)\cdot \mathbf{1}$，则 $L'=\overline{A}+B\cdot(\overline{C}+D)+\mathbf{0}=\overline{A}+B\cdot(\overline{C}+D)$

2.4 逻辑函数及其表示方法

从前面讲过的各种逻辑关系中可以看到，逻辑变量分为两种：输入逻辑变量和输出逻辑变量。描述输入逻辑变量和输出逻辑变量之间的函数关系称为逻辑函数。由于逻辑变量是只取 **0** 或 **1** 的二值逻辑变量，因此逻辑函数也称二值逻辑函数。

2.4.1 逻辑函数的几种表示方法

输出变量与输入变量之间的逻辑函数的描述方法有真值表、逻辑函数表达式、逻辑图、波形图、卡诺图和 HDL 等。卡诺图在后续章节介绍。下面举一个简单实例介绍前四种逻辑函数的表示。

如图 2-8 所示是一个篮球判罚电路，在一名教练和两名球迷中，必须有两人以上（其中必须包括教练）同意裁判的判定，才表示同意判定结果。判定时，教练掌握着开关 A，两名球迷分别掌握着开关 B 和 C。当教练和球迷认为同意判定结果时，各自的开关才会合上，否则断开。显然，指示灯 L 的状态（亮与灭）是开关 A、B、C 状态（合上与断开）的函数。

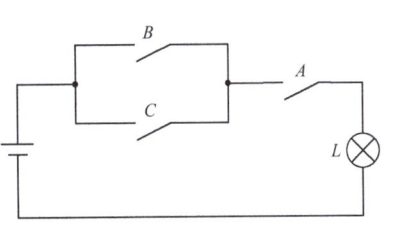

图 2-8 篮球判罚电路

1. 真值表

将输入变量所有可能的取值与相应的函数值列成表格，就得到真值表。

图 2-8 中电路的逻辑关系可用真值表来描述。设 L 表示灯的状态，即 $L=1$ 表示灯

亮，$L=0$ 表示灯不亮。用 A,B,C 表示教练 A 和球迷 B,C 的状态，用 **1** 表示开关合上，用 **0** 表示开关断开。以图 2-8 所示的电路为例，根据电路的工作原理可知，只有 $A=1$，同时 B,C 至少有一个为 **1** 时 L 才等于 **1**，则 L 与 A,B,C 逻辑关系的真值表见表 2-9。

表 2-9　　　　　　　　　　图 2-8 的真值表

输入			输出
A	B	C	L
0	0	0	0
0	0	1	0
0	1	0	0
0	1	1	0
1	0	0	0
1	0	1	1
1	1	0	1
1	1	1	1

2. 逻辑函数表达式

逻辑表达式是用**与**、**或**、**非**等运算组合起来，表示逻辑函数与逻辑变量之间关系的逻辑代数式。

在图 2-8 所示的电路中，根据对电路功能的要求和**与**、**或**的逻辑定义，"B 和 C 中至少有一个合上"可以表示为 $(B+C)$，"同时还要求合上 A"则应写作 $A\cdot(B+C)$，因此得到输出的逻辑函数式为

$$L=A\cdot(B+C) \tag{2-10}$$

3. 逻辑图

用**与**、**或**、**非**等逻辑符号表示逻辑函数中各变量之间的逻辑关系所得到的图形称为逻辑图。

将式(2-10)中所有的**与**、**或**、**非**运算符号用相应的逻辑符号代替，并按照逻辑运算的先后次序将这些逻辑符号连接起来，就得到图 2-8 中电路所对应的逻辑图，如图 2-9 所示。

4. 波形图

波形图也称时序图，它是将逻辑函数输入变量每一种可能出现的值与对应的输出值按时间顺序依次排列得到的图形。如图 2-10 所示为图 2-8 电路逻辑功能的波形图。

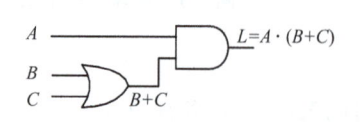

图 2-9　图 2-8 电路所对应的逻辑图 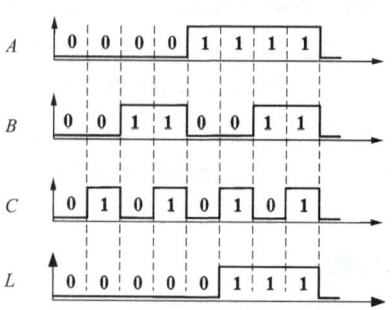　　　　图 2-10　图 2-8 电路逻辑功能的波形图

2.4.2 逻辑函数表示方法之间的转换

逻辑函数的表示方法归纳起来有六种:真值表、逻辑函数表达式、逻辑图、波形图、卡诺图和 HDL。

同一逻辑问题可以用六种不同方法描述。这些方法本质是相通的,可以相互转换。这里只介绍真值表与逻辑表达式及逻辑图之间的转换。

1. 真值表与逻辑函数式的相互转换

由真值表写出逻辑函数式的一般方法:

(1)写出真值表中使逻辑函数 $L=1$ 的那些输入变量取值的组合。

(2)每组输入变量取值的组合对应一个乘积项,其中原变量表示取值为 **1**,非变量表示取值为 **0**。

(3)将这些乘积项相加,即得 L 的逻辑函数式。

由逻辑函数式写出真值表的一般方法,只需将输入变量取值的所有组合状态依次代入逻辑函数式求出函数值,列成表,即可得到真值表。

例 2-3 已知真值表,见表 2-10,试写出它的逻辑函数式。

解: 写出真值表中使输出为 1 的所有输入变量的乘积项,凡取 1 值的用原变量表示,取 0 值的用非变量表示。然后将这些乘积项相加,即得到输出逻辑函数表达式。

当输入为 $A=0$、$B=0$、$C=1$ 时,乘积项 $\overline{A}\,\overline{B}C=1$,此时 $L=1$。同理,当输入为 $A=1$,$B=1$,$C=0$ 时,乘积项 $AB\overline{C}$ 使 $L=1$。输出逻辑函数表达式就是这两个乘积项之和,即

$$L=\overline{A}\,\overline{B}C+AB\overline{C}$$

表 2-10　　　　　　　　　例 2-3 的真值表

A	B	C	L
0	0	0	0
0	0	1	1
0	1	0	0
0	1	1	0
1	0	0	0
1	0	1	0
1	1	0	1
1	1	1	0

例 2-4 已知真值表,见表 2-11,试写出它的逻辑函数式。

解: 从表 2-11 可知,$A\overline{B}\,\overline{C}=0$,其余项为 **1**,则可先求出 $\overline{L}$ 的表达式,即 $\overline{L}=A\overline{B}\,\overline{C}$,再利用 $L=\overline{\overline{L}}$ 求出 L 的表达式。

即

$$L=\overline{\overline{L}}=\overline{A\,\overline{B}\,\overline{C}}=\overline{A}+B+C$$

表 2-11　　　　　　　　　　例 2-4 的真值表

A	B	C	L
0	0	0	1
0	0	1	1
0	1	0	1
0	1	1	1
1	0	0	0
1	0	1	1
1	1	0	1
1	1	1	1

2. 逻辑函数式与逻辑图的相互转换

从给定的逻辑函数式转换为相应的逻辑图时,只要用逻辑图形符号代替逻辑函数式中的逻辑运算符号并按运算优先顺序将它们连接起来,就可以得到所求的逻辑图。

从给定的逻辑图转换为对应的逻辑函数式时,只要从逻辑图的输入端到输出端逐级写出每个图形符号的输出逻辑式,就可以在输出端得到所求的逻辑函数式。

例 2-5 已知逻辑函数式 $L=\overline{A}\,\overline{B}+AB$,试画逻辑图。

解:将式中所有的**与**、**或**、**非**运算符号用图形符号代替。并依据运算优先顺序将这些图形符号连接起来,就得到图 2-11 所示的逻辑图。

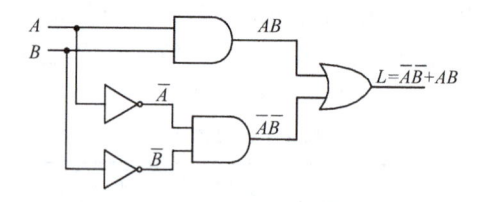

图 2-11　例 2-5 的逻辑图

例 2-6 已知逻辑函数式 $L(A,B,C)=(A+B)(\overline{B}+C)$,试画逻辑图。

解:将式中所有的**或**、**与**、**非**运算符号用图形符号代替。并依据运算优先顺序将这些图形符号连接起来,就得到图 2-12 所示的逻辑图。

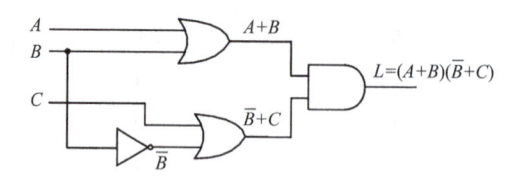

图 2-12　例 2-6 的逻辑图

例 2-7 已知函数的逻辑图如图 2-13 所示,试求它的逻辑函数式。

解:从输入端 A、B 开始逐个写出每个图形符号输出端的逻辑式,得到 $L=(\overline{A}+\overline{B})\cdot(A+B)$。将该式变换后得到

$$L=(\overline{A}+\overline{B})\cdot(A+B)=\overline{A}A+\overline{A}B+\overline{B}A+\overline{B}B=\overline{A}B+\overline{B}A=A\oplus B$$

可见,输出 L 和 A、B 间是**异或**逻辑关系。

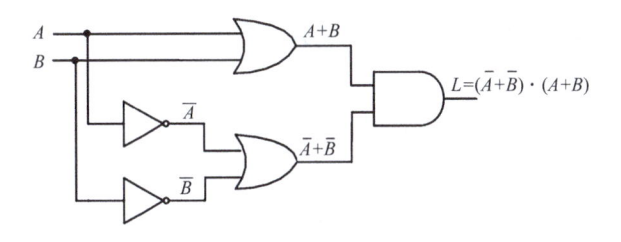

图 2-13 例 2-7 的逻辑图

3. 逻辑函数式与真值表的相互转换

逻辑函数式到真值表的转换:将输入变量可能的取值逐个代入表达式进行计算,并将计算结果列成表,即得真值表。

真值表到逻辑函数式的转换:写出真值表中使输出为 **1** 的所有输入变量乘积项,凡取 **1** 值的用原变量表示,取 **0** 值的用非变量表示。然后将这些乘积项相加,即得到输出逻辑函数表达式。

例 2-8 已知例 2-7 求出的逻辑函数式 $L=A\oplus B$,列出它的真值表。

解:输入变量 A,B 取值有四种组合,其中 $\overline{A}B$ 和 $\overline{B}A$ 使 L 为 **1**,得到真值表见表 2-12。

表 2-12　　例 2-8 的真值表

A	B	L
0	0	0
0	1	1
1	0	1
1	1	0

例 2-9 已知真值表见表 2-13,试写出它的逻辑函数表达式。

表 2-13　　例 2-9 的真值表

A	B	L
0	0	1
0	1	0
1	0	0
1	1	1

解:当输入为 $A=0$、$B=0$ 时,乘积项 $\overline{A}\,\overline{B}=1$,此时 $L=1$。同理,当输入为 $A=1,B=1$ 时,乘积项 $AB=1$,此时 $L=1$。输出逻辑函数表达式就是这两个乘积项之和,即

$$L=\overline{A}\,\overline{B}+AB=A\odot B$$

2.5　逻辑函数表达式的形式

任何一个逻辑函数,其表达式的形式都不是唯一的。下面先介绍逻辑函数的"与-或""或-与"表达式,接着介绍最小项的概念及逻辑函数的"最小项之和"表达式,最后介绍最大项的概念及逻辑函数的"最大项之积"表达式。

2.5.1 逻辑函数表达式的基本形式

1. 与-或表达式

与-或表达式是指由若干与项进行或逻辑运算构成的表达式。例如,有一个逻辑函数式为 $L=A \cdot B+C \cdot \overline{D}$,式中 $A \cdot B$ 和 $C \cdot \overline{D}$ 两项都是由与(逻辑乘)运算符把变量连接起来,故称为与项(或乘积项),将这两个与项用或运算符连接起来,称这种类型的表达式为与-或表达式,或称之为"积之和"表达式。

2. 或-与表达式

或-与表达式是指由若干或项进行与逻辑运算构成的表达式。例如,有一个逻辑函数式为 $L=(A+B) \cdot (C+D)$,式中 $(A+B)$ 和 $(C+D)$ 两项是由或(逻辑加)运算符把变量连接起来,故称为或项,将这两个或项用与运算符连接起来,称这种类型的表达式为或-与表达式,或称之为"和之积"表达式。

通常可以将逻辑函数式表示成混合形式。例如,函数 $L=A \cdot (B \cdot C+\overline{B} \cdot \overline{C})+B \cdot (C \cdot \overline{D}+A \cdot D)$,既不是与-或表达式,也不是或-与表达式,但经过变换可以转化成上述两种基本形式。

2.5.2 最小项及其表达式

逻辑函数的最小项表达式是建立在最小项的基础之上,下面先介绍最小项的定义和性质。

1. 最小项

在 n 个变量逻辑函数中,若 m 为包含 n 个因子的乘积项,而且这 n 个变量均以原变量或非变量的形式在 m 中仅出现一次,则称 m 乘积项为该组变量的最小项。

例如,A,B,C 三个变量的最小项有 $\overline{A}\,\overline{B}\,\overline{C}, \overline{A}\,\overline{B}C, \overline{A}B\overline{C}, \overline{A}BC, A\,\overline{B}\,\overline{C}, A\,\overline{B}C, AB\overline{C}, ABC$ 共 8 个(2^3 个)。而 $\overline{A}B$、$AB\overline{C}\,\overline{A}$ 等不是最小项。

一般 n 个变量的最小项应有 2^n 个,最小项通常用 m_i 表示,下标 i 即最小项编号,用十进制数表示。将最小项中的原变量用 **1** 表示,非变量用 **0** 表示,可得到最小项的编号。例如,以三个变量的乘积项 $A\overline{B}C$ 为例,它的二进制取值为 **101**,可以用十进制数 5 表示,所以把最小项 $A\overline{B}C$ 记作 m_5。三个变量 A,B,C 的全部 8 个最小项及其最大项的代表符号见表 2-14。

表 2-14　　三个变量的最小项、最大项编号

十进制数	变量取值 A	B	C	最小项	最大项
0	0	0	0	$m_0=\overline{A}\,\overline{B}\,\overline{C}$	$M_0=A+B+C$
1	0	0	1	$m_1=\overline{A}\,\overline{B}C$	$M_1=A+B+\overline{C}$
2	0	1	0	$m_2=\overline{A}B\overline{C}$	$M_2=A+\overline{B}+C$
3	0	1	1	$m_3=\overline{A}BC$	$M_3=A+\overline{B}+\overline{C}$
4	1	0	0	$m_4=A\overline{B}\,\overline{C}$	$M_4=\overline{A}+B+C$
5	1	0	1	$m_5=A\overline{B}C$	$M_5=\overline{A}+B+\overline{C}$
6	1	1	0	$m_6=AB\overline{C}$	$M_6=\overline{A}+\overline{B}+C$
7	1	1	1	$m_7=ABC$	$M_7=\overline{A}+\overline{B}+\overline{C}$

最小项具有下列性质：

(1) 任意一个最小项,输入变量只有一组取值使其值为 **1**,而其他各组取值均使其为 **0**。最小项不同,使其值为 1 的输入变量取值也不同。以 $A\overline{B}C$ 为例,只有当 $A\overline{B}C$ 取 **101** 时,最小项 $m_5 = A\overline{B}C = 1$,取其他值时,m_5 均为 **0**。

(2) 任意两个不同的最小项之积为 **0**。

(3) 所有最小项之和为 **1**。

(4) 具有相邻性的两个最小项之和可以合并成一项并消去一对因子。

2. 最小项表达式

由若干最小项构成的逻辑表达式称为**最小项表达式**,也称为标准与-或表达式。

首先将给定的逻辑函数式化为若干乘积项之和的形式。然后,再利用基本公式 $A+\overline{A}=1$ 将每个乘积项中缺少的因子补全,这样就可以将与-或的形式化为最小项之和的表达式。

例 2-10 将逻辑函数 $L(A,B,C)=\overline{A}\,\overline{B}+BC$ 变换成最小项表达式。

解：根据公式 $A+\overline{A}=1$,将逻辑函数中的每一个乘积项都化成包含所有变量 A,B,C 的项,即

$$L(A,B,C) = \overline{A}\,\overline{B}+BC$$
$$= \overline{A}\,\overline{B}(C+\overline{C})+(A+\overline{A})BC$$
$$= \overline{A}\,\overline{B}C+\overline{A}\,\overline{B}\,\overline{C}+ABC+\overline{A}BC$$

此式为四个最小项之和,是一个标准的**与**-**或**表达式。为了简便,在表达式中常用最小项的编号表示,上式又可写为

$$L(A,B,C) = m_1 + m_0 + m_7 + m_3$$
$$= \sum m(0,1,3,7)$$

由此可见,任一个逻辑函数都能变换成唯一的最小项表达式。

例 2-11 将逻辑函数 $L(A,B,C)=\overline{(A\overline{B}+B\overline{C})\overline{AB}}$ 变换成最小项表达式。

解：(1) 多次利用摩根定理去掉非号,直至最后得到一个只在单个变量上有非号的表达式,即

$$L(A,B,C) = \overline{(A\overline{B}+B\overline{C})\overline{AB}}$$
$$= \overline{A\overline{B}+B\overline{C}}+AB$$
$$= \overline{A\overline{B}} \cdot \overline{B\overline{C}}+AB$$
$$= (\overline{A}+B)(\overline{B}+C)+AB$$

(2) 利用分配律去掉括号,直至得到一个与-或表达式,即

$$L(A,B,C) = \overline{A}\,\overline{B}+\overline{A}C+B\overline{B}+BC+AB$$
$$= \overline{A}\,\overline{B}+\overline{A}C+BC+AB$$

(3) 利用基本公式 $A+\overline{A}=1$,将每个乘积项中缺少的因子补全,可得

$$L(A,B,C) = \overline{A}\,\overline{B}+\overline{A}C+BC+AB$$
$$= \overline{A}\,\overline{B}(C+\overline{C})+\overline{A}(B+\overline{B})C+(A+\overline{A})BC+AB(C+\overline{C})$$
$$= \overline{A}\,\overline{B}C+\overline{A}\,\overline{B}\,\overline{C}+\overline{A}BC+\overline{A}\,\overline{B}C+ABC+\overline{A}BC+ABC+AB\overline{C}$$
$$= \overline{A}\,\overline{B}C+\overline{A}\,\overline{B}\,\overline{C}+\overline{A}BC+ABC+AB\overline{C}$$
$$= \sum m(0,1,3,6,7)$$

2.5.3 最大项及其表达式

逻辑函数的最大项表达式是建立在最小项的基础之上,下面先介绍最大项的定义和性质。

1. 最大项

在 n 个变量逻辑函数中,若 M 为 n 个变量之和(或),而且这 n 个变量均以原变量或非变量的形式在 M 中仅出现一次,则称 M 为该组变量的最大项。

例如,A,B,C 三个变量的最大项有 $\overline{A}+\overline{B}+\overline{C},\overline{A}+\overline{B}+C,\overline{A}+B+\overline{C},\overline{A}+B+C,A+\overline{B}+\overline{C},A+\overline{B}+C,A+B+\overline{C},A+B+C$ 共 8 个(2^3 个)。对于 n 个变量则有最大项 2^n 个。可见,n 变量的最大项数目和最小项数目是相等的。

最大项通常用 M_i 表示,下标 i 即最大项编号。对于一个最大项,输入变量只有一组二进制数使其取值为 **0**,与该二进制数对应的十进制数就是该最大项的下标编号。输入变量的每一组取值都使一个对应的最大项的值为 **0**。例如,在三个变量 A,B,C 的最大项中,当 $A=\mathbf{0},B=\mathbf{1},C=\mathbf{0}$ 时,其对应的十进制数为 2,它使最大项 $(A+\overline{B}+C)=\mathbf{0}$,因此,最大项编号可记为 M_2。三个变量 A,B,C 的全部 8 个最大项及其最大项的代表符号见表 2-14。

最大项具有下列性质:

(1) 输入变量取任何值时,必有一个最大项,而且只有一个最大项的值为 **0**。
(2) 所有最大项之积为 **0**。
(3) 任意两个最大项之和为 **1**。
(4) 只有一个变量不同的两个最大项的乘积等于各相同变量之和。

2. 最大项表达式

根据最小项和最大项的性质及表 2-14 的最后两列可知,相同变量构成的最小项与最大项之间存在互补关系,即

$$m_i = \overline{M_i} \text{ 或 } M_i = \overline{m_i}$$

例如,$m_3 = \overline{A}BC$,则 $\overline{m_3} = \overline{\overline{A}BC} = A+\overline{B}+\overline{C} = M_3$。

例 2-12 一个逻辑电路有三个输入逻辑变量 A,B,C,它的真值表见表 2-15,试写出该逻辑函数的最小项表达式和最大项表达式。

表 2-15　　　　　　　　　例 2-12 的真值表

十进制数	输入变量 A	输入变量 B	输入变量 C	输出 L
0	0	0	0	0
1	0	0	1	1
2	0	1	0	0
3	0	1	1	0
4	1	0	0	1
5	1	0	1	1
6	1	1	0	0
7	1	1	1	1

解：(1)根据真值表求最小项表达式的一般步骤：先写出使函数 $L=1$ 的各行所对应的最小项；再将这些最小项相加，得到最小项表达式，即

$$L(A,B,C) = m_1 + m_4 + m_5 + m_7$$
$$= \sum m(1,4,5,7)$$
$$= \overline{A}\,\overline{B}C + A\overline{B}\,\overline{C} + A\overline{B}C + ABC$$

(2)根据真值表求最大项表达式的一般步骤：先写出使函数 $L=0$ 的各行所对应的最大项；再将这些最大项相乘，得到最大项表达式，即

$$L(A,B,C) = M_0 \cdot M_2 \cdot M_3 \cdot M_6$$
$$= \prod M(0,2,3,6)$$
$$= (A+B+C)(A+\overline{B}+C)(A+\overline{B}+\overline{C})(\overline{A}+\overline{B}+C)$$

2.6 逻辑函数的化简方法

在进行逻辑运算时常常会发现，同一个逻辑函数可以写成不同的逻辑表达式，而这些逻辑表达式的繁简程度不同。逻辑表达式越简单，它所表示的逻辑关系越明显。用较少的门实现逻辑函数，也有利于降低电路实现的成本。因此，这就需要通过化简的手段找出逻辑函数的最简形式。

一个逻辑函数可以有多种不同的逻辑表达式，如**与-或**表达式、**或-与**表达式、**或非-或非**表达式、**与非-与非**表达式以及**与-或-非**表达式等。

通常**与-或**表达式容易转换为其他类型的函数式，因此接下来着重讨论**与-或**表达式的化简。在**与-或**逻辑表达式中，若其中包含乘积项个数最少，且每个乘积项中变量数最少的表达式称为最简**与-或**表达式。

逻辑函数化简的目的就是要消去多余的乘积项和每个乘积项中多余的变量，以得到逻辑函数式的最简形式。有了最简**与-或**表达式以后，再用公式变换就可以得到其他类型的函数式。

简化逻辑函数的方法有很多，本节将介绍代数化简法和卡诺图化简法。

2.6.1 代数化简法

代数化简法是运用逻辑代数中的基本公式和常用公式对逻辑函数进行化简，这种方法没有固定的步骤，需要一些技巧。下面将介绍经常使用的方法。

1. 并项法

利用公式 $A+\overline{A}=1$，将两项合并成一项，并消去一个变量。

例 2-13 试用并项法化简逻辑函数表达式 $L = ABC + AB\overline{C} + \overline{A}B$。

解：$L = ABC + AB\overline{C} + \overline{A}B$
$= AB(C+\overline{C}) + \overline{A}B$
$= (A+\overline{A})B$
$= B$

2. 消去法

利用 $A+\bar{A}B=A+B$ 或 $AB+\bar{A}C+BC=AB+\bar{A}C$，消去多余的因子。

例 2-14 试用消去法化简逻辑函数表达式 $L=AB+\bar{A}C+B\bar{C}$。

解：$L=AB+\bar{A}C+B\bar{C}$
$=AB+B+\bar{A}C$
$=B+\bar{A}C$

例 2-15 试用消去法化简逻辑函数表达式 $L=AC+\bar{A}B+B\bar{C}$。

解：$L=AC+\bar{A}B+B\bar{C}$
$=AC+(\bar{A}+\bar{C})B$
$=AC+\overline{AC}B$
$=AC+B$

3. 吸收法

利用公式 $A+AB=A$，消去多余的项 AB。根据代入规则，A,B 可以是任何一个复杂的逻辑式。

例 2-16 试用吸收法化简逻辑函数表达式 $L=A\bar{B}+A\bar{B}\bar{C}+A\bar{B}D$。

解：$L=A\bar{B}+A\bar{B}\bar{C}+A\bar{B}D=A\bar{B}+A\bar{B}(\bar{C}+D)=A\bar{B}$

4. 配项法

先利用公式 $A+\bar{A}=1$，增加必要的乘积项，再用吸收或并项的方法使项数减少。

例 2-17 试用配项法化简逻辑函数表达式 $L=A\bar{B}+\bar{A}B+B\bar{C}+\bar{B}C$。

解：根据配项法

$L=A\bar{B}+\bar{A}B+B\bar{C}+\bar{B}C$
$=A\bar{B}+\bar{A}B(C+\bar{C})+B\bar{C}+(A+\bar{A})\bar{B}C$
$=A\bar{B}+\bar{A}BC+\bar{A}B\bar{C}+A\bar{B}C+\bar{A}\bar{B}C$
$=(A\bar{B}+A\bar{B}C)+(\bar{A}B\bar{C}+B\bar{C})+(\bar{A}BC+\bar{A}\bar{B}C)$
$=A\bar{B}+B\bar{C}+\bar{A}C$

例 2-18 利用以上所阐述的代数化简法进行以下逻辑函数的化简 $L=AB+A\bar{C}+\bar{B}C+B\bar{C}+\bar{B}D+B\bar{D}+ADF(E+G)$。

解：

$L=AB+A\bar{C}+\bar{B}C+B\bar{C}+\bar{B}D+B\bar{D}+ADF(E+G)$
$=A(B+\bar{C})+\bar{B}C+B\bar{C}+\bar{B}D+B\bar{D}+ADF(E+G)$
$=A\overline{\bar{B}C}+\bar{B}C+B\bar{C}+\bar{B}D+B\bar{D}+ADF(E+G)$ （利用反演律）
$=A+\bar{B}C+B\bar{C}+\bar{B}D+B\bar{D}+ADF(E+G)$ （利用 $A+\bar{A}B=A+B$）
$=A+\bar{B}C+B\bar{C}+\bar{B}D+B\bar{D}$ （利用 $A+AB=A$）
$=A+\bar{B}C(D+\bar{D})+B\bar{C}+\bar{B}D+B\bar{D}(C+\bar{C})$ （配项法）
$=A+\bar{B}CD+\bar{B}D+\bar{B}C\bar{D}+B\bar{C}+B\bar{D}C+B\bar{D}\bar{C}$
$=A+\bar{B}D+\bar{B}C\bar{D}+B\bar{C}+BC\bar{D}$ （利用 $A+AB=A$）
$=A+C\bar{D}(B+\bar{B})+B\bar{C}+\bar{B}D$

$$=A+C\overline{D}+B\overline{C}+\overline{B}D \qquad (利用\ A+\overline{A}=1)$$

5. 逻辑函数形式的变换

逻辑函数往往需要用到**非门**、**与门**和**或门**等门电路。通常在一片集成电路芯片中只有一种门电路,为了减少门电路的种类,需要对逻辑函数表达式进行变换。

例 2-19 已知逻辑函数表达式为
$$L=ABC+AB\overline{C}+AC$$

要求:
(1)试求最简的**与-或**逻辑函数表达式,并画出相应的逻辑图;
(2)仅用二输入**与非门**画出表达式的逻辑图;
(3)仅用二输入**或非门**实现并画出逻辑图。

解:
$$L=ABC+AB\overline{C}+AC$$
$$=AB(C+\overline{C})+AC$$
$$=AB+AC \quad (最简与\text{-}或表达式)$$
$$=\overline{\overline{AB+AC}} \quad (先利用\overline{\overline{A}}=A,再利用摩根定理)$$
$$=\overline{\overline{AB}\cdot\overline{AC}} \quad (与非\text{-}与非表达式)$$
$$=\overline{\overline{AB}}+\overline{\overline{AC}} \quad (每个乘积项单独取两次非)$$
$$=\overline{\overline{A}+\overline{B}}+\overline{\overline{A}+\overline{C}} \quad (或非\text{-}或非表达式)$$

如图 2-14(a)所示是根据最简**与**-**或**表达式画出的逻辑图,它用到**与门**和**或门**两种类型的门;如图 2-14(b)所示是根据**与非**-**与非**表达式画出的逻辑图,它只用到两输入**与非门**。如图 2-14(c)所示是根据**或非**-**或非**表达式画出的逻辑图,它用到两输入**或非门**和**或门**,其中用两输入**或非门**来实现非门(将两个输入端连接在一起)。

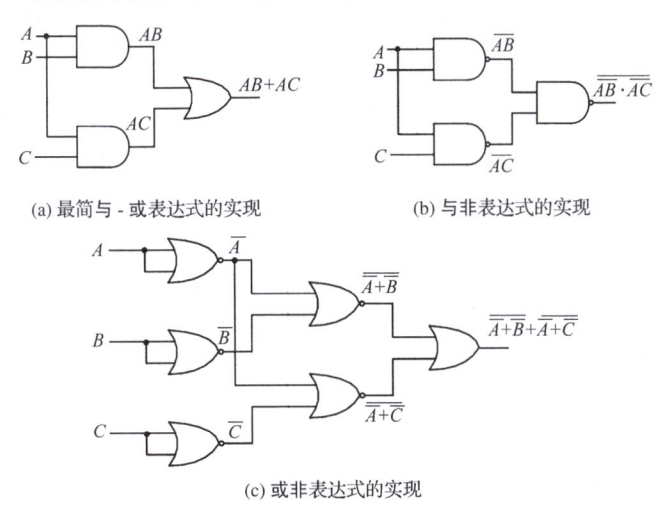

(a) 最简与 - 或表达式的实现

(b) 与非表达式的实现

(c) 或非表达式的实现

图 2-14 例 2-19 的逻辑图

将**与-或**表达式变换成**与非-与非**表达式时,首先对**与-或**表达式取两次非,然后按照摩根定理分开下面的非号。

将与-或表达式变换成**或非-或非**表达式时,首先对**与**-或表达式中的每个乘积项单独取两次**非**,然后按照摩根定理分开下面的非号。

2.6.2 卡诺图化简法

代数化简法在使用过程中可能会遇到以下的困难:逻辑代数与普通代数的公式易混淆,化简过程要求对所有公式熟练掌握;代数化简法无一套完善的方法可循,它依赖于人的经验和灵活性;这种化简方法技巧性较强,较难掌握,特别是对代数化简后得到的逻辑表达式是否是最简式的判断有一定的困难。

本节将介绍的卡诺图法可以比较简便地得到最简逻辑表达式。

1. 卡诺图及其特点

卡诺图是逻辑函数的一种图形表示。一个逻辑函数的卡诺图就是将此函数的最小项表达式中的各最小项相应地填入一个方格图内,此方格图称为**卡诺图**。

图 2-15 中画出了二到四变量最小项的卡诺图,L 为输出变量。图形两侧标注的 **0** 和 **1** 表示使对应小方格内的最小项为 1 的变量取值。同时,这些 0 和 1 组成的二进制数所对应的十进制数大小即是对应的最小项编号。

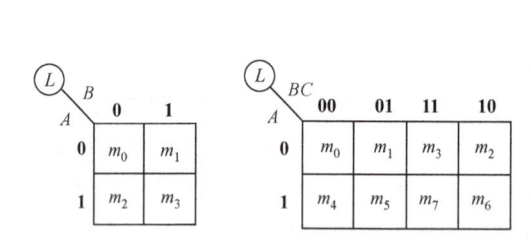

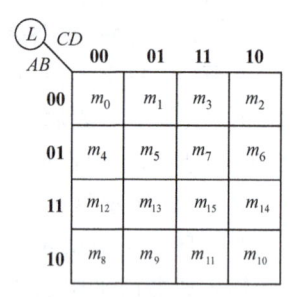

L\\B	0	1
0	m_0	m_1
1	m_2	m_3

(a) 二变量(A,B)最小项的卡诺图

L\\BC	00	01	11	10
0	m_0	m_1	m_3	m_2
1	m_4	m_5	m_7	m_6

(b) 三变量(A,B,C)最小项的卡诺图

L\\CD	00	01	11	10
00	m_0	m_1	m_3	m_2
01	m_4	m_5	m_7	m_6
11	m_{12}	m_{13}	m_{15}	m_{14}
10	m_8	m_9	m_{11}	m_{10}

(c) 四变量(A,B,C,D)最小项的卡诺图

图 2-15 二到四变量最小项的卡诺图

卡诺图的特点:几何位置相邻的最小项在逻辑上也是相邻的。即相邻的两个最小项只有一个变量互为反变量(各小方格对应于各变量不同的组合,而且上、下、左、右在几何上相邻的方格内只有<u>一个因子有差别</u>),这个重要的特点成为**卡诺图化简**逻辑函数的主要依据。

现以四变量卡诺图为例,并将最小项用变量表示出来,如图 2-16 所示。图中相邻的方格内只有一个变量不同,例如,$m_8 = A\overline{B}\overline{C}\overline{D}$,$m_9 = A\overline{B}\overline{C}D$,这两个相邻最小项之间的差别仅在 D 和 $\overline{D}$,m_7 和 m_{15} 之间的差别在于 A 和 $\overline{A}$,m_1 和 m_9 之间的差别在于 A 和 $\overline{A}$,m_{12} 和 m_{14}(左、右相邻)之间的差别在于 C 和 $\overline{C}$。要特别指出的是,卡诺图同一行最左端和最右端的方格是相邻的,同一列最上端和最下端两个方格也是相邻的。这个特点说明在几何位置上卡诺图具有上、下和左、右封闭的特性。

图 2-17 所示为图 2-16 所示的卡诺图的简化形式。变量 A,B,C,D 的每组取值,与对应方格内的最小项编号一一对应。

第 2 章 逻辑代数基础

L\CD									
AB	00		01		11		10		
00	0	$\overline{A}\,\overline{B}\,\overline{C}\,\overline{D}$	1	$\overline{A}\,\overline{B}\,\overline{C}D$	3	$\overline{A}\,\overline{B}CD$	2	$\overline{A}\,\overline{B}C\overline{D}$
01	4	$\overline{A}B\overline{C}\overline{D}$	5	$\overline{A}B\overline{C}D$	7	$\overline{A}BCD$	6	$\overline{A}BC\overline{D}$
11	12	$AB\overline{C}\overline{D}$	13	$AB\overline{C}D$	15	$ABCD$	14	$ABC\overline{D}$
10	8	$A\overline{B}\,\overline{C}\,\overline{D}$	9	$A\overline{B}\,\overline{C}D$	11	$A\overline{B}CD$	10	$A\overline{B}C\overline{D}$

图 2-16 填入最小项的卡诺图

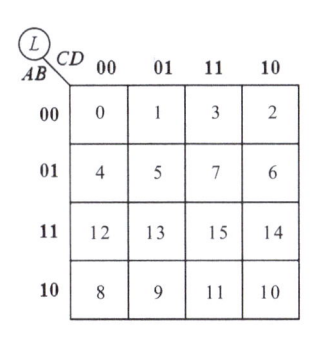

L\CD	00	01	11	10
AB				
00	0	1	3	2
01	4	5	7	6
11	12	13	15	14
10	8	9	11	10

图 2-17 图 2-16 的简化表示法

2. 逻辑函数的卡诺图表示法

首先将逻辑函数化为最小项表达式,然后在卡诺图上与这些最小项对应的位置上填入 **1**,在其余的位置上填入 **0**,就得到表示该逻辑函数的卡诺图。也就是说,任何一个逻辑函数都等于其卡诺图中为 **1** 的方格所对应的最小项之和。

例 2-20 已知逻辑函数 $L(A,B) = A\overline{B}$,试画出卡诺图。

解: $L(A,B) = A\overline{B}$ 的卡诺图如图 2-18 所示,$A\overline{B}$ 项方格上填入 **1**,其余填入 **0**。

例 2-21 已知逻辑函数 $L(A,B,C) = A\overline{B} + BC + AC$,试画出卡诺图。

解: (1) 先将逻辑函数化为最小项表达式。

$$L(A,B,C) = A\overline{B} + BC + AC$$
$$= A\overline{B}(C+\overline{C}) + (A+\overline{A})BC + A(B+\overline{B})C$$
$$= A\overline{B}C + A\overline{B}\,\overline{C} + ABC + \overline{A}BC$$
$$= \sum m(3,4,5,7)$$

L\B	0	1
A		
0	0	0
1	1	0

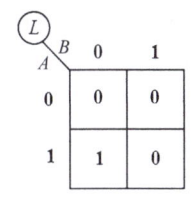

图 2-18 例 2-20 的卡诺图

(2) 在对应于函数式中各最小项的方格上填入 **1**,其余填入 **0**,得到图 2-19 所示的卡诺图。

例 2-22 已知逻辑函数 $L(A,B,C,D) = \overline{A}BCD + ABC + \overline{A}B\,\overline{D} + A\overline{B}$,试画出卡诺图。

解: (1) 先将逻辑函数化为最小项表达式。

$$L = \overline{A}BCD + ABC + \overline{A}B\,\overline{D} + A\overline{B}$$
$$= \overline{A}BCD + ABC(D+\overline{D}) + \overline{A}B(C+\overline{C})\overline{D} + A\overline{B}(C+\overline{C})(D+\overline{D})$$
$$= \overline{A}BCD + ABCD + ABC\overline{D} + \overline{A}BC\overline{D} + \overline{A}B\,\overline{C}\,\overline{D} + A\overline{B}CD + A\overline{B}C\overline{D} + A\overline{B}\,\overline{C}D + A\overline{B}\,\overline{C}\,\overline{D}$$
$$= m_3 + m_{15} + m_{14} + m_6 + m_4 + m_{11} + m_{10} + m_9 + m_8$$
$$= \sum m(3,4,6,8,9,10,11,14,15)$$

L\BC	00	01	11	10
A				
0	0	0	1	0
1	1	1	1	0

图 2-19 例 2-21 的卡诺图

(2) 在对应于函数式中各最小项的方格上填入 **1**,其余填入 **0**,得到图 2-20 所示的卡诺图。

例 2-23 已知卡诺图如图 2-21 所示,试写出该函数的逻辑式。

L \ CD AB	00	01	11	10
00	0	0	1	0
01	1	0	0	1
11	0	0	1	1
10	1	1	1	1

图 2-20　例 2-22 的卡诺图

L \ CD AB	00	01	11	10
00	1	0	0	1
01	0	1	1	0
11	0	0	0	0
10	0	0	0	0

图 2-21　例 2-23 的卡诺图

解：函数 L 等于卡诺图中填入的那些最小项之和，即

$$L(A,B,C,D)=\overline{A}\,\overline{B}\,C\,\overline{D}+\overline{A}\,B\,C\,\overline{D}+\overline{A}\,B\,\overline{C}\,D+\overline{A}BCD$$

3. 用卡诺图化简逻辑函数

(1) 卡诺图化简的依据

利用卡诺图化简逻辑函数的方法称为卡诺图化简法。化简卡诺图的基本依据是具有相邻性的最小项可以合并，并消去不同的变量。

若两个相邻的方格均为 **1**，则这两个最小项之和有一个变量可以被消去。例如，图 2-22(a) 所示卡诺图中的方格 1 和方格 3，其最小项之和为 $\overline{A}\,\overline{B}\,\overline{C}D+\overline{A}\,\overline{B}CD=\overline{A}\,\overline{B}D$，将两个方格中的不相同的因子 C 和 $\overline{C}$ 消去。方格 5 和方格 7，其最小项之和为 $\overline{A}B\overline{C}D+\overline{A}BCD=\overline{A}BD$，消去不相同的因子 C 和 $\overline{C}$。

(a) 两个最小项相邻

(b) 四个最小项相邻

(c) 八个最小项相邻

(d) 上、下、左、右最小项相邻

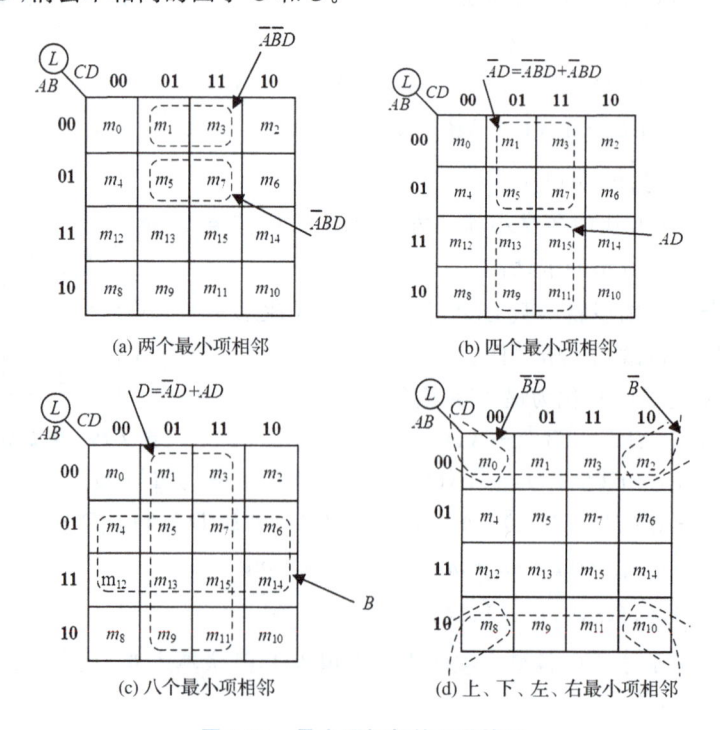

图 2-22　最小项相邻的几种情况

若四个相邻的方格为 **1**，则这四个最小项之和有两个变量可以被消去，如图 2-22(b) 所示的四变量卡诺图中的方格 1,3,5,7 和方格 13,15,9,11，它们的最小项之和分别为 $\overline{A}\,\overline{B}\,\overline{C}D + \overline{A}\,\overline{B}CD + \overline{A}B\,\overline{C}D + \overline{A}BCD = \overline{A}\,\overline{B}D + \overline{A}BD = \overline{A}D$ 和 AD。

若八个相邻的方格为 **1**，则这八个最小项之和有三个变量可以被消去，如图 2-22(c) 所示的四变量卡诺图中的方格 1,3,5,7,13,15,9,11，其最小项之和为 $\overline{A}\,\overline{B}D + \overline{A}BD + A\,\overline{B}D + ABD = D$。方格 4,5,7,6,12,13,15,14，其最小项之和为 B。

由图 2-22(d)可知，方格最上、最下两行共 8 个方格相邻，其最小项之和为 $\overline{B}$。方格四个角落方格 0,2,8,10 的最小项之和为 $\overline{B}\,\overline{D}$。

由以上化简依据可归纳出合并最小项的一般规则：如果有 2^n 个最小项相邻（$n=1,2,\cdots$）并列成一个矩形组，则它们可以合并为一项，并消去 n 对变量。合并后的结果中仅包含这些最小项的公共变量。

(2) 卡诺图化简的步骤

用卡诺图化简逻辑函数的步骤如下：

① 将逻辑函数写成最小项表达式。

② 按最小项表达式填写卡诺图，凡式中包含最小项的，其对应方格填 **1**，其余方格填 **0**。

③ 合并最小项，即将相邻的方格 **1** 圈成一组（包围圈），每一组包含 2^n 个方格，对应每个包围圈写成一个新的乘积项。本书中包围圈用虚线框表示。

④ 将所有包围圈对应的乘积项相加。

画包围圈时应遵循以下原则：

① 包围圈内的方格数一定是 2^n 个（$n=0,1,2,\cdots$），且包围圈必须呈矩形。

② 循环相邻特性包括上、下底相邻，左、右边相邻和四角相邻。

③ 同一方格可以被不同的包围圈重复包围多次，但新增的包围圈中一定要有原有包围圈未曾包围的方格 **1**。

④ 一个包围圈的方格数要尽可能多，包围圈的数目要尽可能少。包围圈个数越少，乘积项也就越少，得到的**与-或**表达式越简。

例 2-24 用卡诺图化简法化简下列逻辑函数为最简**与-或**表达式。
$$L(A,B,C,D) = \sum m(1,2,3,4,5,6)$$

解：(1) 画出 L 的卡诺图，如图 2-23 所示。

(2) 找出方格 **1** 的相邻最小项，用虚线画包围圈，合并最小项，由图 2-23 可见，有两种可取的合并最小项的方案。

若按图 2-23(a)所示的方案合并最小项，则得到最简**与-或**表达式为
$$L = \overline{A}\,\overline{B}\,\overline{C} + \overline{A}\,BD + \overline{A}C\,\overline{D}$$

若按图 2-23(b)所示的方案合并最小项，则得到最简**与-或**表达式为
$$L = \overline{A}\,CD + \overline{A}\,\overline{B}C + \overline{A}B\,\overline{D}$$

两个化简都符合最简**与-或**表达式的标准。该例子说明，有时逻辑函数的化简结果不是唯一的。

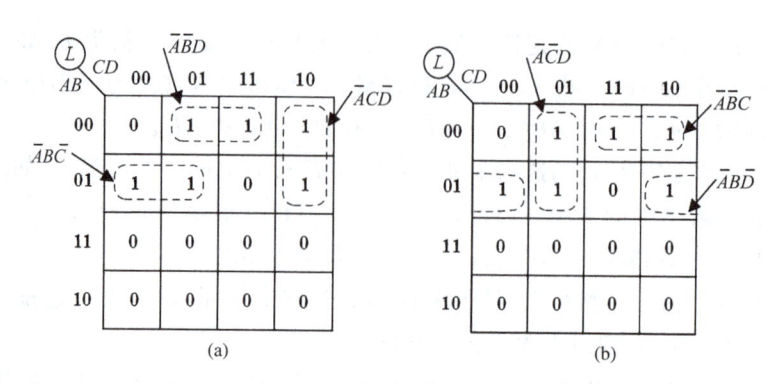

图 2-23 例 2-24 两种画圈方式的卡诺图

例 2-25 用卡诺图化简法化简下列逻辑函数为最简与-或表达式。

$L(A,B,C,D) = \overline{A}\,\overline{B}\,\overline{C}\,\overline{D} + \overline{A}\,\overline{B}\,C\,D + \overline{A}\,B\,\overline{C}\,D + \overline{A}\,B\,\overline{C}\,\overline{D} + \overline{A}BC\overline{D} + \overline{A}BCD + AB\overline{C}D + ABC\overline{D} + ABCD$

解:(1)画出 L 的卡诺图,如图 2-24 所示。

(2)按照合并最小项规则画圈合并。

(3)化简后的表达式为 $L = \overline{A}\,\overline{C} + BC + BD$。

例 2-26 用卡诺图化简法化简下列逻辑函数为最简与-或表达式。

$$L(A,B,C,D) = \sum m(0,1,2,3,8,9,10,11)$$

解:(1)画出 L 的卡诺图,如图 2-25 所示。

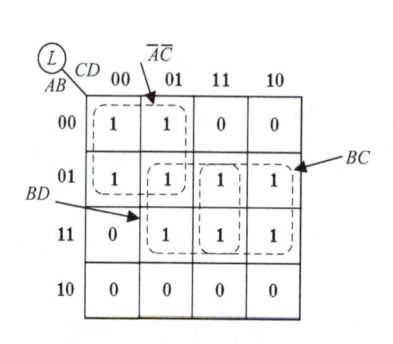

图 2-24 例 2-25 的卡诺图

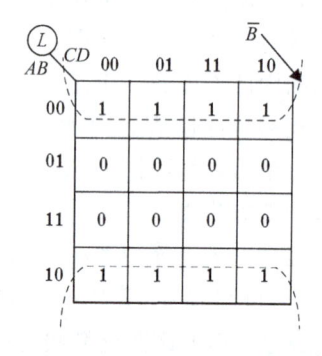

图 2-25 例 2-26 的卡诺图

(2)按照合并最小项规则画圈合并,上、下相邻画最大圈。

(3)化简后的表达式为 $L = \overline{B}$。

例 2-27 用卡诺图化简法化简下列逻辑函数为最简与-或表达式。

$L(A,B,C,D) = \sum m(0,2,5,7,8,10,13,15)$

解:(1)画出 L 的卡诺图,如图 2-26 所示。

(2)按照合并最小项规则画圈合并。

(3)化简后的表达式为 $L = \overline{B}\,\overline{D} + BD$

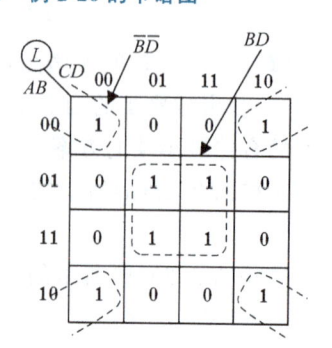

图 2-26 例 2-27 的卡诺图

利用卡诺图化简时,如果卡诺图中大部分方格为 **1**,用包围 **1** 的方法需要画很多包围圈。这时采用包围 **0** 的方法化简更为简单。即求出**非**函数 $\overline{L}$,再对 $\overline{L}$ 求非,下面对此举例说明。

例 2-28 用卡诺图化简法化简下列逻辑函数为最简**与**-**或**表达式。

$$L(A,B,C,D)=\sum m(0\sim 12,14)$$

解:(1)画出 L 的卡诺图,如图 2-27 所示。

(2)方法一:包围 **1** 方法化简,如图 2-27(a)所示,合并最小项,得

$$L=\overline{A}+\overline{B}+\overline{D}$$

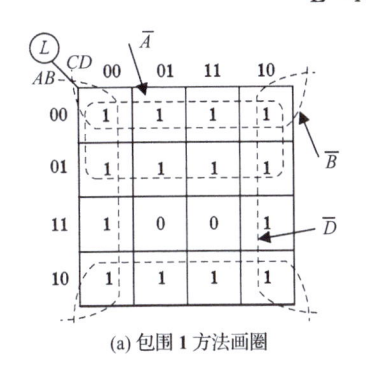

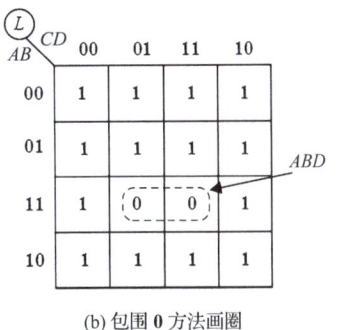

方法二:包围 **0** 方法化简,如图 2-27(b)所示,合并最小项,得

$$\overline{L}=ABD$$

对 $\overline{L}$ 求非,得

$$L=\overline{A}+\overline{B}+\overline{D}$$

(a) 包围 **1** 方法画圈 (b) 包围 **0** 方法画圈

图 2-27 例 2-28 的卡诺图

4. 具有无关项的逻辑函数化简

在真值表内对应于变量的某些取值下,函数的值可以是任意的,或者这些变量的取值根本不会出现,这些变量取值所对应的最小项称为**无关项**或**任意项**。

在含有无关项逻辑函数的卡诺图化简中,它的值可以取 **0** 或 **1**,具体取什么值,可以根据使函数尽量得到简化而定。在卡诺图中用×表示无关项。

例 2-29 试化简具有无关项的逻辑函数,式中 d 表示无关项。

$$L(A,B,C,D)=\sum m(1,2,5,6,9)+\sum d(10,11,12,13,14,15)$$

解:(1)画出逻辑函数卡诺图,如图 2-28 所示。

(2)画包围圈,利用无关项,将最小项 m_{13},m_{14},m_{10} 对应的方格看作 **1**,可以得到最大的包围圈,即可得到逻辑表达式为

$$L=\overline{C}D+C\overline{D}=C\oplus D$$

例 2-30 试化简以下具有无关项的逻辑函数。

$$L(A,B,C,D)=\sum m(4,6,14)+\sum d(2,5,10,11,12,13,15)$$

解:(1)画出逻辑函数卡诺图,如图 2-29 所示。

36 数字电子技术

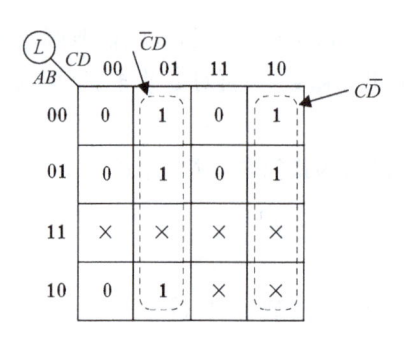

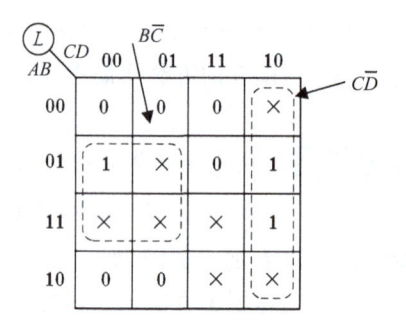

图 2-28 例 2-29 的卡诺图

图 2-29 例 2-30 的卡诺图

（2）画包围圈，利用无关项，将最小项 $m_2, m_5, m_{10}, m_{12}, m_{13}$ 对应的方格看作 **1**，可以得到最大的包围圈，即可得到逻辑表达式为

$$L = B\overline{C} + C\overline{D}$$

<<< 本 章 小 结 >>>

- 与、或、非是逻辑运算中的三种基本运算，其他的逻辑运算可由这三种基本运算构成。
- 逻辑代数是分析和设计逻辑电路的数学工具。逻辑问题可用逻辑函数进行描述，逻辑函数可用真值表、逻辑表达式、卡诺图和逻辑图表达，这四种表示方法各具特点，可根据需要选用。
- 逻辑函数的**与-或**表达式和**或-与**表达式是两种常见的形式，但其表达式的形式不唯一。任何一个逻辑函数经过变换，都能得到唯一的最小项表达式或最大项表达式。
- 代数化简法和卡诺图化简法是常用的逻辑函数化简方法。代数化简法技巧强，较难掌握，特别是对代数化简后得到的逻辑表达式是否是最简逻辑表达式的判断有一定的困难。卡诺图法可以比较简便地得到最简逻辑表达式。

<<< 习   题 >>>

2-1 已知逻辑表达式 $L = AB$，输入信号 A, B 的波形如图 2-30 所示，画出输出信号 L 的波形。

2-2 利用真值表证明下列等式。
(1) $A\overline{B} + \overline{A}B = (\overline{A} + \overline{B})(A + B)$
(2) $(A \oplus B) \oplus C = A \oplus (B \oplus C)$
(3) $A(B \oplus C) = AB \oplus AC$
(4) $A \oplus \overline{B} = \overline{(A \oplus B)} = A \oplus B \oplus 1$

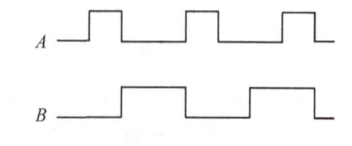

图 2-30 习题 2-1 图

2-3 利用反演规则和对偶规则，分别求下列函数的非函数和对偶函数。
(1) $L = \overline{A}B + AB$

(2) $L = AB + \overline{B+C}$

(3) $L = A\overline{B} + \overline{\overline{AB}\ \overline{C}\overline{D}}$

2-4 证明下列逻辑恒等式(方法不限)。

(1) $A\overline{B} + B + \overline{A}B = A + B$

(2) $(A+\overline{C})(B+D)(B+\overline{D}) = AB + B\overline{C}$

(3) $\overline{A+B+\overline{C}\ \overline{C}D} + (B+\overline{C})(A\overline{B}D + \overline{B}\ \overline{C}) = 1$

(4) $\overline{A}\ \overline{B}\ \overline{C} + A(B+C) + BC = \overline{A\ \overline{B}\ \overline{C} + \overline{A}\ BC + \overline{A}\ B\ \overline{C}}$

2-5 已知逻辑图如图 2-31 所示：

(1) 列出它的真值表。

(2) 写出它的逻辑表达式。

2-6 已知逻辑图如图 2-32 所示,写出它的逻辑表达式。

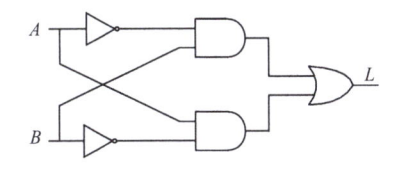

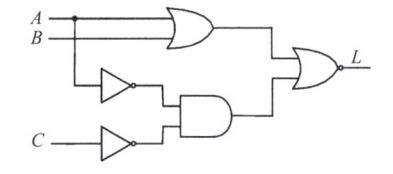

图 2-31　习题 2-5 图　　　　　图 2-32　习题 2-6 图

2-7 根据真值表见表 2-16,写出逻辑表达式。

表 2-16　　习题 2-7 的真值表

A	B	C
0	0	0
0	1	1
1	0	0
1	1	1

2-8 根据真值表见表 2-17,写出逻辑表达式。

表 2-17　　习题 2-8 的真值表

A	B	C	L
0	0	0	1
0	0	1	0
0	1	0	1
0	1	1	0
1	0	0	0
1	0	1	1
1	1	0	0
1	1	1	0

2-9 根据真值表见表 2-18,写出逻辑表达式。

表 2-18　　　　习题 2-9 的真值表

A	B	C	D	L
0	0	0	0	1
0	0	0	1	0
0	0	1	0	0
0	0	1	1	0
0	1	0	0	0
0	1	0	1	1
0	1	1	0	0
0	1	1	1	0
1	0	0	0	1
1	0	0	1	0
1	0	1	0	1
1	0	1	1	1
1	1	0	0	0
1	1	0	1	0
1	1	1	0	1
1	1	1	1	0

2-10 已知逻辑表达式,画出其逻辑图。

(1) $L = A(B+C)$

(2) $L = A\overline{B} + \overline{C}$

(3) $L = \overline{A}\,\overline{B}\,\overline{C} + A(B+C) + BC$

(4) $L = \overline{(A \oplus B)(\overline{A} + \overline{BC})}$

2-11 将以下逻辑函数变换成最小项之和表达式。

(1) $L(A,B,C) = AB + \overline{A}C$

(2) $L(A,B,C) = AB\overline{C} + BC$

(3) $L(A,B,C) = \overline{AB + \overline{A}\,\overline{B} + \overline{C}} + \overline{AB}$

(4) $L(A,B,C,D) = A\overline{B}\,\overline{C}D + \overline{A}CD + AC$

(5) $L(A,B,C,D) = ABD + \overline{A}C\,\overline{D} + BC$

(6) $L(A,B,C,D) = AB + \overline{B}C + BD + A\overline{C}D$

2-12 利用代数法将下列各式化简成最简的与-或表达式。

(1) $L = (A+B)(\overline{A}+B)$

(2) $L = ABC + \overline{B}$

(3) $L = A\overline{B} + AC + \overline{B+C}$

(4) $L = (\overline{\overline{A}B} + C)ABD + AD$

(5) $L=AB+AB\overline{C}+ABD+AB(\overline{C}+\overline{D})$

(6) $L=AB+\overline{A}C+\overline{B}C$

(7) $L=A(B\overline{C}+\overline{B}C)+A(BC+\overline{B}\,\overline{C})$

(8) $L=\overline{\overline{ABC}(B+\overline{C})}$

2-13 画出实现下列逻辑表达式的逻辑电路图,限使用非门和二输入与非门。

(1) $L=AB+BC+AC$ (2) $L=A\overline{B}C+B\overline{C}$

(3) $L=\overline{\overline{A}(B+\overline{C})}$ (4) $L=\overline{(AB+\overline{A}C)C+\overline{C}D}$

2-14 用卡诺图化简法将下式化简为最简与-或函数式。

(1) $L(A,B,C,D)=A\overline{C}+\overline{A}C+B\overline{C}+\overline{B}C$

(2) $L(A,B,C,D)=ABC+ABD+A\overline{C}D+\overline{C}\,\overline{D}+A\overline{B}C+\overline{A}C\overline{D}$

(3) $L(A,B,C,D)=(\overline{A}\,\overline{B}+B\overline{D})\overline{C}+BD(\overline{\overline{A}\,\overline{C}})+\overline{D}(\overline{A}+\overline{B})$

(4) $L(A,B,C,D)=\sum m(0,2,5,7,8,10,13,15)$

(5) $L(A,B,C,D)=\sum m(0\sim3,5\sim11,11\sim15)$

(6) $L(A,B,C,D)=\sum m(1,3,5,6,7,13,15)+\sum d(9,11,13,15)$

(7) $L(A,B,C,D)=\sum m(0\sim3,6,7,8\sim11)+\sum d(5,12,13,15)$

(8) $L(A,B,C,D)=\sum m(1,3,5,6,9,14,15)+\sum d(0,8,10)$

2-15 化简下列逻辑函数(方法不限)。

(1) $L=A\overline{B}+\overline{A}C+\overline{C}\,\overline{D}+D$

(2) $L=\overline{A}(C\overline{D}+\overline{C}D)+BCD+A\overline{C}D+\overline{A}C\overline{D}$

(3) $L=\overline{(\overline{A}+B)D}+(\overline{A}\,\overline{B}+BD)\overline{C}+\overline{A}\,B\overline{C}D+\overline{D}$

(4) $L=A\overline{B}D+\overline{A}\,\overline{B}\,\overline{C}D+BCD+(A\overline{B}+C)(B+D)$

(5) $L=\overline{A}\,\overline{B}\,\overline{C}D+A\overline{C}DE+\overline{B}DE+A\overline{C}\,\overline{D}\,\overline{E}$

(6) $L=(AB+\overline{A}C+\overline{B}D)(A\overline{B}\,\overline{C}D+\overline{A}CD+BCD+\overline{B}C)$

2-16 将下列逻辑函数化为**或非-或非**形式,并画出逻辑图。

(1) $L=A\overline{B}C+B\overline{C}$

(2) $L=(A+C)(\overline{A}+B+\overline{C})(\overline{A}+\overline{B}+C)$

(3) $L=\overline{(AB\overline{C}+\overline{B}C)D+\overline{A}\,BD}$

(4) $L=A\overline{B}D+\overline{A}\,\overline{B}\,\overline{C}D+BCD$

第 3 章
DI-SAN ZHANG
组合逻辑电路

思政目标

在组合电路中每个门电路都可以实现一个功能，只有所有功能加在一起，才能构成一套完整的逻辑，引导学生正确看待个体与整体的辩证关系，充分发挥个人在创新团队中的作用，在提高团队凝聚力和综合性创新能力的同时实现个人的创造力和核心力。

3.1 概 述

3.1.1 逻辑电路的特点

如图 3-1 所示是一个组合逻辑电路实例，该电路有三个输入变量 A,B,CI 和两个输出变量 S,CO。由图可知，无论任何时刻，只要 A,B,CI 的取值确定了，则 S 和 CO 的取值也随之确定，而与电路过去的工作状态无关。

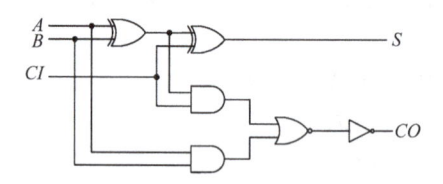

图 3-1 组合逻辑电路实例

对于组合逻辑电路，在任何时刻，电路的输出状态只取决于当前时刻的输入状态，而与电路之前的状态无关。这就是组合逻辑电路在逻辑功能上的共同特点。

从组合逻辑电路功能的特点不难发现，既然它的输出与电路的历史状况无关，那么电路中就不能包含存储单元。这就是组合逻辑电路在电路结构上的共同特点。

3.1.2 逻辑功能的描述

从理论上讲，逻辑图本身就是逻辑功能的一种表达方式。然而在许多情况下，用逻辑图所表示的逻辑功能不够直接,往往还需要把它转换为逻辑函数式或逻辑真值表的形式,以使电路的逻辑功能更加直观、明显。

例如,将图 3-1 所示的逻辑功能写成逻辑函数式的形式即可得到

$$\begin{cases} S=(A\oplus B)\oplus CI \\ CO=(A\oplus B)CI+AB \end{cases} \tag{3-1}$$

对于任何一个多输入、多输出的组合逻辑电路,都可以用图 3-2 所示的框图表示。图中 $a_1,a_2,\cdots,a_n$ 表示输入变量,$y_1,y_2,\cdots,y_n$ 表示输出变量。输出与输入之间的逻辑关系可以用一组逻辑函数表示,即

$$\begin{cases} y_1=f_1(a_1,a_2,\cdots,a_n) \\ y_2=f_2(a_1,a_2,\cdots,a_n) \\ \quad\vdots \\ y_n=f_n(a_1,a_2,\cdots,a_n) \end{cases} \tag{3-2}$$

由式(3-2)可知,每个输出信号都是所有输入变量的函数,写成向量函数的形式为

$$Y=F(A) \tag{3-3}$$

逻辑函数的描述方法除逻辑表达式以外,还有真值表、逻辑图和波形图等几种。因此,在分析和设计组合逻辑电路时,可以根据需要采用其中任何一种方式进行描述。

图 3-2 组合逻辑电路的框图

3.2 组合逻辑电路的分析与设计

3.2.1 组合逻辑电路的分析

分析一个给定的逻辑电路,就是要通过分析确定电路的逻辑功能。通常采用的分析步骤如下:

(1)从电路的输入到输出逐级写出逻辑函数式,最后得到表达输出与输入关系的逻辑函数式。

(2)用公式化简法或卡诺图化简法将得到的函数式化简或变换,以使逻辑关系简单明了。

(3)为了使电路的逻辑功能更加直观,有时还可以将逻辑函数式转换为真值表的形式。

(4)根据真值表和化简后的逻辑表达式对逻辑电路进行分析,确定其逻辑功能。

例 3-1 分析图 3-3 所示电路的逻辑功能。

解:(1)写出逻辑表达式:

$$F=A\oplus B\oplus C$$

(2)列出真值表(表 3-1):

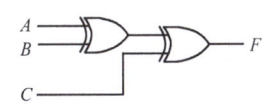

图 3-3 例 3-1 图

表 3-1　　　　　例 3-1 真值表

输入			输出
A	B	C	F
0	0	0	0
0	0	1	1
0	1	0	1
0	1	1	0
1	0	0	1
1	0	1	0
1	1	0	0
1	1	1	1

(4)分析电路的逻辑功能：

当输入 A,B,C 中有奇数个 **1** 时，输出 F 为 **1**，当输入 A,B,C 中没有 **1** 或者有偶数个 **1** 时，输出 F 为 **0**。显然，该电路就是一个奇偶校验电路。

例 3-2 分析图 3-4 所示电路的逻辑功能。

解：(1)写出逻辑表达式为
$$X = \overline{AB}(A+B) \oplus C$$
$$Y = \overline{\overline{AB}\,\overline{C} + \overline{A} + \overline{B}}$$

(2)化简，得
$$X = \overline{AB}(A+B)C + \overline{\overline{AB}(A+B)}\,\overline{C}$$
$$= (AB + \overline{A+B})C + (\overline{A} + \overline{B})(A+B)\overline{C}$$
$$= ABC + \overline{A}\,\overline{B}C + \overline{A}B\overline{C} + A\overline{B}\,\overline{C}$$
$$Y = (AB+C)(A+B)$$
$$= AB + AC + BC$$

图 3-4　例 3-2 图

(3)列出真值表，见表 3-2。

表 3-2　　　　　例 3-2 真值表

输入			输出	
A	B	C	X	Y
0	0	0	0	0
0	0	1	1	0
0	1	0	1	0
0	1	1	0	1
1	0	0	1	0
1	0	1	0	1
1	1	0	0	1
1	1	1	1	1

(4)分析电路的逻辑功能。

由真值表可见，该电路实现全加器的功能，其中 A,B 分别表示加数与被加数，C 为来自低位的进位，X 为本位的和，Y 为向高位的进位。

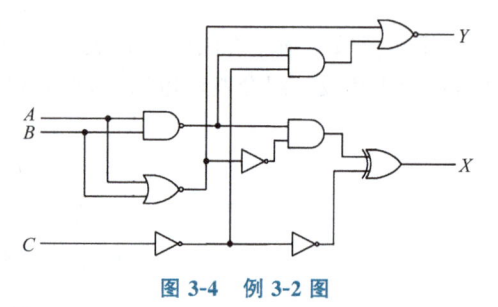

3.2.2 组合逻辑电路的设计

根据给出的实际逻辑问题,完成实现这一逻辑功能的最简逻辑电路,是设计组合逻辑电路时要完成的工作。这里所说的"最简",是指电路所用的器件数量最少,器件种类最少,而且器件之间的连线也最少。

组合逻辑电路的设计工作通常可按以下步骤进行:

1. 进行逻辑抽象

在许多情况下,提出的设计要求是用文字描述具有一定因果关系的事件,这就需要通过逻辑抽象的方法,用逻辑函数来描述这一因果关系。逻辑抽象的工作通常是这样进行的:

(1)分析事件的因果关系,确定输入和输出变量。

一般总是把引起事件的原因定为输入,而把事件的结果作为输出。

(2)定义逻辑状态的含义。

以二值逻辑的 **0,1** 两种状态分别代表输入变量和输出变量的两种不同状态。这里 **0** 和 **1** 的具体含义完全是由设计者人为选定的。这项工作也称为逻辑状态赋值。

(3)对给定的因果关系列出真值表。

真值表是所有描述方法中最直接的描述方式,因此经常首先根据给定的因果关系列出真值表。至此,便将一个实际的逻辑问题抽象成一个逻辑函数。而且,这个逻辑函数通常首先是以真值表的形式给出的。

(4)写出逻辑函数式。

为便于对逻辑函数进行化简和变换,需要把真值表转换为对应的逻辑函数式。转换的方法已在第 2 章中讲过。

2. 选定器件类型

可以采用不同类型的器件实现逻辑函数。按集成度的分类,目前的数字电路可以分为小规模集成电路、中规模集成电路以及大规模集成电路。应该根据对电路的具体要求和器件的资源情况决定采用哪一种类型的器件。

3. 将逻辑函数化简或变换成适当的形式

在使用小规模集成的逻辑门电路进行电路实现时,为获得最简单的设计结果,应将函数式化简成最简形式,即函数式相加的乘积项最少,而且每个乘积项中的因子也最少。如果对所用器件的种类有附加的限制(例如只允许用单一类型的**与非门**),则还应将函数式变换成与器件种类相适应的形式(例如将函数式化作**与非-与非**形式)。

如何使用中规模器件和大规模器件设计实现组合逻辑电路,本书将不做具体介绍。

4. 根据化简或转换后的逻辑式,画出逻辑电路的连接图

至此,原理性设计(或称逻辑设计)已经完成。

5. 设计验证

对已经得到的原理图进行分析,或借助计算机仿真软件进行功能和动态性仿真,验证其是否符合设计要求。

6. 工艺设计

为了将逻辑电路实现为具体的电路装置,还需要做一系列的工艺设计工作,包括设计印刷电路板、机箱、面板、电源、显示电路和控制开关等。最后还必须完成组装、调试。这部分内容请读者自行参阅有关资料,这里不做具体介绍。

如图 3-5 所示,以方框图的形式总结了逻辑设计的过程。应当指出,上述的设计步骤并不是一成不变的。例如,有的设计要求直接以真值表的形式给出,就不用进行逻辑抽象了。又如,有的问题逻辑关系比较简单、直观,也可以不经过逻辑真值表而直接写出函数式。

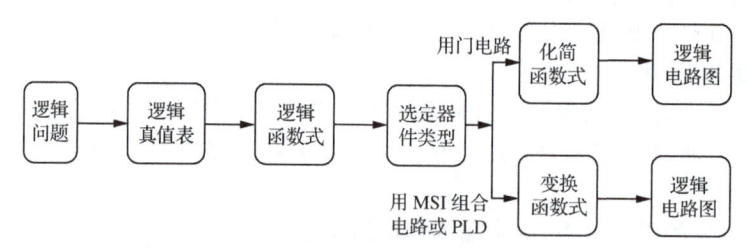

图 3-5　组合逻辑电路的设计过程

例 3-3 　一个火灾报警系统,设有烟感、温感和紫外线光感三种类型的火灾探测器。为了防止误报警,只有当其中有两种或两种以上类型的探测器发出火灾检测信号时,报警系统才产生报警控制信号。设计一个产生报警控制信号的电路。

解:(1)分析设计要求,确定逻辑变量。

输入变量:烟感 A、温感 B、紫外线光感 C;

输出变量:报警控制信号 Y;

逻辑赋值:用 **1** 表示发出信号,用 **0** 表示未发出信号。

(2)根据题目要求列出真值表,见表 3-3。

表 3-3　　　　例 3-3 真值表

输入			输出
A	B	C	Y
0	0	0	0
0	0	1	0
0	1	0	0
0	1	1	1
1	0	0	0
1	0	1	1
1	1	0	1
1	1	1	1

(3)根据真值表写出逻辑表达式。

由表 3-3 可知,发出报警信号,即 Y 为 **1** 所对应的输入变量最小项是 $\overline{A}BC$,$A\overline{B}C$,$AB\overline{C}$,ABC。故其表达式可写为

$$Y = \overline{A}BC + A\overline{B}C + AB\overline{C} + ABC$$

(4)化简、变换逻辑表达式。

求得表达式的形式为最小项**与或**表达式,进行逻辑化简得到最简式,即

$$Y = \overline{A}BC + A\overline{B}C + AB\overline{C} + ABC$$
$$= AB(C+\overline{C}) + AC(B+\overline{B}) + BC(A+\overline{A})$$
$$= AB + AC + BC$$

可以画出该电路的逻辑图如图 3-6(a)所示。

若要求用**与非门**表示,则可进一步变换,即
$$Y = AB + AC + BC$$
$$= \overline{\overline{AB} \cdot \overline{AC} \cdot \overline{BC}}$$

与非门构成的逻辑电路如图 3-6(b)所示。

(5)逻辑电路图,如图 3-6 所示。

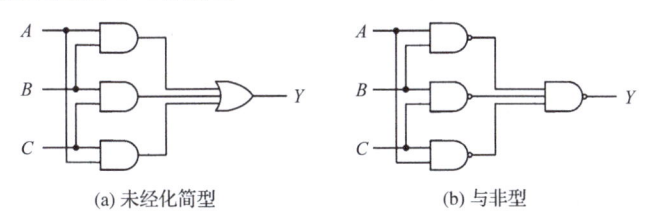

(a) 未经化简型　　　　(b) 与非型

图 3-6　例 3-3 的逻辑电路图

例 3-4 设计一个故障指示电路,具体要求为

(1)两台电动机同时工作时,绿灯亮;

(2)一台电动机发生故障时,黄灯亮;

(3)两台电动机同时发生故障时,红灯亮。

解:(1)设定 A,B 分别表示两台电动机的两个逻辑变量,$F_绿$,$F_黄$,$F_红$ 分别表示绿灯、黄灯、红灯;且用 **0** 表示电动机正常工作,**1** 表示电动机发生故障;**0** 表示灯灭,**1** 表示灯亮。

(2)根据题目要求列出真值表,见表 3-4。

表 3-4　例 3-4 真值表

输入		输出		
A	B	$F_绿$	$F_黄$	$F_红$
0	0	1	0	0
0	1	0	1	0
1	0	0	1	0
1	1	0	0	1

(3)根据真值表列出逻辑函数的表达式为
$$F_绿 = \overline{A}\,\overline{B}$$
$$F_黄 = \overline{A}B + A\overline{B} = A \oplus B$$
$$F_红 = AB$$

(4)化简上述逻辑函数表达式,并转换成适当的形式。

由于上述逻辑函数的表达式都是最简的,因此不用再化简。

(5)根据逻辑函数表达式画出逻辑电路图,如图 3-7 所示。

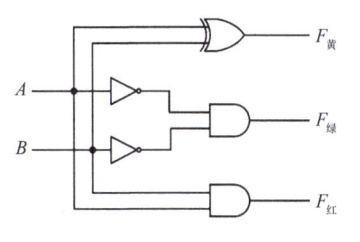

图 3-7　例 3-4 的逻辑电路图

3.3 组合逻辑电路中的竞争-冒险

3.3.1 竞争-冒险现象及其成因

在前面的章节里系统地讲述了组合逻辑电路的分析和设计方法。这些分析和设计都是在输入、输出处于稳定的逻辑电平下进行的。为了保证系统工作的可靠性，有必要再观察一下当输入信号逻辑电平发生变化的瞬间电路的工作情况。

在图 3-8 所示的**与门**电路中，稳态下无论 $A=1,B=0$ 还是 $A=0,B=1$，输出皆为 $Y=0$。但是在输入信号 A 从 1 跳变为 0 时，如果 B 从 0 跳变为 1，而且 B 首先上升到 $V_{IL(max)}$ 以上，这样在极短的时间 Δt 内将出现 A,B 同时高于 $V_{IL(max)}$ 的状态，于是便在门电路的输出端产生了极窄的 $Y=1$ 的尖峰脉冲，或称为电压毛刺，如图 3-8(a)所示（在画波形时考虑了门电路的传输延迟时间）。显然，这个尖峰脉冲不符合门电路稳态下的逻辑功能，因而它是系统内部的一种噪声。

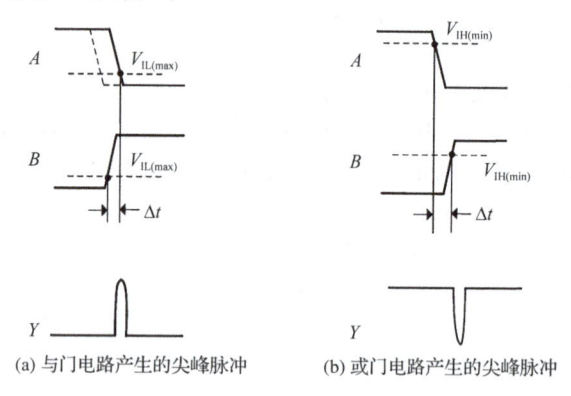

(a) 与门电路产生的尖峰脉冲　　(b) 或门电路产生的尖峰脉冲

图 3-8　由于竞争而产生的尖峰脉冲

同样，在图 3-8(b)所示的**或门**电路中，稳态下无论 $A=0,B=1$ 还是 $A=1,B=0$，输出都应该是 $Y=1$。但如果 A 从 1 变成 0 的时刻和 B 从 0 变成 1 的时刻略有差异，而且在 A 下降到 $V_{IH(min)}$ 时 B 尚未上升到 $V_{IH(min)}$，则在短暂的 Δt 时间内将出现 A,B 同时低于 $V_{IH(min)}$ 的状态，使输出端产生极窄的 $Y=0$ 的尖峰脉冲。这个尖峰脉冲同样也是违背稳态下逻辑关系的噪声。

逻辑门电路中两个输入信号同时向相反的逻辑电平跳变（一个从 1 变成 0，另一个从 0 变成 1）的现象称为**竞争**。

应当指出，有竞争现象时不一定都会产生尖峰脉冲。例如，在图 3-8(a)所示的**与门**电路中，如果在 B 上升到 $V_{IL(max)}$ 之前，A 已经降到 $V_{IL(max)}$ 以下（如图中虚线所示），这时输出端不会产生尖峰脉冲。同理，在图 3-8(b)所示的**或门**电路中，若 A 下降到 $V_{IH(min)}$ 之前，B 已经上升到 $V_{IH(min)}$ 以上（如图中虚线所示），输出端也不会有尖峰脉冲产生。

如图 3-8 所示的**与门**和**或门**是复杂数学系统中的两个门电路，而且 A,B 又是经过不同的传输途径到达的，那么在设计时往往难于准确知道 A,B 到达次序的先后，以及它们在上升时间和下降时间上的细微差异。因此，只要存在竞争现象，输出就有可能出现违背稳态下逻辑关系的尖峰脉冲。

由于竞争而在电路输出端可能产生尖峰脉冲的现象就称为**竞争-冒险**。

图 3-9 是一个 2 线-4 线译码器的电路和它的电压波形图。由图可知,在 A,B 的稳定状态下输出的 Y_0 和 Y_3 都应为 **0** 状态。然而由于门 G_4 和 G_5 的传输延迟时间不同,在 AB 从 **10** 跳变为 **01** 的过程中,Y_0 端有尖峰脉冲产生。此外,由于 A,B 在变化过程中到达 $V_{IL(max)}$ 的时刻不同,Y_3 端也有尖峰脉冲出现。

(a) 2 线-4 线译码器的电路　　(b) 电压波形

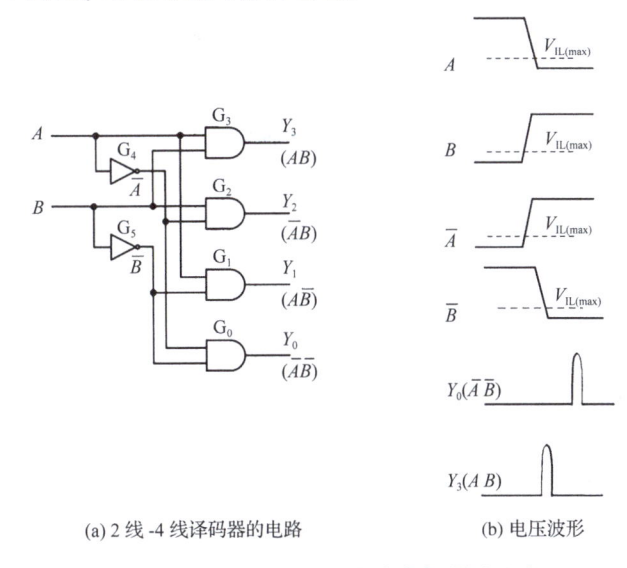

图 3-9　2 线-4 线译码器中的竞争-冒险现象

倘若译码器的负载是一个对尖峰脉冲敏感的电路(例如下一章要讲到的触发器),那么这种尖峰脉冲将可能使负载电路发生误动作。对此应在设计时采取措施加以避免。

3.3.2　检查竞争-冒险现象的方法

在输入变量每次只有一个改变状态的简单情况下,可以通过逻辑函数式判断组合逻辑电路中是否存在竞争-冒险现象。

如果电路的两个输出信号 A 和 $\overline{A}$ 是输入变量 A 经过两个不同的传输途径得来的,如图 3-10 所示,那么当输入变量 A 的状态发生突变时,输出端便有可能产生尖峰脉冲。因此,只要输出端的逻辑函数在一定条件下能简化成以下形式,即

$$Y = A + \overline{A} \text{ 或 } Y = A\overline{A} \quad (3\text{-}4)$$

则可判定存在竞争-冒险现象。

如果图 3-10 所示电路的输出端是**或非**门、**与非**门,同样也存在竞争-冒险现象。这时的输出应能写成 $Y = \overline{A + \overline{A}}$ 或者 $Y = \overline{A\,\overline{A}}$ 的形式。

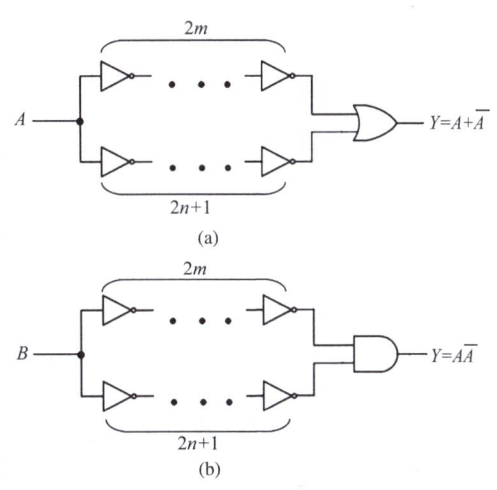

图 3-10　同一输入变量经不同途径到达输出门的情况(m,n 均为正整数)

例 3-5 试判断图 3-11 所示的两个电路中是否存在竞争-冒险现象。已知任何瞬间输入变量只可能有一个改变状态。

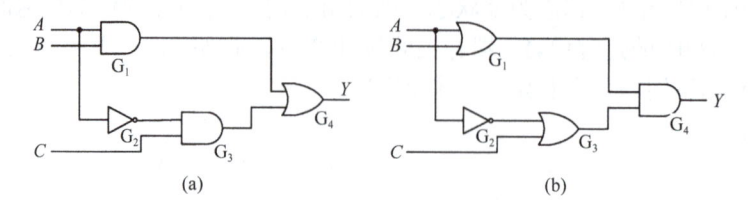

图 3-11 例 3-5 的电路

解：如图 3-11(a)所示电路输出的逻辑函数式可写为

$$Y=AB+\overline{A}C$$

当 $B=C=1$ 时，有

$$Y=A+\overline{A}$$

故图 3-11(a)所示电路中存在竞争-冒险现象。

如图 3-11(b)所示电路输出的逻辑函数式可写为

$$Y=(A+B)\cdot(\overline{B}+C)$$

当 $A=C=0$ 时，有

$$Y=B\cdot\overline{B}$$

故图 3-11(b)所示电路中也存在竞争-冒险现象。

这种方法虽然简单，但局限性太大，因为多数情况下输入变量都有两个以上同时改变状态的可能性。如果输入变量的数目有很多，就更难在逻辑函数式上简单地找出所有产生竞争-冒险现象的情况了。

将计算机辅助分析的手段用于分析数字电路，为从原理上检查复杂数字电路的竞争-冒险现象提供了有效的手段。通过在计算机上运行数字电路的模拟程序，能够迅速查出电路是否会存在竞争-冒险现象。目前已有这类成熟的程序可供选用。

另一种方法是用实验来检查电路的输出端是否有因为竞争-冒险现象而产生的尖峰脉冲。这时加到输入端的信号波形应该包含输入变量的所有可能发生的状态变化。

即使是用计算机辅助分析手段检查过的电路，往往也还需要经过实验的方法检验，方能最后确定电路是否存在竞争-冒险现象。因为在用计算机软件模拟数字电路时，只能采用标准化的典型参数，有时还要做一些近似，所以得到的模拟结果有时和实际电路的工作状态会有出入。因此可以认为，只有经过实验检查的结果才是最终的结论。

3.3.3 消除竞争-冒险现象的方法

1. 接入滤波电容

由于竞争-冒险现象而产生的尖峰脉冲一般都很窄（多在几十纳秒以内），因此只要在输出端并接一个很小的滤波电容 C_f，如图 3-12(a)所示，就足以把尖峰脉冲的幅度削弱至门电路的阈值电压以下。在 TTL 电路中，C_f 的数值通常在几十至几百皮法的范围内。

这种方法的优点是简单易行,缺点是增加了输出电压波形的上升时间和下降时间,使波形变差。

2. 引入选通脉冲

第二种常用的方法是在电路中引入一个选通脉冲 P,如图 3-12(a)所示。因为 P 的高电平一般出现在电路到达稳定状态以后,所以 $G_0 \sim G_3$ 中每个门的输出端都不会出现尖峰脉冲。但需注意的是,这时 $G_0 \sim G_3$ 正常的输出信号也将变成脉冲信号,而且它们的宽度与选通脉冲相同。例如,当输入信号 AB 变成 **11** 以后,Y_3 并不会马上变成高电平,而是要等到 P 端的正脉冲出现时才给出一个正脉冲。

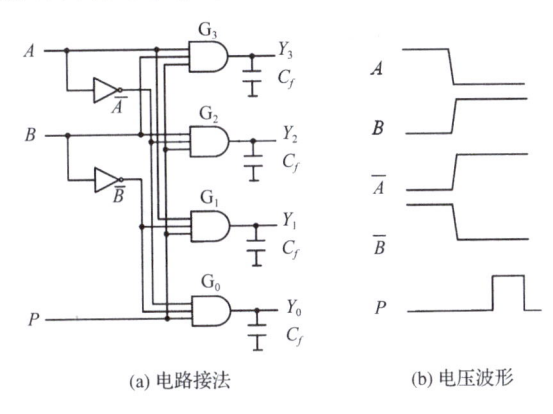

(a) 电路接法 (b) 电压波形

图 3-12 消除竞争-冒险的几种方法

3. 修改逻辑设计

以图 3-11(a)所示的电路为例,已知其输出的逻辑函数式为 $Y = AB + \overline{A}C$,在 $B = C = 1$ 的条件下,当 A 改变状态时会存在竞争-冒险现象。

根据逻辑代数的常用公式得

$$Y = AB + \overline{A}C = AB + \overline{A}C + BC \qquad (3\text{-}5)$$

增加了 BC 项以后,在 $B = C = 1$ 时,无论 A 如何改变,输出始终保持 $Y = 1$。因此,A 的状态变化不再会引起竞争-冒险现象。

因为 BC 一项对函数 Y 来说是多余的,所以将它称为 Y 的冗余项,同时将这种修改逻辑设计的方法称为增加冗余项的方法。增加冗余项以后的电路如图 3-13 所示。

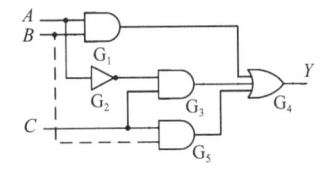

图 3-13 用增加冗余项的方法消除竞争-冒险现象

用增加冗余项的方法消除竞争-冒险现象的适用范围有限。在图 3-13 所示电路中不难发现,如果 A 和 B 同时改变状态,即 AB 从 **10** 变为 **01** 时,电路仍然存在竞争-冒险现象。可见,增加了冗余项 BC 以后仅仅消除了在 $B = C = 1$ 时,由于 A 的状态改变所导致的竞争-冒险现象。

将上述三种方法比较,不难看出,接入滤波电容的方法简单易行,但输出电压的波形随之变差。因此,只适用于对输出波形的前、后沿无严格要求的场合。引入选通脉冲的方法也比较简单,而且不需要增加电路元件。但使用这种方法时必须设法得到一个与输入信号同步的选通脉冲,对这个脉冲的宽度和作用的时间均有严格的要求。至于修改逻辑设计的方法,倘能运用得当,有时可以收到令人满意的效果。例如,在图3-13所示的电路中,如果门G_5,在电路中本来就存在,那么只需增加一根连线,把它的输出引到门G_4的一个输入端就行了,既不必增加门电路,又不给电路的工作带来任何不利的影响。然而,这样有利的条件并不是任何时候都存在,而且这种方法能解决的问题也是很有限的。

3.4 常用组合逻辑电路

3.4.1 编码器

在数字系统中,为了区分一系列不同的事物,将其中的每个事物都用一个二进制代码表示,这就是编码的含义。在二进制逻辑电路中,信号都以高、低电平信号编成其对应的二进制编码。

目前经常使用的编码器有普通编码器和优先编码器两类。

1. 普通编码器

在普通编码器中,任何时刻只允许输入一个编码信号,否则输出将发生混乱。现以3位二进制普通编码器为例,分析一下普通编码器的工作原理。图3-14是3位二进制编码器的框图,它的输入是$I_0 \sim I_7$ 8个高电平信号,输出是3位二进制代码Y_2, Y_1, Y_0。为此,又将它称为8线-3线编码器,输入与输出的对应关系见表3-5。

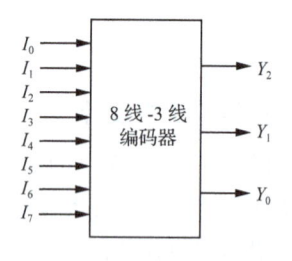

图3-14 3位二进制编码器的框图

表3-5　　　　　　　　　　3位二进制编码器的真值表

输入									输出		
I_0	I_1	I_2	I_3	I_4	I_5	I_6	I_7	Y_2	Y_1	Y_0
1	0	0	0	0	0	0	0	0	0	0
0	1	0	0	0	0	0	0	0	0	1
0	0	1	0	0	0	0	0	0	1	0
0	0	0	1	0	0	0	0	0	1	1
0	0	0	0	1	0	0	0	1	0	0
0	0	0	0	0	1	0	0	1	0	1
0	0	0	0	0	0	1	0	1	1	0
0	0	0	0	0	0	0	1	1	1	1

将表 3-5 的真值表写成对应的逻辑式,得

$$\begin{cases} Y_2 = \overline{I_0}\,\overline{I_1}\,\overline{I_2}\,\overline{I_3}\,I_4\,\overline{I_5}\,\overline{I_6}\,\overline{I_7} + \overline{I_0}\,\overline{I_1}\,\overline{I_2}\,\overline{I_3}\,\overline{I_4}\,I_5\,\overline{I_6}\,\overline{I_7} + \overline{I_0}\,\overline{I_1}\,\overline{I_2}\,\overline{I_3}\,\overline{I_4}\,\overline{I_5}\,I_6\,\overline{I_7} + \overline{I_0}\,\overline{I_1}\,\overline{I_2}\,\overline{I_3}\,\overline{I_4}\,\overline{I_5}\,\overline{I_6}\,I_7 \\ Y_1 = \overline{I_0}\,\overline{I_1}\,I_2\,\overline{I_3}\,\overline{I_4}\,\overline{I_5}\,\overline{I_6}\,\overline{I_7} + \overline{I_0}\,\overline{I_1}\,\overline{I_2}\,I_3\,\overline{I_4}\,\overline{I_5}\,\overline{I_6}\,\overline{I_7} + \overline{I_0}\,\overline{I_1}\,\overline{I_2}\,\overline{I_3}\,\overline{I_4}\,\overline{I_5}\,I_6\,\overline{I_7} + \overline{I_0}\,\overline{I_1}\,\overline{I_2}\,\overline{I_3}\,\overline{I_4}\,\overline{I_5}\,\overline{I_6}\,I_7 \\ Y_0 = \overline{I_0}\,I_1\,\overline{I_2}\,\overline{I_3}\,\overline{I_4}\,\overline{I_5}\,\overline{I_6}\,\overline{I_7} + \overline{I_0}\,\overline{I_1}\,\overline{I_2}\,I_3\,\overline{I_4}\,\overline{I_5}\,\overline{I_6}\,\overline{I_7} + \overline{I_0}\,\overline{I_1}\,\overline{I_2}\,\overline{I_3}\,\overline{I_4}\,I_5\,\overline{I_6}\,\overline{I_7} + \overline{I_0}\,\overline{I_1}\,\overline{I_2}\,\overline{I_3}\,\overline{I_4}\,\overline{I_5}\,\overline{I_6}\,I_7 \end{cases}$$

(3-6)

如果任何时刻 $I_0 \sim I_7$ 当中仅有一个取值为 **1**,即输入变量取值的组合仅有表 3-5 中列出的八种状态,则输入变量为其他取值的那些最小项均为无关项。利用这些无关项将式(3-6)化简,得

$$\begin{cases} Y_2 = I_4 + I_5 + I_6 + I_7 \\ Y_1 = I_2 + I_3 + I_6 + I_7 \\ Y_0 = I_1 + I_3 + I_5 + I_7 \end{cases}$$

(3-7)

根据式(3-7)得出的编码器电路如图 3-15 所示,这个电路由三个**或**门组成。

应当特别注意,这一电路实现正常编码时,对输入信号有严格的限制,即任何时刻 $I_0 \sim I_7$ 中只能并且必须有一个取值为 **1**。例如,当 I_1,I_2 同时为 **1** 时,输出出现错误编码 $Y_2Y_1Y_0 =$ **011**。因为正常编码时,输出 **011** 表示 I_3 为 **1**。

在实际应用中,经常会遇到两个以上的输入同时为有效信号的情况。因此,必须根据轻重缓急,事先规定好这些输入编码的先后次序,即优先级别。识别这类请求信号的优先级别并进行编码的逻辑电路称为优先编码器。

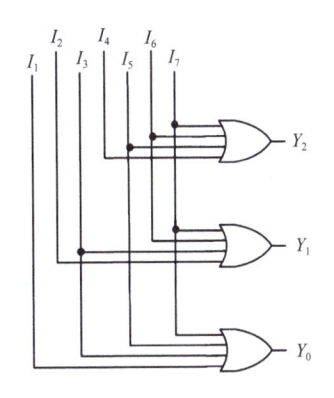

图 3-15　3 位二进制编码器电路

2. 优先编码器

在优先编码器电路中,允许同时输入两个以上的编码信号。不过在设计优先编码器时已经将所有的输入信号按优先级别排了序,当几个输入信号同时出现时,只对其中优先权最高的一个进行编码。8 线-3 线优先编码器的真值表,见表 3-6,根据真值表可以得出该优先编码器的逻辑表达式为

$$\begin{cases} Y_2 = I_4\,\overline{I_5}\,\overline{I_6}\,\overline{I_7} + I_5\,\overline{I_6}\,\overline{I_7} + I_6\,\overline{I_7} + I_7 \\ Y_1 = I_2\,\overline{I_3}\,\overline{I_4}\,\overline{I_5}\,\overline{I_6}\,\overline{I_7} + I_3\,\overline{I_4}\,\overline{I_5}\,\overline{I_6}\,\overline{I_7} + I_6\,\overline{I_7} + I_7 \\ Y_0 = I_1\,\overline{I_2}\,\overline{I_3}\,\overline{I_4}\,\overline{I_5}\,\overline{I_6}\,\overline{I_7} + I_3\,\overline{I_4}\,\overline{I_5}\,\overline{I_6}\,\overline{I_7} + I_5\,\overline{I_6}\,\overline{I_7} + I_7 \end{cases}$$

(3-8)

化简可得

$$\begin{cases} Y_2 = I_4 + I_5 + I_6 + I_7 \\ Y_1 = I_2\,\overline{I_3}\,\overline{I_4} + I_3\,\overline{I_4}\,\overline{I_5} + I_6 + I_7 \\ Y_0 = I_1\,\overline{I_2}\,\overline{I_4}\,\overline{I_6} + I_3\,\overline{I_4}\,\overline{I_6} + I_5\,\overline{I_6} + I_7 \end{cases}$$

(3-9)

表 3-6　　　　　　　　　　8 线-3 线优先编码器的真值表

输入								输出		
I_0	I_1	I_2	I_3	I_4	I_5	I_6	I_7	Y_2	Y_1	Y_0
1	**0**	**0**	**0**	**0**	**0**	**0**	**0**	**0**	**0**	**0**
×	**1**	**0**	**0**	**0**	**0**	**0**	**0**	**0**	**0**	**1**
×	×	**1**	**0**	**0**	**0**	**0**	**0**	**0**	**1**	**0**
×	×	×	**1**	**0**	**0**	**0**	**0**	**0**	**1**	**1**
×	×	×	×	**1**	**0**	**0**	**0**	**1**	**0**	**0**
×	×	×	×	×	**1**	**0**	**0**	**1**	**0**	**1**
×	×	×	×	×	×	**1**	**0**	**1**	**1**	**0**
×	×	×	×	×	×	×	**1**	**1**	**1**	**1**

上述两种类型的编码器均存在一个问题，当电路所有的输入为 **0** 时，输出的 Y_2，Y_1，Y_0 均为 **0**。而当 $I_0=1$ 时，输出的 Y_2，Y_1，Y_0 也全为 **0**，即输入条件不同而输出代码相同。这两种情况在实际中必须加以区分，通常可通过附加的控制电路来解决。

图 3-16 给出了 8 线-3 线优先编码器 74HC148 的逻辑图。

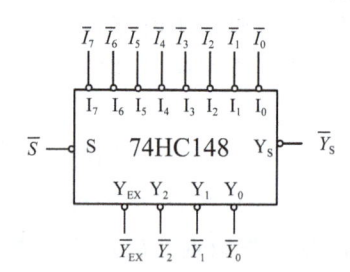

图 3-16　8 线-3 线优先编码器 74HC148 的逻辑图

由图 3-16 写出输出的逻辑表达式，即

$$\begin{cases} \overline{Y_2}=\overline{[(I_4+I_5+I_6+I_7)\cdot S]} \\ \overline{Y_1}=\overline{[(I_2\,\overline{I_3}\,\overline{I_4}+I_3\,\overline{I_4}\,\overline{I_5}+I_6+I_7)\cdot S]} \\ \overline{Y_0}=\overline{[(I_1\,\overline{I_2}\,\overline{I_4}\,\overline{I_6}+I_3\,\overline{I_4}\,\overline{I_6}+I_5\,\overline{I_6}+I_7)\cdot S]} \end{cases} \qquad (3\text{-}10)$$

为了扩展电路的功能和增加使用的灵活性，在 74HC148 的逻辑电路中附加了由门 G_1，G_2 和 G_3 组成的控制电路。其中 $\overline{S}$ 为选通输入端，只有在 $\overline{S}=\mathbf{0}$ 的条件下，编码器才能正常工作。而在 $\overline{S}=\mathbf{1}$ 时，所有的输出端均被封锁在高电平。选通输出端 $\overline{Y_S}$ 和扩展端 $\overline{Y_{EX}}$ 用于扩展编码功能。由图可知

$$\overline{Y_S}=\overline{(\overline{I_0}\,\overline{I_1}\,\overline{I_2}\,\overline{I_3}\,\overline{I_4}\,\overline{I_5}\,\overline{I_6}\,\overline{I_7}S)} \qquad (3\text{-}11)$$

式(3-11)表明，只有当所有的编码输入端都是高电平(没有编码输入)，而且 $S=\mathbf{1}$ 时，Y_S 才是低电平。因此，Y_S 的低电平输出信号表示"电路工作，但无编码输入"。

由图 3-16 还可以写出

$$\overline{Y_{EX}} = \overline{[\overline{(\overline{I_0}\ \overline{I_1}\ \overline{I_2}\ \overline{I_3}\ \overline{I_4}\ \overline{I_5}\ \overline{I_6}\ \overline{I_7}S)}S]} = \overline{[(I_0 + I_1 + I_2 + I_3 + I_4 + I_5 + I_6 + I_7) \cdot S]}$$
(3-12)

这说明只要任何一个编码输入端有低电平输入,且 $S=1$ 时,$\overline{Y_{EX}}$ 即为低电平。因此,$\overline{Y_{EX}}$ 的低电平输出信号表示"电路工作,而且有编码输入"。

根据式(3-10)、式(3-11)和式(3-12)可以列出表 3-7 所示的 74HC148 的功能表。它的输入和输出均以低电平作为有效信号。为了强调说明以低电平作为有效输入信号,有时也将反相器图形符号中表示反相的小圆圈画在输入端。

表 3-7　　　　　　　　　　74HC148 的功能表

				输入							输出		
$\overline{S}$	$\overline{I_0}$	$\overline{I_1}$	$\overline{I_2}$	$\overline{I_3}$	$\overline{I_4}$	$\overline{I_5}$	$\overline{I_6}$	$\overline{I_7}$	$\overline{Y_2}$	$\overline{Y_1}$	$\overline{Y_0}$	$\overline{Y_S}$	$\overline{Y_{EX}}$
1	×	×	×	×	×	×	×	×	1	1	1	1	1
0	1	1	1	1	1	1	1	1	1	1	1	0	1
0	×	×	×	×	×	×	×	0	0	0	0	1	0
0	×	×	×	×	×	×	0	1	0	0	1	1	0
0	×	×	×	×	×	0	1	1	0	1	0	1	0
0	×	×	×	×	0	1	1	1	0	1	1	1	0
0	×	×	×	0	1	1	1	1	1	0	0	1	0
0	×	×	0	1	1	1	1	1	1	0	1	1	0
0	×	0	1	1	1	1	1	1	1	1	0	1	0
0	0	1	1	1	1	1	1	1	1	1	1	1	0

由表 3-7 中不难看出,在 $\overline{S}=0$ 电路正常工作的状态下,允许 $\overline{I_0} \sim \overline{I_7}$ 中同时有几个输入端为低电平,即有编码输入信号。$\overline{I_7}$ 的优先权最高,$\overline{I_0}$ 的优先权最低。当 $\overline{I_7}=0$ 时,无论其他输入端有无输入信号(表中以×表示),输出端只给出 $\overline{I_7}$ 的编码,即 $\overline{Y_2}\ \overline{Y_1}\ \overline{Y_0}=\mathbf{000}$。当 $\overline{I_7}=\mathbf{1},\overline{I_6}=\mathbf{0}$ 时,无论其余输入端有无输入信号,只对 $\overline{I_6}$ 编码,输出为 $\overline{Y_2}\ \overline{Y_1}\ \overline{Y_0}=\mathbf{001}$。其余的输入状态请读者自行分析。

表 3-7 中出现的三种 $\overline{Y_2}\ \overline{Y_1}\ \overline{Y_0}=\mathbf{111}$ 的情况,可以用 $\overline{Y_S}$ 和 $\overline{Y_{EX}}$ 的不同状态加以区分。

在中规模集成电路设计中,习惯上采用逻辑框图来表示中规模集成电路器件。在逻辑框图内部只标注输入、输出原变量的名称。如果以低电平作为有效的输入或输出信号,则于框图外部相应的输入或输出端处加画小圆圈,并在外部标注的输入或输出端信号名称上加非"—"。

例 3-6 试用两片 74HC148 接成 16 线-4 线优先编码器,将 $\overline{A_0} \sim \overline{A_{15}}$ 的低电平输入信号编为 **0000~1111** 16 个 4 位二进制代码,其中 $\overline{A_{15}}$ 的优先权最高,$\overline{A_0}$ 的优先权最低。

解:由于每片 74HC148 只有 8 个编码输入,因此需将 16 个输入信号分别接到两片上。现将 $\overline{A_{15}} \sim \overline{A_8}$ 的 8 个优先权高的输入信号接到第 1 片的 $\overline{I_7} \sim \overline{I_0}$ 输入端,而将 $\overline{A_7} \sim \overline{A_0}$ 的

8个优先权低的输入信号接到第2片的$\overline{I_7} \sim \overline{I_0}$。

按照优先顺序的要求,只有$\overline{I_{15}} \sim \overline{I_8}$均无输入信号时,才允许对$\overline{I_7} \sim \overline{I_0}$的输入信号编码。因此,只要将第1片的"无编码信号输入"信号$\overline{Y_S}$作为第2片的选通输入信号$\overline{S}$即可。

此外,当第1片有编码信号输入时,$\overline{Y_{EX}}=0$,无编码信号输入时,$\overline{Y_{EX}}=1$,正好可以用它作为输出编码的第四位,以区分8个高优先权输入信号和8个低优先权输入信号的编码。编码输出的低3位应为两片输出$\overline{Y_2},\overline{Y_1},\overline{Y_0}$的逻辑**或**。

依照上面的分析,便得到了如图3-17所示的逻辑图。

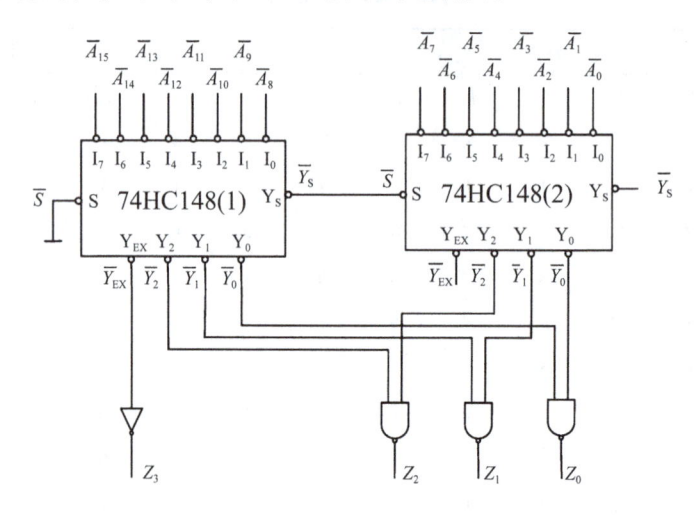

图3-17 用两片74HC148接成的16线-4线优先编码器

由图3-17可见,当$\overline{A_{15}} \sim \overline{A_8}$中任一输入端为低电平时,例如$\overline{A_{11}}=0$,则第1片的$\overline{Y_{EX}}=0$,$Z_3=1$,$\overline{Y_2}\,\overline{Y_1}\,\overline{Y_0}=100$。同时第1片的$\overline{Y_S}$,将第2片封锁,使它的输出$\overline{Y_2}\,\overline{Y_1}\,\overline{Y_0}=111$。于是在最后的输出端得到$Z_3\,Z_2\,Z_1\,Z_0=1011$。如果$\overline{A_{15}} \sim \overline{A_8}$中同时有几个输入端为低电平,则只对其中优先权最高的一个信号进行编码。

当$\overline{A_{15}} \sim \overline{A_8}$全部为高电平(没有编码输入信号)时,第1片的$\overline{Y_S}=0$,故第1片的$\overline{S}=0$,处于编码工作状态,对$\overline{A_7} \sim \overline{A_0}$输入的低电平信号中优先权最高的一个进行编码。例如$\overline{A_5}=0$,则第2片的$\overline{Y_2}\,\overline{Y_1}\,\overline{Y_0}=010$。而此时第1片的$\overline{Y_{Ex}}=1$,$Z_3=0$,第1片的$\overline{Y_2}\,\overline{Y_1}\,\overline{Y_0}=111$,于是在输出端得到$Z_3\,Z_2\,Z_1\,Z_0=0101$。

在常用的优先编码器电路中,除了二进制编码器以外,还有一类称为二-十进制优先编码器。它能将$I_0 \sim I_9$这10个输入信号分别编成10个 *BCD* 代码。在$I_0 \sim I_9$这10个输入信号中,I_9的优先权最高,I_0的优先权最低。

3.4.2 译码器

译码器(Decoder)的逻辑功能是将每个输入的二进制代码译成对应的输出高、低电平信号或另外一个代码。因此,译码是编码的反操作。常用的译码器电路有二进制译码器、二-十进制译码器和显示译码器三类。

1. 二进制译码器

二进制译码器的输入端是一组二进制代码,输出端是一组与输入端代码一一对应的高、低电平信号。图 3-18 是 3 位二进制译码器的框图。输入的 3 位二进制代码共有 8 种状态,译码器将每个输入代码译成对应的一根输出线上的高、低电平信号。因此,也将这个译码器称为 3 线-8 线译码器。它们之间的对应关系见表 3-8。

图 3-18 3 位二进制(3 线-8 线)译码器的框图

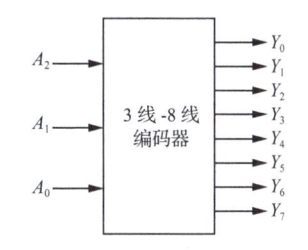

表 3-8 3 位二进制译码器的真值表

输入			输出							
A_2	A_1	A_0	Y_0	Y_1	Y_2	Y_3	Y_4	Y_5	Y_6	Y_7
0	0	0	1	0	0	0	0	0	0	0
0	0	1	0	1	0	0	0	0	0	0
0	1	0	0	0	1	0	0	0	0	0
0	1	1	0	0	0	1	0	0	0	0
1	0	0	0	0	0	0	1	0	0	0
1	0	1	0	0	0	0	0	1	0	0
1	1	0	0	0	0	0	0	0	1	0
1	1	1	0	0	0	0	0	0	0	1

典型的二进制译码器有 2 线-4 线译码器(74HC139)和 3 线-8 线译码器(74HC138)。这里简单介绍常用的 3 线-8 线译码器。

3 线-8 线译码器的逻辑图如图 3-19(a)所示,逻辑符号如图 3-19(b)所示。该译码器有 3 位二进制输入 A_2,A_1,A_0,它们共有 8 种组合状态,即可译出 8 个输出信号 $\overline{Y_0} \sim \overline{Y_7}$,输出为低电平有效。此外,还设置了 3 个使能输入端 $E_3,\overline{E_2}$ 和 $\overline{E_1}$,并且 $E=E_3\overline{E_2}\,\overline{E_1}$ 为扩展电路的功能提供了方便。由逻辑图得:

$$\begin{cases}\overline{Y_0}=\overline{E\,\overline{A_2}\,\overline{A_1}\,\overline{A_0}}\\ \overline{Y_1}=\overline{E\,\overline{A_2}\,\overline{A_1}\,A_0}\\ \overline{Y_2}=\overline{E\,\overline{A_2}\,A_1\,\overline{A_0}}\\ \overline{Y_3}=\overline{E\,\overline{A_2}\,A_1\,A_0}\\ \overline{Y_4}=\overline{E\,A_2\,\overline{A_1}\,\overline{A_0}}\\ \overline{Y_5}=\overline{E\,A_2\,\overline{A_1}\,A_0}\\ \overline{Y_6}=\overline{E\,A_2\,A_1\,\overline{A_0}}\\ \overline{Y_7}=\overline{E\,A_2\,A_1\,A_0}\end{cases} \quad (3-13)$$

当 $E_3=1$,且 $\overline{E_2}=\overline{E_1}=0$ 时,$E=1$,带入式(3-13)可得

(a) 逻辑图　　　　　　　　　　(b) 逻辑符号

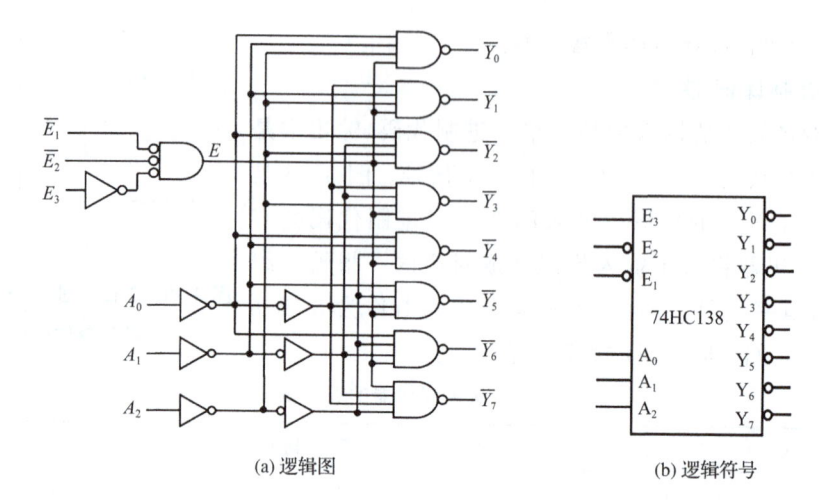

图 3-19　3 线-8 线译码器

$$\overline{Y}_0 = \overline{m}_0, \overline{Y}_1 = \overline{m}_1, \overline{Y}_2 = \overline{m}_2, \overline{Y}_3 = \overline{m}_3,$$
$$\overline{Y}_4 = \overline{m}_4, \overline{Y}_5 = \overline{m}_5, \overline{Y}_6 = \overline{m}_6, \overline{Y}_7 = \overline{m}_7$$

译码器的输出包含了输入 A_2, A_1, A_0 组成的所有最小项。根据式(3-13)可以列出 3 线-8 线译码器功能表见表 3-9。

在实际应用中，利用 3 线-8 线译码器可以构成 4 线-16 线、5 线-32 线或 6 线-64 线译码器，本章不做详细介绍。

表 3-9　　　　　　　　　　　　　3 线-8 线译码器功能表

| 输入 |||||| 输出 ||||||||
E_3	$\overline{E}_2$	$\overline{E}_1$	A_2	A_1	A_0	$\overline{Y}_0$	$\overline{Y}_1$	$\overline{Y}_2$	$\overline{Y}_3$	$\overline{Y}_4$	$\overline{Y}_5$	$\overline{Y}_6$	$\overline{Y}_7$
×	1	×	×	×	×	1	1	1	1	1	1	1	1
×	×	1	×	×	×	1	1	1	1	1	1	1	1
0	×	×	×	×	×	1	1	1	1	1	1	1	1
1	0	0	0	0	0	0	1	1	1	1	1	1	1
1	0	0	0	0	1	1	0	1	1	1	1	1	1
1	0	0	0	1	0	1	1	0	1	1	1	1	1
1	0	0	0	1	1	1	1	1	0	1	1	1	1
1	0	0	1	0	0	1	1	1	1	0	1	1	1
1	0	0	1	0	1	1	1	1	1	1	0	1	1
1	0	0	1	1	0	1	1	1	1	1	1	0	1
1	0	0	1	1	1	1	1	1	1	1	1	1	0

集成 3 线-8 线译码器有 CMOS(如 74HC138)和 TTL(如 74LS138)的产品,两者在逻辑功能上没有区别,只是电性能参数不同,可用 74×138 表示两者中任意一种。

例 3-7 用 3 线-8 线译码器(74HC138)和必要的逻辑门实现下列函数:

(1) $L_1 = m_1 + m_3 + m_7$

(2) $L_2 = AC + \overline{A}B$

解: 当使能输入端 E_3, $\overline{E_2}$ 和 $\overline{E_1}$ 接有效电平时,译码器的输出是 3 个输入变量的全部最小项。因此,首先将函数式变换为最小项之和的形式。其中, L_1 已经为最小项表达式, L_2 的最小项表达式为

$$L_2 = AC + \overline{A}B = ABC + A\overline{B}C + \overline{A}BC + \overline{A}B\overline{C} = m_2 + m_3 + m_5 + m_7$$

将输入变量 A, B, C 分别接入 A_2, A_1, A_0 端,并将使能端接有效电平。由于译码器输出是低电平有效,因此将最小项变换为反函数的形式,即

$$L_1 = m_1 + m_3 + m_7 = \overline{\overline{m_1} \cdot \overline{m_3} \cdot \overline{m_7}} = \overline{\overline{Y_1} \cdot \overline{Y_3} \cdot \overline{Y_7}}$$

$$L_2 = m_2 + m_3 + m_5 + m_7 = \overline{\overline{m_2} \cdot \overline{m_3} \cdot \overline{m_5} \cdot \overline{m_7}} = \overline{\overline{Y_2} \cdot \overline{Y_3} \cdot \overline{Y_5} \cdot \overline{Y_7}}$$

在译码器的输出端加一个**与非门**,将这些最小项组合起来,便可以实现 3 变量组合逻辑函数,如图 3-20 所示。

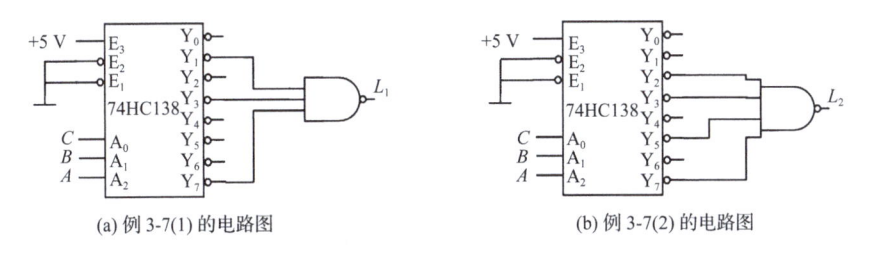

(a) 例 3-7(1) 的电路图　　　　　　(b) 例 3-7(2) 的电路图

图 3-20　例 3-7 的逻辑图

2. 二-十进制译码器

由于人们不习惯于直接识别二进制,因此通常采用二-十进制译码器来解决。二-十进制译码器的逻辑功能是将输入 BCD 码的 10 个代码译成 10 个高、低电平输出信号。这种译码器有 4 个输入端,10 个输出端,图 3-21 所示是二-十进制译码器 74HC42 的逻辑框图,它的真值表见表 3-10,其输出为低电平有效。当输入超过 8421 BCD 码的范围(**1010~1111**)时,输出均为高电平,即没有有效译码输出。

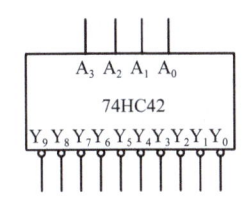

图 3-21　二-十进制译码器 74HC42 的逻辑框图

表 3-10　　　　　　　　　二-十进制译码器 74HC42 的真值表

序列	输入 A_3	A_2	A_1	A_0	输出 $\overline{Y_0}$	$\overline{Y_1}$	$\overline{Y_2}$	$\overline{Y_3}$	$\overline{Y_4}$	$\overline{Y_5}$	$\overline{Y_6}$	$\overline{Y_7}$	$\overline{Y_8}$	$\overline{Y_9}$
0	0	0	0	0	0	1	1	1	1	1	1	1	1	1
1	0	0	0	1	1	0	1	1	1	1	1	1	1	1
2	0	0	1	0	1	1	0	1	1	1	1	1	1	1
3	0	0	1	1	1	1	1	0	1	1	1	1	1	1
4	0	1	0	0	1	1	1	1	0	1	1	1	1	1
5	0	1	0	1	1	1	1	1	1	0	1	1	1	1
6	0	1	1	0	1	1	1	1	1	1	0	1	1	1
7	0	1	1	1	1	1	1	1	1	1	1	0	1	1
8	1	0	0	0	1	1	1	1	1	1	1	1	0	1
9	1	0	0	1	1	1	1	1	1	1	1	1	1	0
伪码	1	0	1	0	1	1	1	1	1	1	1	1	1	1
伪码	1	0	1	1	1	1	1	1	1	1	1	1	1	1
伪码	1	1	0	0	1	1	1	1	1	1	1	1	1	1
伪码	1	1	0	1	1	1	1	1	1	1	1	1	1	1
伪码	1	1	1	0	1	1	1	1	1	1	1	1	1	1
伪码	1	1	1	1	1	1	1	1	1	1	1	1	1	1

根据表 3-10,可以写出二-十进制译码器输出与输入的逻辑表达式,即

$$\begin{cases}\overline{Y_0}=\overline{(\overline{A_3}\,\overline{A_2}\,\overline{A_1}\,\overline{A_0})}\\ \overline{Y_1}=\overline{(\overline{A_3}\,\overline{A_2}\,\overline{A_1}\,A_0)}\\ \overline{Y_2}=\overline{(\overline{A_3}\,\overline{A_2}\,A_1\,\overline{A_0})}\\ \overline{Y_3}=\overline{(\overline{A_3}\,\overline{A_2}\,A_1\,A_0)}\\ \overline{Y_4}=\overline{(\overline{A_3}\,A_2\,\overline{A_1}\,\overline{A_0})}\\ \overline{Y_5}=\overline{(\overline{A_3}\,A_2\,\overline{A_1}\,A_0)}\\ \overline{Y_6}=\overline{(\overline{A_3}\,A_2\,A_1\,\overline{A_0})}\\ \overline{Y_7}=\overline{(\overline{A_3}\,A_2\,A_1\,A_0)}\\ \overline{Y_8}=\overline{(A_3\,\overline{A_2}\,\overline{A_1}\,\overline{A_0})}\\ \overline{Y_9}=\overline{(A_3\,\overline{A_2}\,\overline{A_1}\,A_0)}\end{cases}\quad(3-14)$$

3. 显示译码器

在数字测量仪表和各种数字系统中,都需要将数字量直观地显示出来,数码显示器通常由译码驱动器和显示器等部分组成。数码显示器就是用来显示数字、文字或符号的器件。七段式数码显示器是目前常用的显示方式。图 3-22 表示七段式数码显示器分段布局图。有些数码显示器还增加了一段,作为小数点。

日常生活中普遍使用的七段式数码显示器,也称为七段数码管。常见的七段式数码显示器有发光二极管和液晶显示器两种,这里主要介绍前者。发光二极管构成的七段式数码显示器有两种:共阴极电路和共阳极电路,如图 3-23 所示。在共阴极电路中,七个发光二极管的阴极连在一起接低电平,需要某一段发光时,就将相应二极管的阳极接高电

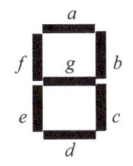

图 3-22　七段式数码显示器分段布局图

平。共阳极显示器的驱动则刚好相反。

为了使数码管能显示十进制数,必须将十进制数的代码经译码器译出,然后经驱动器点亮对应的段。例如,对于 8421 码的 **0011** 状态,对应的十进制数为 3,则译码驱动器应使 a,b,c,d,g 各段点亮。译码器的功能:对应于某一组数码输入,相应的几个输出端有有效信号输出。

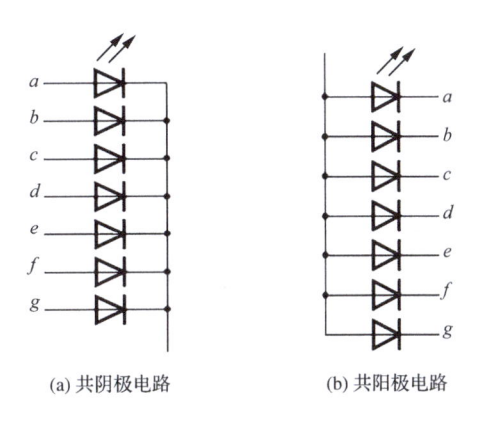

(a) 共阴极电路　　(b) 共阳极电路

图 3-23　发光二极管构成的七段式数码显示器

常用的七段显示译码器有两类:一类译码器输出高电平有效信号,用来驱动共阴极显示器;另一类输出低电平有效信号,用来驱动共阳极显示器。下面介绍输出高电平有效的七段显示译码器(74HC4511)。

七段显示译码器功能表见表 3-11。当输入 $D_3D_2D_1D_0$ 接 8421 BCD 码时,输出高电平有效,用以驱动共阴极显示器。当输入为 **1010~1111** 六个状态时,输出全为低电平,显示器无显示。该显示译码器设有三个辅助控制端 LE, $\overline{BL}$, $\overline{LT}$,以增强器件的功能,现分别简要说明如下:

表 3-11　七段显示译码器(74HC4511)功能表

十进制或功能	输入							输出							字形
	LE	$\overline{BL}$	$\overline{LT}$	D_3	D_2	D_1	D_0	a	b	c	d	e	f	g	
0	0	1	1	0	0	0	0	1	1	1	1	1	1	0	0
1	0	1	1	0	0	0	1	0	1	1	0	0	0	0	1
2	0	1	1	0	0	1	0	1	1	0	1	1	0	1	2
3	0	1	1	0	0	1	1	1	1	1	1	0	0	1	3

续表

十进制或功能	输入 LE	$\overline{BL}$	$\overline{LT}$	D_3	D_2	D_1	D_0	输出 a	b	c	d	e	f	g	字形
4	0	1	1	0	1	0	0	0	1	1	0	0	1	1	ㄐ
5	0	1	1	0	1	0	1	1	0	1	1	0	1	1	5
6	0	1	1	0	1	1	0	0	0	1	1	1	1	1	b
7	0	1	1	0	1	1	1	1	1	1	0	0	0	0	ㄱ
8	0	1	1	1	0	0	0	1	1	1	1	1	1	1	8
9	0	1	1	1	0	0	1	1	1	1	1	0	1	1	9
10	0	1	1	1	0	1	0	0	0	0	0	0	0	0	熄灭
11	0	1	1	1	0	1	1	0	0	0	0	0	0	0	熄灭
12	0	1	1	1	1	0	0	0	0	0	0	0	0	0	熄灭
13	0	1	1	1	1	0	1	0	0	0	0	0	0	0	熄灭
14	0	1	1	1	1	1	0	0	0	0	0	0	0	0	熄灭
15	0	1	1	1	1	1	1	0	0	0	0	0	0	0	熄灭
灯测试	×	×	0	×	×	×	×	1	1	1	1	1	1	1	8
灯灭	×	0	1	×	×	×	×	0	0	0	0	0	0	0	熄灭
锁存	1	1	1	×	×	×	×	*	*	*	*	*	*	*	*

* 此时输出状态取决于 LE 由 0 跳变为 1 时 BCD 码的输入。

① 灯测试输入 $\overline{LT}$

当 $\overline{LT}=0$ 时，无论其他输入端是什么状态，所有输出 $a \sim g$ 均为 **1**，显示器显示字形 8。该输入端常用于检查译码器本身及显示器各段的好坏。

② 灭灯输入 $\overline{BL}$

当 $\overline{BL}=0$，并且 $\overline{LT}=1$ 时，无论其他输入端是什么电平，所有输出 $a \sim g$ 均为 **0**，字形熄灭。该输入端用于将不必要显示的零熄灭，例如一个 6 位数字 023.050，将首、尾多余的 0 熄灭，则显示为 23.05，显示结果更加清楚。

③ 锁存使能输入 LE

在 $\overline{BL}=\overline{LT}=1$ 的条件下，当 LE=**0** 时，锁存器不工作，译码器的输出随输入码的变化而变化；当 LE 由 **0** 跳变为 **1** 时，输入码被锁存，输出只取决于锁存器的内容，不再随输入的变化而变化。有关锁存器的内容将在第 4 章介绍。

根据表 3-11 所示功能表，如果不考虑控制端 LE，$\overline{BL}$，$\overline{LT}$ 的作用，可以画出 $a \sim g$ 每个字段与 D_3，D_2，D_1，D_0 的卡诺图，并求出每一个字段的最简逻辑表达式。如图 3-24 所示为 a 段的卡诺图。

由图可知，a 段的最简逻辑表达式为

$$a = \overline{D_3}\,\overline{D_2}D_1 + \overline{D_3}\,\overline{D_2}\,\overline{D_1} + \overline{D_3}D_2D_0 + \overline{D_3}\,\overline{D_2}\,\overline{D_0}$$

当考虑 $\overline{BL}$，$\overline{LT}$ 的作用时，a 段的表达式为

$$a = (\overline{D_3}\,\overline{D_2}D_1 + \overline{D_3}\,\overline{D_2}\,\overline{D_1} + \overline{D_3}D_2D_0 + \overline{D_3}\,\overline{D_2}\,\overline{D_0})\overline{BL} + \overline{\overline{LT}}$$

以此类推，可以写出其他字段的最简逻辑表达式。根据各段的表达式可以画出逻辑图（此处省略）。

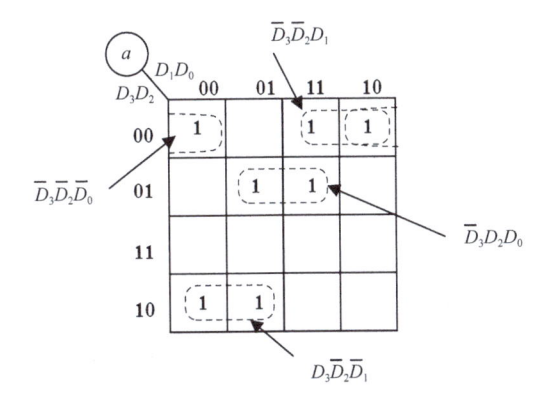

图 3-24　a 段的卡诺图

如果在 D_3,D_2,D_1,D_0 端各增加一个锁存器，LE 为锁存器的控制信号，就可以实现锁存使能输入的控制。图 3-25 所示为七段显示译码器与显示器的连接电路。

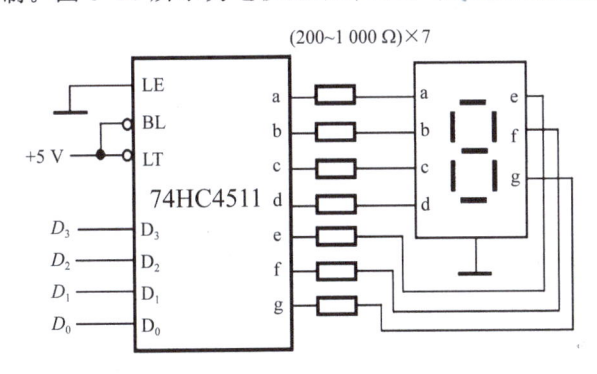

图 3-25　七段显示译码器与显示器的连接电路

3.4.3　数据分配器

数据分配是将公共数据线上的数据根据需要送到不同的通道上，实现数据分配功能的逻辑电路称为数据分配器(图 3-26)。它的作用相当于多个输出的单刀多掷开关。

数据分配器可以用带有使能端的二进制译码器实现。如用 3 线-8 线译码器可以把 1 个数据信号分配到 8 个不同的通道上去。用 3 线-8 线译码器(74HC138)作为数据分配器如图 3-27 所示。将 $\overline{E_2}$ 接低电平，E_3

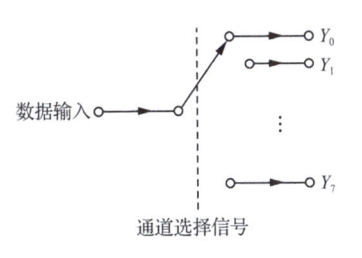

图 3-26　数据分配器

作为使能端，A_2,A_1 和 A_0 作为选择通道地址输入，$\overline{E_1}$ 作为数据输入。例如，当 $E_3=1$，$A_2A_1A_0=\mathbf{010}$ 时，由功能表 3-11 可得 Y_2 的逻辑表达式为

$$\overline{Y_2}=\overline{(E_3\cdot\overline{\overline{E_2}}\cdot\overline{\overline{E_1}})\cdot\overline{A_2}\cdot A_1\cdot\overline{A_0}}=\overline{E_1}$$

因此，当地址 $A_2A_1A_0=\mathbf{010}$ 时，只有输出端 $\overline{Y_2}$ 得到与输入端相同的数据波形。改变 $A_2A_1A_0$ 的取值可以将数据送到不同的输出端。而其余输出端均为高电平。

数据分配器的用途比较多，如可用它将一台计算机与多台外部设备连接，将计算机的

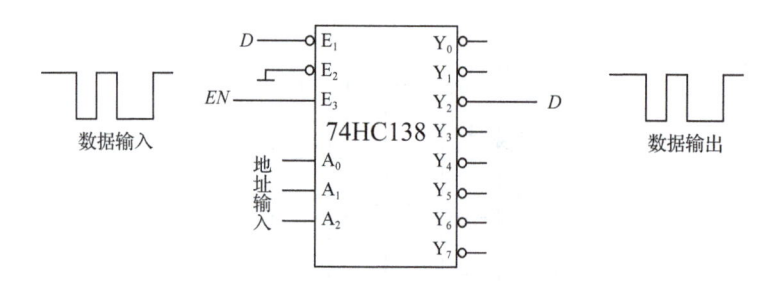

图 3-27　用 3 线-8 线译码器作为数据分配器

数据分送到外部设备中。还可以用它与计数器结合组成脉冲分配器,或者用它与数据选择器连接组成分时数据传送系统。

3.4.4　数据选择器

1. 数据选择器的工作原理

在数字信号的传输过程中,有时需要从一组输入数据中选出某一个,这时就要用到一种称为数据选择器(Data Selector)或多路开关(Muliplexer,MUX)的逻辑电路。数据选择器是一种常用模块,最小的是 2 选 1 数据选择器。其逻辑图形符号如图 3-28 所示。该符号表示通过 S 确定 Y 从 D_0 和 D_1 中选哪一个数据,真值表见表 3-12。

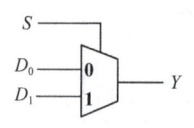

图 3-28　2 选 1 数据选择器的逻辑图形符号

表 3-12　2 选 1 数据选择器的真值表

选择输入	输出
S	Y
0	D_0
1	D_1

4 选 1 数据选择器对 4 个数据源进行选择,需要两位选择输入 $S_1 S_0$。当 $S_1 S_0$ 取 **00**,**01**,**10**,**11** 时,分别控制 4 个数据通道的开关。任何时候 $S_1 S_0$ 只有一种可能的取值,使对应的那一路数据通过,送达 Y 端。4 选 1 数据选择器的真值表见表 3-13,输出逻辑函数式为

$$Y = \overline{S_1}\,\overline{S_0} D_0 + \overline{S_1} S_0 D_1 + S_1 \overline{S_0} D_2 + S_1 S_0 D_3$$
$$= \overline{S_1}(\overline{S_0} D_0 + S_0 D_1) + S_1(\overline{S_0} D_2 + S_0 D_3)$$
$$= \overline{S_1} Y_0 + S_1 Y_1$$

表 3-13　4 选 1 数据选择器的真值表

选择输入		输出
S_1	S_0	Y
0	0	D_0
0	1	D_1
1	0	D_2
1	1	D_3

用 3 个 2 选 1 数据选择器构成两级电路,第 1 级两个数据选择器分别实现 $Y_0 = \overline{S_0}D_0 + S_0D_1$ 和 $Y_1 = \overline{S_0}D_2 + S_0D_3$。第 2 级实现 $Y = \overline{S_1}Y_0 + S_1Y_1$,其电路结构及逻辑符号分别如图 3-29(a)、图 3-29(b)所示。

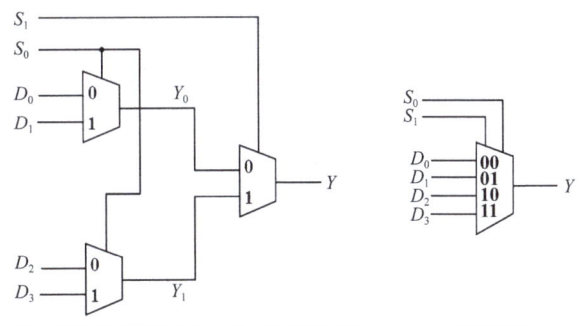

(a) 由 2 选 1 数据选择器构成的 4 选 1 数据选择器　　(b) 逻辑符号

图 3-29　4 选 1 数据选择器逻辑图

同样原理,可以构成更多输入通道的数据选择器。被选数据源越多,所需选择输入端的位数也越多,若选择输入端为 n,可选输入通道数为 2^n。

2. 数据选择器的应用电路

具有两位地址输入 S_1,S_0 的 4 选 1 数据选择器的输出与输入间的逻辑关系为

$$Y = \overline{S_1}\,\overline{S_0}D_0 + \overline{S_1}S_0D_1 + S_1\overline{S_0}D_2 + S_1S_0D_3$$
$$= m_0D_0 + m_1D_1 + m_2D_2 + m_3D_3 \tag{3-15}$$

若将 S_1,S_0 作为两个输入变量,同时令 $D_0 \sim D_3$ 为第三个输入变量的适当状态(包括原变量、反变量、**0** 和 **1**),就可以在数据选择器的输出端产生任何形式的三变量组合逻辑函数。

同理,用具有 n 位地址输入的数据选择器,可以产生任何形式输入变量数不大于 $n+1$ 的组合逻辑函数。

例 3-8　试用数据选择器实现下列逻辑函数:

(1)用 4 选 1 数据选择器实现 $L_0 = \overline{A}B + A\overline{B}$

(2)用 4 选 1 数据选择器实现 $L_1 = A\overline{B} + \overline{A}C + B\overline{C}$

(3)用 2 选 1 数据选择器和必要的逻辑门实现 $L_2 = A\overline{B} + \overline{A}C + B\overline{C}$

解:(1)把所给的函数式变换成最小项表达式为

$$L_0 = \overline{A}B \cdot \mathbf{1} + A\overline{B} \cdot \mathbf{1} = m_1D_1 + m_2D_2$$

变量 A,B 分别接 4 选 1 数据选择器的两个选择端 S_1 和 S_0。L_0 中出现的最小项 m_1,m_2 对应的数据输入端 D_1,D_2 都应该等于 **1**,而没有出现的最小项 m_0,m_3 对应的数据输入端 D_0,D_3 都应该等于 **0**。由此可画出逻辑图如图 3-30(a)所示。

(2)根据 L_1 的函数式列出真值表见表 3-14。将变量 A,B 接入 4 选 1 数据选择器,选择输入端 S_1 和 S_0。将变量 C 分配在数据输入端。从表中可以看出输出 L_1 与变量 C 的关系。当 $AB=\mathbf{00}$ 时选通 D_0,而此时 $L_1=C$,所以数据端 D_0 接 C;当 $AB=\mathbf{01}$ 时选通 D_1,由真值表得此时 $L_1=\mathbf{1}$,即 D_1 应接 **1**;当 $AB=\mathbf{10}$ 时选通 D_2,由真值表得此时 $L_1=\mathbf{1}$,即 D_2 应接 **1**;当 $AB=\mathbf{11}$ 时选通 D_3,由真值表得此时 $L_1=\overline{C}$,即 D_3 应接 $\overline{C}$。因此得到逻辑

电路如图 3-30(b)所示。

(3) L_2 的真值表见表 3-15。2 选 1 数据选择器只有一个选择输入端,将变量 A 接入选择输入端。根据表中 L_2 和 B,C 的关系,当 $A=0$ 时,可以求出 $L_2=B+C$,即数据端 $D_0=B+C$。同理求出 $D_1=\overline{B}+\overline{C}$。也可以将逻辑函数变换为 $L_2=\overline{A}(B+C)+A(\overline{B}+\overline{C})$,求得 D_0 和 D_1。将变量 B,C 用逻辑门组合后接入数据端如图 3-30(c)所示,这样可以实现变量数更多的逻辑函数。

表 3-14　　　　　例 3-8(2)的真值表

输入			输出	
A	B	C	L_1	
0	0	0	0	$L_1=C$
0	0	1	1	
0	1	0	1	$L_1=1$
0	1	1	1	
1	0	0	1	$L_1=1$
1	0	1	1	
1	1	0	1	$L_1=\overline{C}$
1	1	1	0	

表 3-15　　　　　例 3-8(3)的真值表

输入			输出	
A	B	C	L_2	
0	0	0	0	$L_2=B+C$
0	0	1	1	
0	1	0	1	
0	1	1	1	
1	0	0	1	$L_2=\overline{B}+\overline{C}$
1	0	1	1	
1	1	0	1	
1	1	1	0	

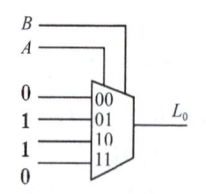

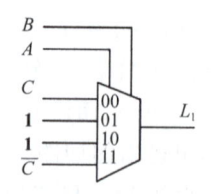

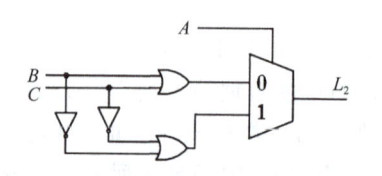

(a) 用 4 选 1 数据选择器实现 L_0　(b) 用 4 选 1 数据选择器实现 L_1　(c) 用 2 选 1 数据选择器实现 L_2

图 3-30　用数据选择器实现逻辑函数

3. 集成数据选择器

数据选择器的集成芯片有很多种,74HC153 是双 4 选 1 数据选择器,逻辑图如图 3-31 所示,它包含 2 个完全相同的 4 选 1 数据选择器。2 个数据选择器有公共的地址输入端,而数据输入端和输出端是各自独立的。通过给定不同的地址代码(A_1,A_0 的状态),即可从 4 个输入数据中选出所要的一个,并送至输出端 Y。图中的 $\overline{S_1}$ 和 $\overline{S_2}$ 是附加控制端,用于控制电路工作状态和扩展功能。

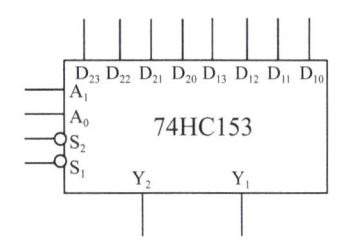

图 3-31 双 4 选 1 数据选择器 74HC153

输出的逻辑式可写成

$$Y_1 = [D_{10}(\overline{A_1}\,\overline{A_0}) + D_{11}(\overline{A_1}\,A_0) + D_{12}(A_1\,\overline{A_0}) + D_{13}(A_1\,A_0)] \cdot \overline{S_1}$$

$$Y_2 = [D_{20}(\overline{A_1}\,\overline{A_0}) + D_{21}(\overline{A_1}\,A_0) + D_{22}(A_1\,\overline{A_0}) + D_{23}(A_1\,A_0)] \cdot \overline{S_2}$$

上式中 $\overline{S_1}=0$ 表明数据选择器 1 工作;$\overline{S_1}=1$ 表明数据选择器 1 被禁止工作,输出 Y_1 被封锁为低电平。同理,可由 $\overline{S_2}$ 的输入状态决定数据选择器 2 的工作状态。

74HC151 是一种典型的 CMOS 集成数据选择器。它有 3 个地址输入端 S_0,S_1,S_2,可选择 $D_0 \sim D_7$ 共 8 个数据源,具有两个互补输出端,同相输出端 Y 和反相输出端 $\overline{Y}$,还有一个使能输入端 $\overline{E}$,功能表见表 3-16。当 $\overline{E}=0$ 时数据选择器工作,$\overline{E}=1$ 时数据选择器禁止工作,输出被封锁。

表 3-16 74HC151 的功能表

输入				输出	
使能	选择				
$\overline{E}$	S_2	S_1	S_0	Y	$\overline{Y}$
1	×	×	×	0	1
0	0	0	0	D_0	$\overline{D_0}$
0	0	0	1	D_1	$\overline{D_1}$
0	0	1	0	D_2	$\overline{D_2}$
0	0	1	1	D_3	$\overline{D_3}$
0	1	0	0	D_4	$\overline{D_4}$
0	1	0	1	D_5	$\overline{D_5}$
0	1	1	0	D_6	$\overline{D_6}$
0	1	1	1	D_7	$\overline{D_7}$

例 3-9 应用 74HC151 实现如下逻辑函数:

(1) $F(A,B,C) = A\overline{B}\,\overline{C} + A\overline{B}C + \overline{A}\,BC$

(2) $F(A,B,C,D) = \sum m(1,2,4,7)$

解:(1)将逻辑函数 $F(A,B,C) = A\overline{B}\,\overline{C} + A\overline{B}C + \overline{A}\,BC$ 写成如下形式,即

$$F(A,B,C) = m_4 + m_5 + m_1$$

数据选择器集成电路芯片 74HC151 的标准表达式为

$$Y = \overline{S_2}\,\overline{S_1}\,\overline{S_0}D_0 + \overline{S_2}\,\overline{S_1}\,S_0D_1 + \overline{S_2}\,S_1\,\overline{S_0}D_2 + \overline{S_2}\,S_1\,S_0D_3 + S_2\,\overline{S_1}\,\overline{S_0}D_4 + S_2\,\overline{S_1}\,S_0D_5 + S_2\,S_1\,\overline{S_0}D_6 + S_2\,S_1\,S_0D_7$$

$$= m_0 D_0 + m_1 D_1 + m_2 D_2 + m_3 D_3 + m_4 D_4 + m_5 D_5 + m_6 D_6 + m_7 D_7$$

将 $F(A,B,C)$ 与 Y 比较,可得

$$D_0 = D_2 = D_3 = D_6 = D_7 = 0$$
$$D_1 = D_4 = D_5 = 1$$

将 A,B,C 分别与地址输入端 S_2, S_1, S_0 连接,即可得到电路,如图 3-32 所示。

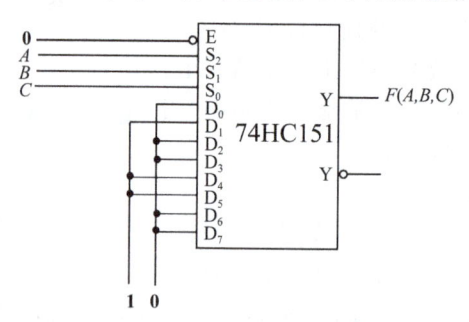

图 3-32　例 3-9(1)的逻辑图

(2) 函数有 4 个输入变量,而 74HC151 的地址端只有 3 个,即 S_2, S_1, S_0,故须对函数的卡诺图进行降维,即降为 3 维。

卡诺图如图 3-33(a)所示,降维后的卡诺图如图 3-33(b)所示。

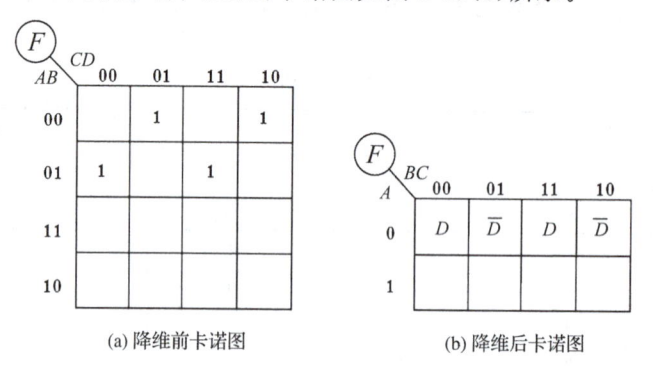

图 3-33　例 3-9(2)的卡诺图

$$F(A,B,C,D) = \overline{A}\,\overline{B} CD + \overline{A} BC \overline{D} + \overline{A} B \overline{C}\,\overline{D} + \overline{A} BCD$$

数据选择器集成电路芯片 74HC151 的标准表达式为

$$Y = \overline{S_2}\,\overline{S_1}\,\overline{S_0} D_0 + \overline{S_2}\,\overline{S_1} S_0 D_1 + \overline{S_2} S_1 \overline{S_0} D_2 + \overline{S_2} S_1 S_0 D_3 + S_2 \overline{S_1}\,\overline{S_0} D_4 + S_2 \overline{S_1} S_0 D_5 + S_2 S_1 \overline{S_0} D_6 + S_2 S_1 S_0 D_7$$

$$= m_0 D_0 + m_1 D_1 + m_2 D_2 + m_3 D_3 + m_4 D_4 + m_5 D_5 + m_6 D_6 + m_7 D_7$$

将 $F(A,B,C,D)$ 与 Y 比较,令 $A = S_2, B = S_1, C = S_0$,则

$$D_0 = D_3 = D, D_1 = D_2 = \overline{D}, D_4 = D_5 = D_6 = D_7 = 0$$

将 A,B,C 分别与地址输入端 S_2, S_1, S_0 连接,即可得到电路,如图 3-34 所示。

在使用的过程中,当数据选择器的大小不满足实际需求时,需要进行扩展。

位的扩展　上面所讨论的是 1 位数据选择器,如需要选择多位数据时,可由多个 1 位数据选择器并联组成,即将它们的使能端连在一起。2 位 8 选 1 数据选择器的连接方法如图 3-35 所示。当需要进一步扩充位数时,只需相应地增加器件的数目。

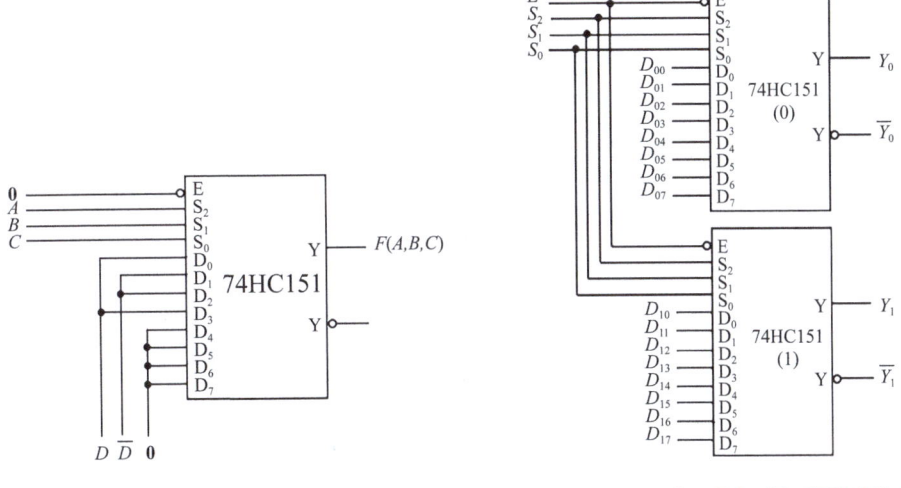

图 3-34　例 3-9(2)的逻辑图　　图 3-35　两位 8 选 1 数据选择器的连接方法

字的扩展　把数据选择器的使能端作为地址选择输入,将 2 个 74HC151 连接成 1 个 16 选 1 数据选择器,其连接方式如图 3-36 所示。16 选 1 数据选择器的地址选择输入有 4 位,其最高位 D 与其中一个 8 选 1 数据选择器的使能端连接,经过一反相器反相后与另一个 8 选 1 数据选择器的使能端连接。低 3 位的地址选择输入端 CBA 由 2 个 74HC151 的地址选择输入端相对应连接而成。

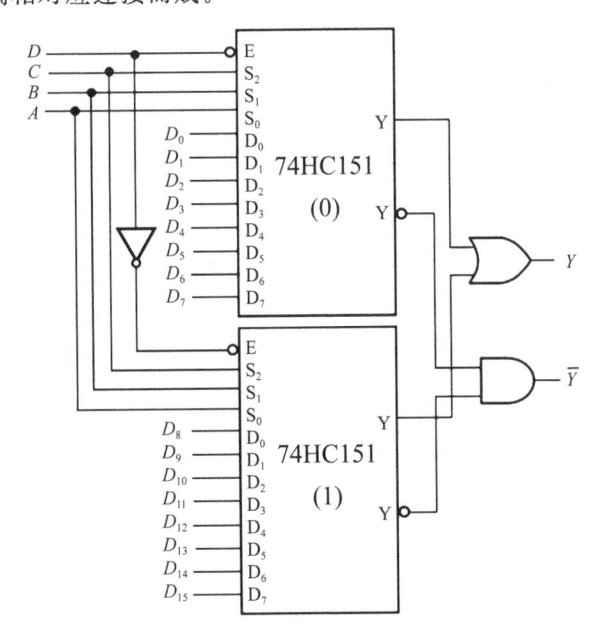

图 3-36　2 个 8 选 1 数据选择器连接成 1 个 16 选 1 数据选择器

3.4.5　加法器

2 个二进制数之间的算术运算(加、减、乘、除),目前在数字计算机中都是化做若干步加法运算进行的。因此,加法器是构成算术运算器的基本单元。

1.1 位加法器

(1) 半加器

不考虑有来自低位的进位而将 2 个 1 位二进制数相加,这种运算称为半加。实现半加运算的电路称为半加器。

按照二进制加法运算列出半加器的真值表,见表 3-17,其中 A,B 是 2 个加数,S 是相加的和,CO 是向高位的进位。将 S,CO 和 A,B 的关系写成逻辑表达式,得

$$\begin{cases} S=\overline{A}B+A\overline{B}=A\oplus B \\ CO=AB \end{cases} \qquad (3\text{-}16)$$

表 3-17　　　　　　　　半加器的真值表

输入		输出	
A	B	S	CO
0	0	0	0
0	1	1	0
1	0	1	0
1	1	0	1

因此,半加器是由一个**异或**门和一个**与**门组成的,如图 3-37 所示。

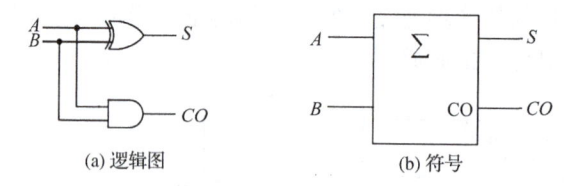

(a) 逻辑图　　　　(b) 符号

图 3-37　半加器的组成

(2) 全加器

在将 2 个多位二进制数相加时,除了最低位以外,每一位都应该考虑来自低位的进位,即将 2 个对应位的加数和来自低位的进位相加。这种运算称为全加,所用的电路称为全加器。

根据二进制加法运算规则可列出 1 位全加器的真值表,见表 3-18。

表 3-18　　　　　　　　全加器的真值表

输入			输出	
CI	A	B	S	CO
0	0	0	0	0
0	0	1	1	0
0	1	0	1	0
0	1	1	0	1
1	0	0	1	0
1	0	1	0	1
1	1	0	0	1
1	1	1	1	1

画出图 3-38 所示 S 和 CO 的卡诺图,采用合并 **0** 再求反的化简方法,得

$$\begin{cases} S=\overline{(\overline{A}\,\overline{B}\,\overline{CI}+\overline{A}\,B\,CI+\overline{A}B\overline{CI}+AB\,\overline{CI})} \\ CO=\overline{(\overline{A}\,\overline{B}+\overline{B}\,\overline{CI}+\overline{A}\,\overline{CI})} \end{cases} \qquad (3-17)$$

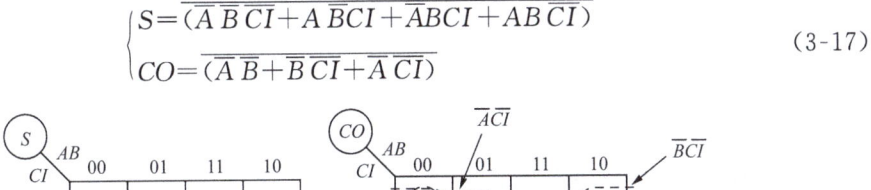

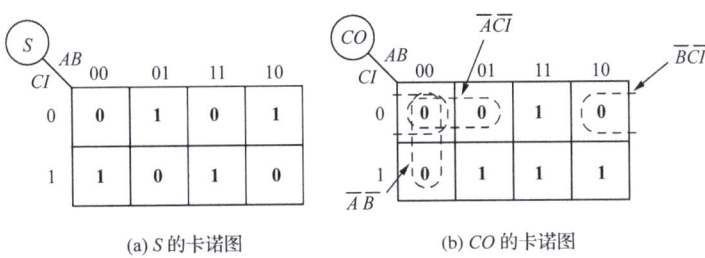

(a) S 的卡诺图　　　　(b) CO 的卡诺图

图 3-38　全加器的卡诺图

全加器的电路结构有多种形式,但它们的逻辑功能都必须符合表 3-18 给出的全加器真值表。如图 3-39 所示是全加器的图形符号。

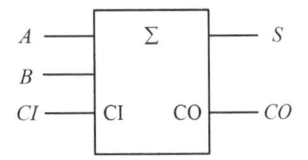

图 3-39　全加器的图形符号

2. 多位加法器

(1) 串行进位加法器

2 个多位数相加时每一位都是带进位相加的,因而必须使用全加器。只要依次将低位全加器的进位输出端 CO 接到高位全加器的进位输入端 CI,就可以构成多位加法器。

图 3-40 就是根据上述原理接成的 4 位加法器电路。显然,每一位的相加结果都必须等到低一位的进位产生以后才能建立起来,因此将这种结构的电路称为串行进位加法器(或称为行波进位加法器)。这种加法器的最大缺点是运算速度慢。在最不利的情况下,做一次加法运算需要经过 4 个全加器的传输延迟时间(从输入加数到输出状态稳定建立起来所需要的时间)才能得到稳定可靠的运算结果。但考虑到串行进位加法器的电路结构比较简单,因而在对运算速度要求不高的设备中,这种加法器仍不失为一种可取的电路。

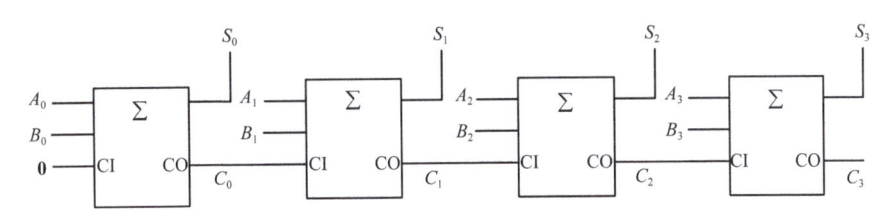

图 3-40　4 位串行进位加法器

(2) 超前进位加法器

为了提高运算速度,必须设法减少由于进位信号逐级传递所耗费的时间。那么高位的进位输入信号能否在相加运算开始时就知道呢?

众所周知,加到第 i 位的进位输入信号是这两个加数第 i 位以下各位状态的函数,所以第 i 位的进位输入信号 $(CI)_i$,一定能由 $A_{i-1}A_{i-2}\ldots A_0$ 和 $B_{i-1}B_{i-2}\ldots B_0$ 唯一地确定。

根据这个原理,就可以通过逻辑电路事先得出每一位全加器的进位输入信号,而无须再从最低位开始向高位逐位传递进位信号了,这就有效地提高了运算速度。采用这种结构形式的加法器称为超前进位(Carry Look-ahead)加法器,也称为快速进位(Fast Carry)加法器。

3.4.6 数值比较器

在一些数字系统(例如数字计算机)中经常要求比较两个数值的大小,为完成这一功能所设计的各种逻辑电路统称为数值比较器。

1. 1 位数值比较器

首先讨论 2 个 1 位二进制数 A 和 B 相比较的情况。这时有三种可能:

(1) $A>B(A=1,B=0)$,则 $A\overline{B}=1$,故可以用 $A\overline{B}$ 作为 $A>B$ 的输出信号 $F_{A>B}$。

(2) $A<B(A=0,B=1)$,则 $\overline{A}B=1$,故可以用 $\overline{A}B$ 作为 $A<B$ 的输出信号 $F_{A<B}$。

(3) $A=B$,则 $A \cdot B=1$,故可以用 $A \odot B$ 作为 $A=B$ 的输出信号 $F_{A=B}$。

图 3-41 给出的是一种实用的 1 位数值比较器电路。

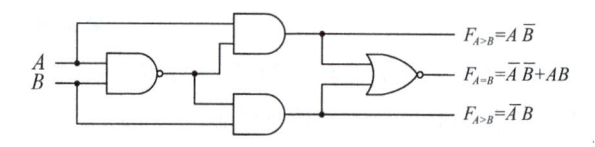

图 3-41　1 位数值比较器

2. 两位数值比较器

现在分析比较两位二进制数 A_1A_0 和 B_1B_0 的情况,用 $F_{A>B}$,$F_{A<B}$ 和 $F_{A=B}$ 表示比较结果。当高位(A_1,B_1)不相等时,无须比较低位(A_0,B_0),高位比较的结果就是两个数的比较结果。当高位相等时,两数的比较结果由低位比较的结果决定。利用 1 位数值的比较结果,可以列出简化的真值表,见表 3-19。

表 3-19　　　　　　　　　两位数值比较器真值表

输入				输出		
A_1	B_1	A_0	B_0	$F_{A>B}$	$F_{A<B}$	$F_{A=B}$
$A_1>B_1$		×		1	0	0
$A_1<B_1$		×		0	1	0
$A_1=B_1$		$A_0>B_0$		1	0	0
$A_1=B_1$		$A_0<B_0$		0	1	0
$A_1=B_1$		$A_0=B_0$		0	0	1

由表 3-19 可以写出如下逻辑表达式,即

$$F_{A>B}=A_1\overline{B_1}+(\overline{A_1}\overline{B_1}+A_1B_1)A_0\overline{B_0}$$
$$=F_{A_1>B_1}+F_{A_1=B_1} \cdot F_{A_0>B_0}$$

$$F_{A<B} = \overline{A}_1 B_1 + (\overline{A}_1 \overline{B}_1 + A_1 B_1)\overline{A}_0 B_0$$
$$= F_{A_1<B_1} + F_{A_1=B_1} \cdot F_{A_0<B_0}$$
$$F_{A=B} = F_{A_1=B_1} \cdot F_{A_0=B_0}$$

根据上式画出逻辑图,如图 3-42 所示。电路利用了 1 位数值比较器的输出作为中间结果。它所依据的原理:如果两位数 $A_1 A_0$ 和 $B_1 B_0$ 的高位不相等,则高位比较结果就是两数比较结果,与低位无关。这时,高位输出 $F_{A_1=B_1}=\mathbf{0}$,使与门 G_1, G_2, G_3 均封锁,而**或**门都打开,低位比较结果不能影响**或**门,高位比较结果则从**或**门直接输出。如果高位相等,即 $F_{A_1=B_1}=\mathbf{1}$,使与门 G_1, G_2, G_3 均打开,同时由 $F_{A_1>B_1}=\mathbf{0}$ 和 $F_{A_1<B_1}=\mathbf{0}$ 作用,**或**门也打开,低位的比较结果直接送达输出端,即低位的比较结果决定两数的大、小或者相等。

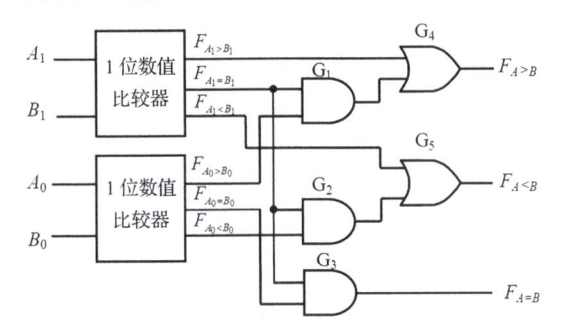

图 3-42 两位数值比较逻辑图

用以上方法可以构成更多位的数值比较器。

3. 典型的数值比较器

常用的比较器有 4 位数值比较器、8 位数值比较器等。

(1) 4 位数值比较器

4 位数值比较器是对 2 个 4 位二进制数 $A_3 A_2 A_1 A_0$ 与 $B_3 B_2 B_1 B_0$ 进行比较,比较原理与 2 位比较器的相同。从 A 的最高位 A_3 和 B 的最高位 B_3 进行比较,如果它们不相等,则该位的比较结果可以作为两数的比较结果。若最高位 $A_3=B_3$,则再比较次高位 A_2 和 B_2,以此类推。显然,如果两数相等,那么,必须将比较进行到最低位才能得到结果。可以得出

$$F_{A>B} = F_{A_3>B_3} + F_{A_3=B_3} \cdot F_{A_2>B_2} + F_{A_3=B_3} \cdot F_{A_2=B_2} \cdot F_{A_1>B_1} + F_{A_3=B_3} \cdot$$
$$F_{A_2=B_2} \cdot F_{A_1=B_1} \cdot F_{A_0>B_0} + F_{A_3=B_3} \cdot F_{A_2=B_2} \cdot F_{A_1=B_1} \cdot F_{A_0=B_0} \cdot I_{A>B}$$
$$F_{A<B} = F_{A_3<B_3} + F_{A_3=B_3} \cdot F_{A_2<B_2} + F_{A_3=B_3} \cdot F_{A_2=B_2} \cdot F_{A_1<B_1} + F_{A_3=B_3} \cdot$$
$$F_{A_2=B_2} \cdot F_{A_1=B_1} \cdot F_{A_0<B_0} + F_{A_3=B_3} \cdot F_{A_2=B_2} \cdot F_{A_1=B_1} \cdot F_{A_0=B_0} \cdot I_{A<B}$$
$$F_{A=B} = F_{A_3=B_3} \cdot F_{A_2=B_2} \cdot F_{A_1=B_1} \cdot F_{A_0=B_0} \cdot I_{A=B}$$

$I_{A>B}, I_{A<B}$ 和 $I_{A=B}$ 称为扩展输入端,是来自低位的比较结果。扩展输入端与其他数值比较器的输出端连接,以便组成位数更多的数值比较器。若仅对 4 位数进行比较,应对 $I_{A>B}, I_{A<B}$ 和 $I_{A=B}$ 进行适当处理,即 $I_{A>B}=I_{A<B}=\mathbf{0}, I_{A=B}=\mathbf{1}$。74HC85 是 4 位 CMOS 集成数值比较器。

(2) 数值比较器的位数扩展

数值比较器的扩展有串联和并联两种方式。图 3-43 所示为串联方式扩展数值比较器的位数表示 2 个 4 位数值比较器串联而成为 1 个 8 位的数值比较器。对于 2 个 8 位数,若高 4 位相同,它们的大小则由低 4 位的比较结果确定。因此,低 4 位的比较结果应作为高 4 位的条件,即低 4 位比较器的输出端应分别与高 4 位比较器的 $I_{A>B}$,$I_{A<B}$ 和 $I_{A=B}$ 相连。

当位数较多且要满足一定的速度要求时,可以采取并联的方式。图 3-44 所示为并联方式扩展数值比较器的位数,表示 16 位并联数值比较器的原理。由图可以看出这里采用两级比较的方法,将 16 位按高低位次序分成四组,每组 4 位,各组的比较是并行进行的。将每组的比较结果再经 4 位比较器进行比较后得出结果。显然,从数据输入到稳定输出只需 2 倍的 4 位比较器延迟时间,若用串联方式,则 16 位的数值比较器从输入到稳定输出需要约 4 倍的 4 位比较器的延迟时间。

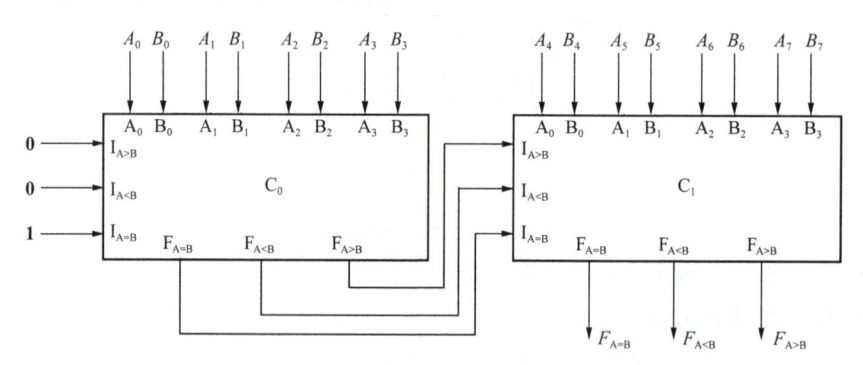

图 3-43 串联方式扩展数值比较器的位数

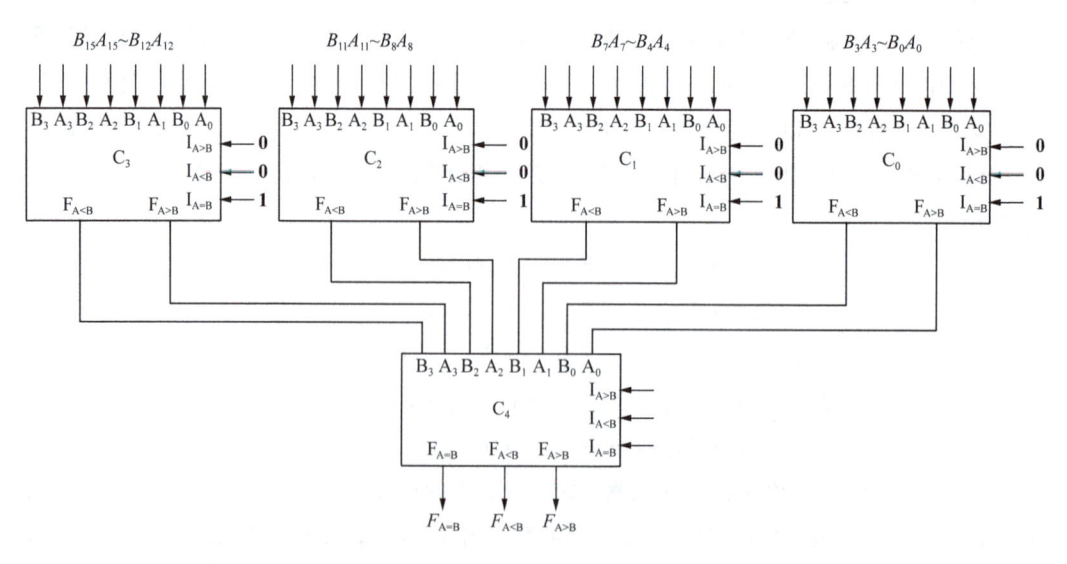

图 3-44 并联方式扩展数值比较器的位数

<<< 本章小结 >>>

- 根据电路的结构和工作特点,将数字电路分为两大类,即组合逻辑电路和时序逻辑电路。
- 组合逻辑电路的特点是,其输出状态在任何时刻只取决于同一时刻的输入状态。组合逻辑电路在形式和功能上种类繁多,但分析和设计方法具有共同特点。因此,学习本章的重点是掌握一般的分析方法和设计方法。
- 分析组合逻辑电路的目的是确定已知电路的逻辑功能,其步骤:写出各输出端的逻辑表达式→化简和变换逻辑表达式→列出真值表→确定功能。
- 设计组合逻辑电路的目的是根据提出的实际问题,设计出逻辑电路。设计步骤:明确逻辑功能→列出真值表→写出逻辑表达式→逻辑化简和变换→画出逻辑图。
- 典型的组合逻辑电路包括编码器、译码器、数据分配器、数据选择器、数值比较器、加法器和算术运算单元等。这些组合逻辑电路除了具有其基本功能外,通常还具有输入使能、输出使能、输入扩展、输出扩展功能,使其功能更加灵活,便于构成较复杂的逻辑系统。
- 电路在信号电平变化的瞬间经常会产生竞争-冒险现象,在电路设计过程中采取适当措施可避免竞争-冒险现象。

<<< 习 题 >>>

3-1 组合逻辑电路是指在任何时刻,逻辑电路的输出状态只取决于电路各_____的组合,而与电路_____无关。

3-2 消除或减弱组合逻辑电路中的竞争-冒险现象,常用的方法是发现并消除掉互补变量,增加_____,并在输出端并联_____。

3-3 要扩展得到1个16线-4线编码器,需要_____片74HC148。

3-4 若在编码器中有50个编码对象,则要求输出二进制代码位数为_____位。

3-5 1个16选1的数据选择器,其地址(选择控制)输入端有_____个。

3-6 分析图 3-45 中所示逻辑电路的功能。

3-7 某电视台举行选秀海选活动,有三名评委,以少数服从多数的原则判定选手是否通过海选,试设计一组合逻辑电路实现该功能。

3-8 用译码器 74HC138 和适当的逻辑门实现下列函数。

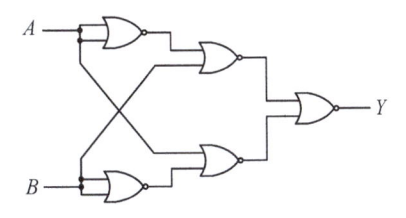

图 3-45 习题 3-6 图

(1) $Y_1 = AB + AC$

(2) $Y_2 = \overline{AB} + A\overline{C}$

3-9 试画出用 3 线-8 线译码器 74HC138 和门电路产生多输出逻辑函数的逻辑图（74HC138 逻辑图如图 3-46 所示）

$Y_1 = AC$

$Y_2 = \overline{A}\,\overline{B}C + A\overline{B}\,\overline{C} + BC$

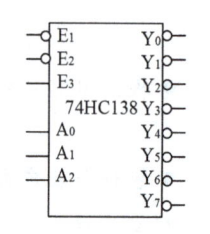

$Y_3 = \overline{B}\,\overline{C} + AB\overline{C}$

3-10 用 3 线-8 线译码器 74HC138 和门电路设计 1 位二进制全减器电路。输入为被减数、减数和来自低位的借位，输出为两数之差及向高位的借位信号。

图 3-46 习题 3-9 图

3-11 试用 8 选 1 数据选择器 74HC151 产生逻辑函数：

$$Y = A\overline{B}\,\overline{C} + \overline{A}\,\overline{C} + BC$$

3-12 设计用 3 个开关控制一个电灯的逻辑电路，要求改变任何一个开关的状态都能够控制电灯由亮变灭或由灭变亮。用数据选择器 74HC151 实现。

第4章 DI-SI ZHANG
锁存器和触发器

思政目标

完成锁存器和触发器的学习后,不仅要掌握元器件的基本功能,同时还要了解不同的触发器通过输入端的接线设定可以相互转换,从而引导学生仔细观察,不拒绝微小的变化和努力,不拘泥于当前拥有的资源,改变思路,充分利用资源,勇于创新,认识当前集成电路的发展现状与面临的问题,将自我价值实现与服务国家重大战略需求、建设世界科技强国的时代使命结合,为民族复兴贡献力量。

在门电路及由其组成的组合逻辑电路中,输出变量的状态完全由当前输入变量的组合状态来决定,而与电路的原来状态无关,也就是组合电路不具有记忆功能。但在数字系统中,为了能实现按一定程序进行运算,需要记忆功能。本章将介绍两种能实现存储功能的逻辑单元电路:锁存器和触发器,它们的输出状态不仅取决于当前的输入状态,而且还与电路的原来状态有关。

组合电路和时序电路是数字电路的两大类。门电路是组合电路的基本单元;触发器是时序电路的基本单元。本章着重介绍锁存器和触发器的工作原理和电路结构,以及所实现的不同逻辑功能。

4.1 基本双稳态电路

将两个非门 G_1 和 G_2 接成如图 4-1 所示的交叉耦合形式,则构成最基本的**双稳态电路**。

从图 4-1 所示的逻辑电路分析可知:若 $Q=0$,经非门 G_2 反相,则 $\overline{Q}=1$。$\overline{Q}$ 反馈到 G_1 输入端,又保证了 $Q=0$。由于两个非门首尾相接的逻辑锁定,因而电路能自行保持在 $Q=0,\overline{Q}=1$ 的状态,形成第一种稳定状态。反之,若 $Q=1$,$\overline{Q}=0$,则形成第二种稳定状态。在两种稳定状态

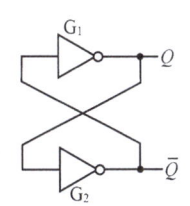

图 4-1 最基本的双稳态电路

中,输出端 Q 和 $\overline{Q}$ 总是逻辑互补的。可以定义 $Q=0$ 为整个电路的 **0** 状态,$Q=1$ 则为整个电路的 **1** 状态。电路进入其中任意一种逻辑状态都能长期保持下去,并可以通过 Q 端电平检测出来,因此,它具有存储 1 位二进制数据的功能。

图 4-1 所示电路,具有 **0**,**1** 两种逻辑状态,一旦进入其中一种状态,就能长期保持不变的单元电路,这种电路称为**双稳态存储电路**,简称**双稳态电路**。本章所讨论的锁存器和触发器均属于双稳态电路。

可以看出,图 4-1 所示双稳态电路的功能极不完备。在电源接通后,它随机进入 **0** 状态或 **1** 状态,由于没有控制电路,因此无法在运行中改变和控制它的状态,从而不能作为存储电路使用。但是,该电路是各种锁存器、触发器等存储单元的基础。

4.2 锁存器

锁存器(Latch)是一种对脉冲电平敏感的存储单元电路,它可以在特定输入脉冲电平作用下改变状态。锁存就是把信号暂存以维持某种电平状态。锁存器最主要的作用是缓存,不仅可以解决高速的控制器与慢速的外设不同步、驱动异常等问题,还可以解决一个 I/O 口既能输出也能输入的问题。锁存器利用电平控制数据的输入,它包括不带使能控制的锁存器和带使能控制的锁存器。

4.2.1 基本 RS 锁存器

1. 基本 RS 锁存器的工作原理

基本 RS 锁存器可由两个与非门 G_1 和 G_2 交叉连接而成,如图 4-2(a)所示。Q 和 $\overline{Q}$ 是它的输出端,两者的逻辑状态必须相反。因而这种锁存器有两个稳定状态:一个是 $Q=0,\overline{Q}=1$,称为**复位状态**(**0** 态);另一个是 $Q=1,\overline{Q}=0$,称为**置位状态**(**1** 态)。相应的输入端 $\overline{R}$ 称为**直接复位端**或**直接置 0 端**;$\overline{S}$ 称为**直接置位端**或**直接置 1 端**。Q 端的状态规定为锁存器的状态。

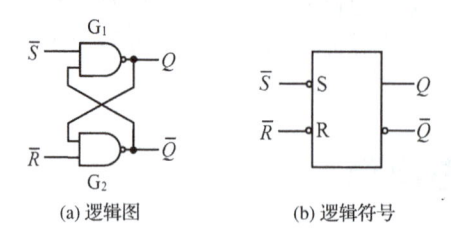

(a) 逻辑图   (b) 逻辑符号

图 4-2 由与非门组成的基本 RS 锁存器

现按与非逻辑关系分四种情况来分析它的状态转换和逻辑功能。设 Q^n 为当前的状态,称为**现态**;Q^{n+1} 为加脉冲信号(正、负脉冲或时钟脉冲)后新的状态,称为**新态**或**次态**。

(1) $\overline{R}=0,\overline{S}=1$

当 G_2 门 $\overline{R}$ 增加负脉冲后,$\overline{R}=0$,按与非逻辑关系"有 0 出 1",故 $\overline{Q}=1$;反馈到 G_1 门,按"全 1 出 0",故 $Q=0$;再反馈到 G_2 门,即使负脉冲消失,当 $\overline{R}=1$ 时,按"有 0 出 1",仍有 $\overline{Q}=1$。在这种情况下,不论锁存器的现态为 **0** 还是为 **1**,加脉冲信号后它翻转为 **0** 态或保

持 0 态，状态转换过程如图 4-3(a)所示。

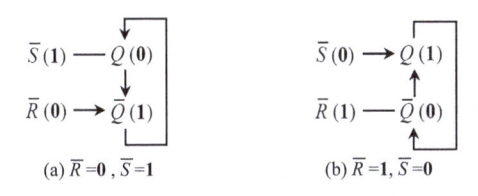

图 4-3　基本 RS 触发器状态转换过程

(2) $\overline{R}=1,\overline{S}=0$

当 G_1 门 $\overline{S}$ 端加负脉冲后，$\overline{S}=0$，锁存器状态转换过程如图 4-3(b)所示。不论锁存器的现态为 **0** 还是为 **1**，均翻转为 **1 态**或保持 **1 态**。

(3) $\overline{R}=1,\overline{S}=1$

这时，$\overline{R}$ 端和 $\overline{S}$ 端均未加负脉冲，锁存器保持现态不变。

(4) $\overline{R}=0,\overline{S}=0$

当 $\overline{R}$ 和 $\overline{S}$ 两端同时加负脉冲时，两个与非门输出端都为 **1**，这就达不到 Q 和 $\overline{Q}$ 的状态必须相反的逻辑要求。但当负脉冲同时除去后，锁存器将由各种偶然因素决定其最终状态。因此这种情况在使用中应禁止出现。为保证由与非门构成的基本 RS 锁存器始终工作于定义状态，输入信号应遵守 $\overline{R}+\overline{S}=1$ 或 $RS=0$ 约束条件，也就是说不允许 $\overline{R}=\overline{S}=0$ 或 $R=S=1$。

表 4-1 是由与非门组成的基本 RS 锁存器的逻辑状态表，如图 4-4 所示是其典型的工作波形，两者可对照分析。

表 4-1　　　　由与非门组成的基本 RS 锁存器的逻辑状态表

$\overline{R}$	$\overline{S}$	Q^n	Q^{n+1}	功能
0	0	0 1	× × } ×	禁用
0	1	0 1	0 0 } 0	置 0
1	0	0 1	1 1 } 1	置 1
1	1	0 1	0 1 } Q^n	保持

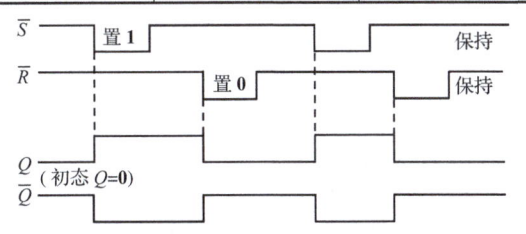

图 4-4　由与非门组成的基本 RS 锁存器典型的工作波形

如图 4-2(b)所示是由与非门组成的基本 RS 锁存器的逻辑符号，图中输入端引线上方的小圆圈表示锁存器用负脉冲来置 **0** 或置 **1**，即**低电平有效**，故用 $\overline{R}$ 和 $\overline{S}$ 表示。

例 4-1 将如图 4-5(a)所示的 $\overline{R}$ 和 $\overline{S}$ 波形应用于图 4-2 中的锁存器上,确定在 Q 和 $\overline{Q}$ 输出上将会观察到的波形。假设 Q 的初始值为低电平。

解: Q 和 $\overline{Q}$ 的输出波形如图 4-5(b)所示,其中,要注意的是,为了保证锁存器始终工作在定义状态,输入信号要遵守 $\overline{R}+\overline{S}=1$ 或 $RS=0$ 的约束条件,也就是说 $\overline{R}$ 和 $\overline{S}$ 不同时为 **0**。

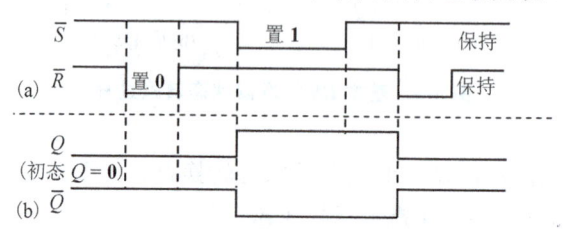

图 4-5 例 4-1 的波形

例 4-2 将如图 4-6(a)所示的 $\overline{R}$ 和 $\overline{S}$ 波形应用于图 4-2 中的锁存器上,确定在 Q 和 $\overline{Q}$ 输出上将会观察到的波形。假设 Q 的初始值为低电平。

解: Q 和 $\overline{Q}$ 的输出波形如图 4-6(b)所示,其中,要注意的是当 $\overline{S}=\overline{R}=\mathbf{0}$ 时,$Q=\overline{Q}=\mathbf{1}$,随着 $\overline{R}$ 和 $\overline{S}$ 的状态不一样,Q 和 $\overline{Q}$ 的状态也不一样。

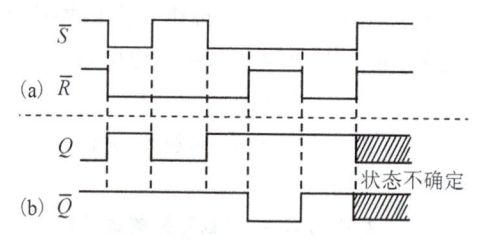

图 4-6 例 4-2 的波形

例 4-3 将如图 4-7(a)所示的 $\overline{R}$ 和 $\overline{S}$ 波形应用于图 4-2 中的锁存器上,确定在 Q 和 $\overline{Q}$ 输出上将会观察到的波形。假设 Q 的初始值为低电平。

解: Q 和 $\overline{Q}$ 的输出波形如图 4-7(b)所示,其中,要注意的是,当 $\overline{S}=\overline{R}=\mathbf{0}$ 时,$Q=\overline{Q}=\mathbf{1}$,如果后面的 $\overline{R}$ 和 $\overline{S}$ 同时跳变的话,则 Q 和 $\overline{Q}$ 的状态无法确定。

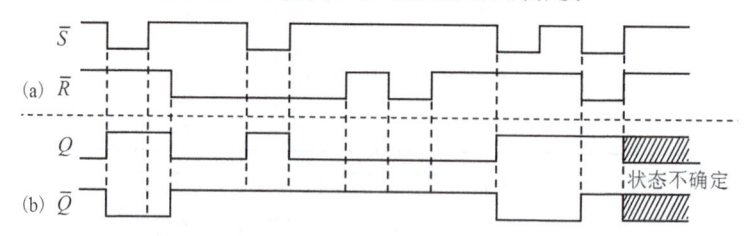

图 4-7 例 4-3 的波形

2. 基本 RS 锁存器的动态特性

前面的讨论仅考虑了电路的逻辑关系,没有涉及门电路输出信号对输入信号的时间延迟,即电路的动态特性。而构成图 4-2(a)所示电路的两个与非门在工作时都存在一定的传输延迟,当输入信号 $\overline{S}$ 或 $\overline{R}$ 变为低电平后,输出信号 Q 和 $\overline{Q}$ 需要经过一定延迟才会产生变化。这种延迟有时会影响被其驱动的后续电路的动作,可能造成错误的逻辑输出或出现工作不稳定的情况。

为了保证锁存器在工作时能可靠地翻转,有必要分析锁存器的动态翻转过程,并找出对输入信号、脉冲信号以及它们互相配合关系的要求。

(1) 脉冲宽度 t_w

首先需要分析门电路存在传输延迟时间后基本 RS 锁存器的翻转过程。图 4-8 所示为由与非门组成的基本 RS 锁存器的动态波形。为方便起见,假定所有门电路的平均传输延迟时间都相同,用 t_{pd} 表示。

设锁存器的初始状态为 $Q=0,\overline{Q}=1$,输入信号波形如图 4-8 所示。当 $\overline{S}$ 的下降沿到达后,经过门 G_1 的传输延迟时间 t_{pd},Q 端变为高电平。这个高电平加到门 G_2 的输入端,再经过门 G_2 的传输延迟时间 t_{pd},使 $\overline{Q}$ 变为低电平。当 $\overline{Q}$ 的低电平反馈到 G_1 的输入端以后,使 $\overline{S}=0$ 的信号消失(即 $\overline{S}$ 回到高电平),锁存器被置成的 $Q=1$ 状态也将保持下去。可见,为保证锁存器可靠地翻转,必须等到 $\overline{Q}=0$ 的状态反馈到 G_1 的输入以后,$\overline{S}=0$ 的信号才可以取消。因此,$\overline{S}$ 输入的低电平脉冲宽度应满足

$$t_w \geqslant 2t_{pd}$$

同理,如果从 $\overline{R}$ 端输入置 0 信号,其宽度也必须不小于 $2t_{pd}$。

(2) 传输延迟时间 t_{pLH} 和 t_{pHL}

从输入信号到达起,到锁存器输出端新状态稳定地建立起来为止,所经过的这段时间称为锁存器的传输延迟时间。从上面的分析已经可以看出,输出端从低电平变为高电平的传输延迟时间 t_{pLH} 和从高电平变为低电平的传输延迟时间 t_{pHL} 是不相等的,它们分别为

$$t_{pLH} = t_{pd}$$
$$t_{pHL} = 2t_{pd}$$

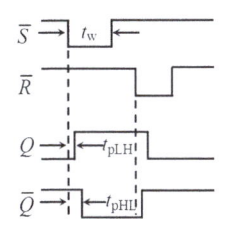

图 4-8 由与非门组成的基本 RS 锁存器的动态波形

3. 用或非门构成的基本 RS 锁存器

基本 RS 锁存器也可以用或非门组成,如图 4-9(a)所示。

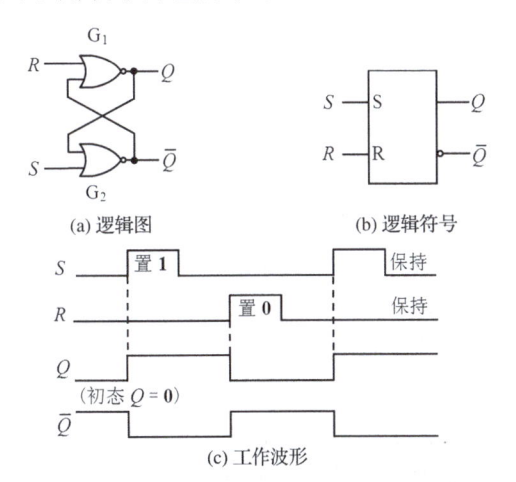

图 4-9 由或非门组成的基本 RS 锁存器

与前者不同的是,它用正脉冲来置 0 或置 1,即**高电平有效**。它的逻辑状态表见表 4-2,

可与图 4-9(c)的波形图对照分析，并与表 4-1 比较。

表 4-2　　　　　由或非门组成的基本 RS 锁存器的逻辑状态表

R	S	Q^n	Q^{n+1}	功能
0	0	0 1	0 1 ⎬ Q^n	保持
0	1	0 1	1 1 ⎬ 1	置1
1	0	0 1	0 0 ⎬ 0	置0
1	1	0 1	× × ⎬ ×	禁用

当输入 $R=S=1$ 时，$Q=\overline{Q}=0$，这既不是定义的 **1** 状态，也不是定义的 **0** 状态。而且在 S 和 R 同时回到 **0** 以后无法判断锁存器将回到 **1** 状态还是 **0** 状态。因此，在正常工作时输入信号应遵守 $RS=0$ 的约束条件，也就是说不允许 $R=S=1$。

应该注意的是其传输延迟时间将为

$$t_{pLH} = 2t_{pd}$$
$$t_{pHL} = t_{pd}$$

4. 应用举例

基本 RS 锁存器在消除机械开关接触"抖动"中得到很好的应用。

机械开关（例如按键、波动开关和继电器等）常常用作数字系统的逻辑电平输入装置。当开关的触点和开关闭合处的接触面撞击时，通常会发生几次物理振动或抖动，使 v_o 的逻辑电平多次在 **0** 和 **1** 之间跳变后，才能形成最后的固定接触，如图 4-10 所示。虽然这些抖动的持续时间很短，但是它们会产生电压尖脉冲，导致错误逻辑输入数字系统，这些错误在数字系统中常常是不可接受的，通常需要采用一些软硬件方法来克服其不良影响。

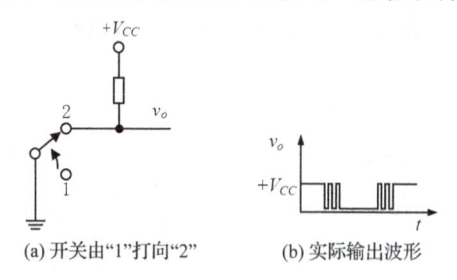

(a) 开关由"1"打向"2"　　(b) 实际输出波形

图 4-10　机械开关的"抖动"现象

基本 RS 锁存器是可以用来消除开关抖动影响的硬件方案，如图 4-11 所示。这个开关一般处在位置 1，保持 $\overline{R}$ 输入为低电平和锁存器复位。当开关合向位置 2 时，由于上拉电阻连接 V_{CC}，$\overline{R}$ 就变成高电平，开关闭合的第一次接触，$\overline{S}$ 变成低电平。尽管在开关抖动之前，$\overline{S}$ 在低电平上仅仅保持了很短的时间，但是这点时间足以使锁存器置位。此后，由于开关抖动在 $\overline{S}$ 输入上产生的任何电压尖脉冲都不会影响锁存器，因此保持为置位状态。注意锁存器的 Q 输出提供了从低电平到高电平的净变化，因此消除了由于触点抖动而产生的电压尖脉冲。类似的，当开关拨回到位置 1 时，就会产生从高电平到低电平的净变化。

(a) 电路图　　　　　　　　(b) 波形图

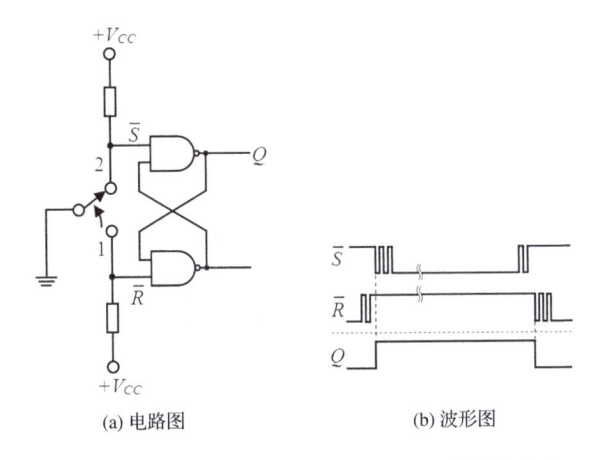

图 4-11　基本 RS 锁存器构成机械开关去抖动电路

4.2.2　门控 RS 锁存器

基本 RS 锁存器可以增加使能信号控制锁存器在某个指定时刻进行状态的变化。由使能信号 E 控制的锁存器称为门控 RS 锁存器。通过控制 E 端电平，可以实现多个锁存器同步的数据锁存。

图 4-12 所示是门控 RS 锁存器的逻辑图，其中，与非门 G_1 和 G_2 组成基本 RS 锁存器，与非门 G_3 和 G_4 组成输入控制电路。R 端和 S 端是置 **0** 或置 **1** 信号输入端，高电平有效。

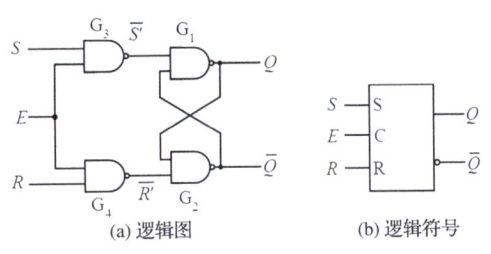

(a) 逻辑图　　　　　　　　(b) 逻辑符号

图 4-12　门控 RS 锁存器

当使能信号 $E=0$ 时，不论 R 端和 S 端的电平如何变化，G_3 门和 G_4 门的输出均为 **1**，锁存器保持原状态不变。只有当 $E=1$ 时，锁存器才按 R 端和 S 端的输入状态来决定其输出状态。使能信号过去后，输出状态不变。现就 $E=1$ 时分四种情况进行分析。

(1) $R=\mathbf{0},S=\mathbf{1}$

这时，G_3 的输出端 $\overline{S'}=\mathbf{0}$，G_4 的输出端 $\overline{R'}=\mathbf{1}$。它们即基本 RS 锁存器的输入，故 $Q=\mathbf{1},\overline{Q}=\mathbf{0}$。其状态转换过程如图 4-13(a) 所示。

(2) $R=\mathbf{1},S=\mathbf{0}$

状态转换过程如图 4-13(b) 所示，这时 $Q=\mathbf{0},\overline{Q}=\mathbf{1}$。

(3) $R=\mathbf{0},S=\mathbf{0}$

显然，这时 $\overline{R'}=\mathbf{1}$，$\overline{S'}=\mathbf{1}$，锁存器保持现态不变。

(4) $R=\mathbf{1},S=\mathbf{1}$

$S(1)$ → $\overline{S'}(0)$ ○─ S $Q(1)$
$E(1)$
$R(0)$ → $\overline{R'}(1)$ ○─ R $\overline{Q}(0)$

(a) $\overline{R}=0, \overline{S}=1$

$S(0)$ → $\overline{S'}(1)$ ○─ S $Q(0)$
$E(1)$
$R(1)$ → $\overline{R'}(0)$ ○─ R $\overline{Q}(1)$

(b) $\overline{R}=1, \overline{S}=0$

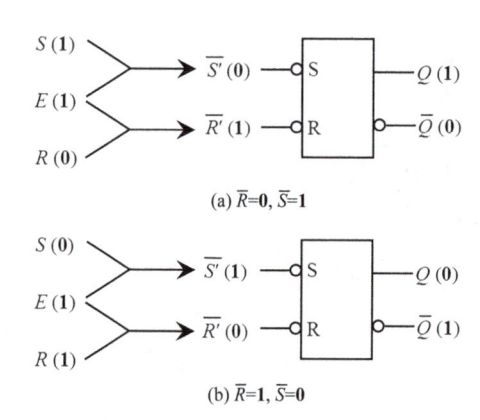

图 4-13 门控 RS 锁存器状态转换过程

这时,$\overline{R'}=0, \overline{S'}=0$,应禁用。

图 4-14 所示为门控 RS 锁存器的工作波形。表 4-3 是门控 RS 锁存器的逻辑状态表,它可与波形图对照分析。

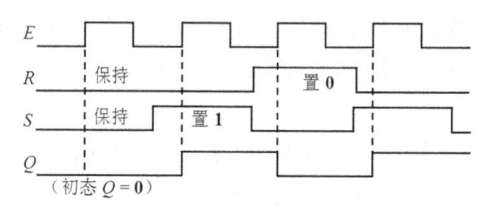

图 4-14 门控 RS 锁存器的工作波形

表 4-3   门控 RS 锁存器的逻辑状态表

E	R	S	Q^n	Q^{n+1}	功能
0	×	×	0 1	0 1 } Q^n	保持
1	0	0	0 1	0 1 } Q^n	保持
1	0	1	0 1	1 1 } 1	置 1
1	1	0	0 1	0 0 } 0	置 0
1	1	1	0 1	× × } ×	禁用

从表 4-3 可见,只有当 $E=1$ 时锁存器输出端的状态才受输入信号的控制,而且在 $E=1$ 时这个特性表和基本 RS 锁存器的特性表相同。输入信号同样需要遵守 $RS=0$ 的约束条件,也就是说不允许 $R=S=1$。

例 4-4 已知门控 RS 锁存器的输入信号波形如图 4-15(a)所示,试画出 Q 和 $\overline{Q}$ 端的电压波形。设锁存器的初始状态为 $Q=0$。

解: 由给定的输入电压波形可见,在第一个 E 高电平期间先是 $S=1, R=0$,输出被置成 $Q=1, \overline{Q}=0$。随后输入变成了 $S=R=0$,输出状态保持不变。最后输入又变为 $S=0$,

$R=1$，将输出置成 $Q=0,\overline{Q}=1$，故 E 回到低电平以后锁存器停留在 $Q=0,\overline{Q}=1$ 的状态。输出端电压波形如图 4-15(b) 所示。

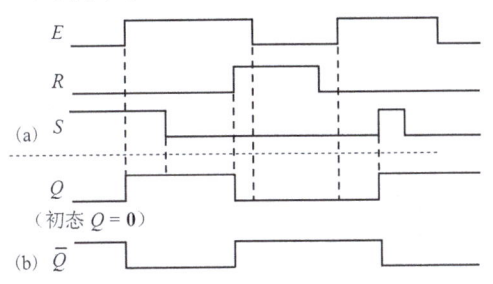

图 4-15 例 4-4 的波形

例 4-5 已知门控 RS 锁存器的输入信号波形如图 4-16(a) 所示，试画出 Q 和 $\overline{Q}$ 端的电压波形。设锁存器的初始状态为 $Q=0$。

解：根据门控 RS 锁存器的工作原理可知，只有在 E 高电平期间 Q 和 $\overline{Q}$ 才会随着 S 和 R 的状态而改变。在 E 高电平期间，$S=R=1$ 时，$Q=\overline{Q}=1$。下一个 S 和 R 的状态将重新决定 Q 和 $\overline{Q}$ 的状态，随后的输入信号变成了 $S=R=0$，因为 $Q=\overline{Q}=1$ 不是逻辑互补状态，所以无法确定后续的保持状态。输出端电压波形如图 4-16(b) 所示。

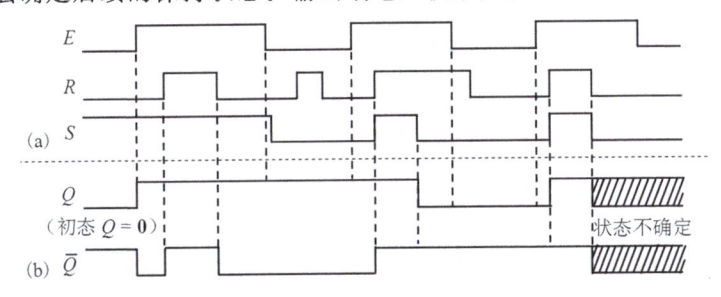

图 4-16 例 4-5 的波形

4.3 触发器

很多时序电路要求存储电路只对时钟信号的上升沿或下降沿敏感，而在其他时刻保持状态不变。这种对时钟脉冲边沿敏感的状态更新称为**触发**，具有触发工作特性的存储电路单元称为**触发器**(Flip Flop)。触发器在每次时钟触发沿到来之前的状态称为**现态**，之后的状态称为**次态**。电路结构不同的触发器对时钟脉冲的敏感边沿可能不同，分为**上升沿触发**和**下降沿触发**。以 CP 命名上升沿触发的时钟信号，触发边如图 4-17(a) 波形中的箭头所示；以 $\overline{CP}$ 命名下降沿触发的时钟信号，触发沿如图 4-17(b) 波形中的箭头所示。

(a) 脉冲上升沿触发　　(b) 脉冲下降沿触发

图 4-17 触发器对时钟信号的响应

触发器通常按逻辑功能可分为 RS 触发器、JK 触发器、D 触发器和 T 触发器等类型,其逻辑符号如图 4-18 所示,各逻辑方框内分别标明了时钟信号与不同输入信号的控制关系,图中均表示以上升沿触发。下降沿触发的逻辑符号是在 CP 输入端靠近方框处用一小圆圈表示,如图 4-19 所示。触发器的逻辑功能是指以输入信号和现态为变量,以次态为函数的逻辑关系,可以用特性表、特性方程或状态图来描述这种关系。同一种逻辑功能的触发器可以由不同的电路结构来实现;而以某一种基本电路结构为基础,也可以构成不同逻辑功能的触发器。本节将通过常用的触发器电路结构介绍触发器的逻辑功能。

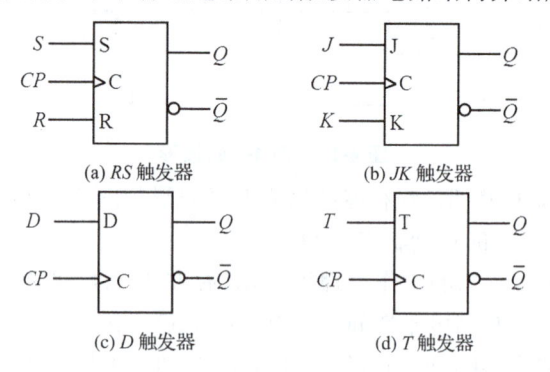

图 4-18 不同逻辑功能触发器的逻辑符号(上升沿触发)

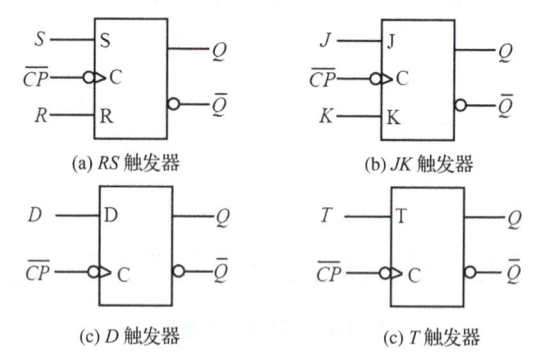

图 4-19 不同逻辑功能触发器的逻辑符号(下降沿触发)

4.3.1 RS 触发器

1. 逻辑电路

如图 4-20 所示是 RS 触发器的逻辑电路图,它与门控锁存器的最大区别是与非门 G_3 和 G_4 组成的输入控制电路受 CP 信号控制,当 $CP=0$ 时,G_3 和 G_4 被封锁,R,S 不会影响触发器的状态;当 $CP=1$ 时,G_3 和 G_4 都打开,将 R,S 端的信号传送到由与非门 G_1 和 G_2 组成的基本 RS 锁存器的输入端,使输出状态得以改变。

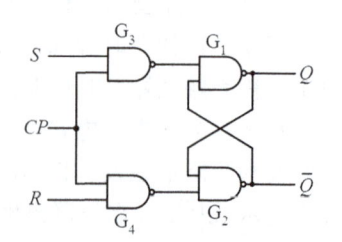

图 4-20 RS 触发器的逻辑电路图

2. 特性表

RS 触发器是仅有置位和复位功能的触发器,RS 触发器的逻辑状态表,见表 4-4。

表 4-4   RS 触发器的逻辑状态表

R	S	Q^n	Q^{n+1}	功能
0	0	0 1	$\left.\begin{array}{l}0\\1\end{array}\right\}Q^n$	保持
0	1	0 1	$\left.\begin{array}{l}1\\1\end{array}\right\}1$	置位
1	0	0 1	$\left.\begin{array}{l}0\\0\end{array}\right\}0$	复位
1	1	0 1	$\left.\begin{array}{l}\times\\\times\end{array}\right\}\times$	禁用

3. 特性方程

由表 4-4 结合约束条件限制，可以写出 RS 触发器的特性方程为

$$\begin{cases} Q^{n+1}=S+\overline{R}Q^n \\ RS=0 \text{（约束条件）} \end{cases}$$

4. 状态图

RS 触发器的状态图如图 4-21 所示，它可由表 4-4 导出。每根方向线旁标有两个逻辑值，即输入信号 R,S 的逻辑值。

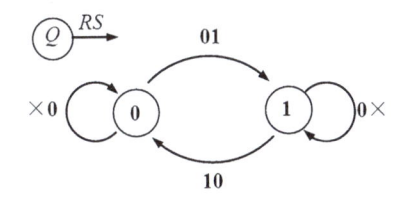

图 4-21　RS 触发器的状态图

例 4-6 已知 RS 触发器的输入信号波形如图 4-22(a)所示，试画出 Q 和 $\overline{Q}$ 端的电压波形。设触发器的初始状态为 $Q=0$。

解：根据时钟信号 $\overline{CP}$ 可知，该触发器为下降沿触发，输出信号的状态改变均发生在下降沿时刻。而当输入信号为 $R=0,S=0$ 时，输出状态保持不变。输出端电压波形如图 4-22(b)所示。

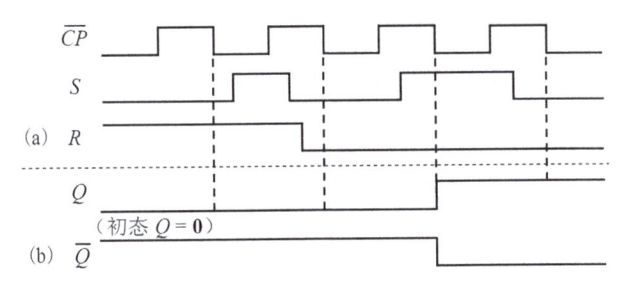

图 4-22　例 4-6 的波形

例 4-7 已知 RS 触发器可组成如图 4-23 所示的逻辑电路图，试写出 Q 的次态函数(Q 与现态和输入变量的函数式)，并画出在图 4-24(a)所给定信号的作用下，Q 端的电压波形。设触发器的初始状态为 $Q=0$。

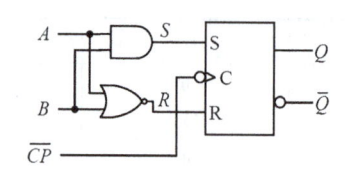

图 4-23 例 4-7 的逻辑电路图

解:由逻辑电路图可以看出 RS 触发器输入信号 R,S 端均由逻辑门电路组成,即

$$S=AB, R=\overline{A+B}$$

将以上函数代入 RS 触发器的特性方程,即

$$Q^{n+1}=S+\overline{R}\,Q^n$$

可得到 Q 的次态函数为

$$Q^{n+1}=AB+\overline{(\overline{A+B})}\,Q^n$$

化简可得

$$Q^{n+1}=AB+(A+B)Q^n$$

输出端电压波形如图 4-24(b)所示,其中要注意 Q 端状态的改变是在时钟的下降沿触发。

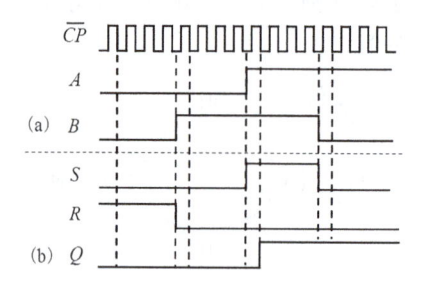

图 4-24 例 4-7 的波形

4.3.2 JK 触发器

1. 主从型 JK 触发器

如图 4-25 所示是主从型 JK 触发器的逻辑图,它由两个 RS 触发器 A_1,A_2 串联组成,其中 G_1,G_2,G_3,G_4 组成从触发器 A_1;G_5,G_6,G_7,G_8 组成主触发器 A_2。时钟脉冲先使主触发器翻转,而后使从触发器翻转,这就是"主从型"的由来。此外,还有一个非门 G_9 将两个触发器联系起来。J 和 K 是信号输入端,它们分别与 $\overline{Q}$ 和 Q 构成与逻辑关系,成为主触发器的 S 端和 R 端,即 $S=J\overline{Q},R=KQ$。

从触发器的 S' 和 R' 端即主触发器的输出端 Q' 和 $\overline{Q'}$。

下面分四种情况来分析主从型 JK 触发器的逻辑功能。

(1) $J=1,K=1$

设时钟脉冲来到之前($CP=0$)触发器的初始状态 $Q=0$。这时主触发器的 $S=J\overline{Q}=1$, $R=KQ=0$,当时钟脉冲到来后($CP=1$),主触发器即翻转为 1 态。当 CP 从 1 下跳为 0 时,非门输出为 1,由于这时从触发器的 $S=1,R=0$,它也翻转为 1 态。主、从触发器状态一致。反之,设触发器的初始状态为 1,同样分析可知,主、从触发器都翻转为 0 态。

可见 JK 触发器在 $J=K=1$ 的情况下,来一个时钟脉冲,就使它翻转一次,即 $Q^{n+1}=$

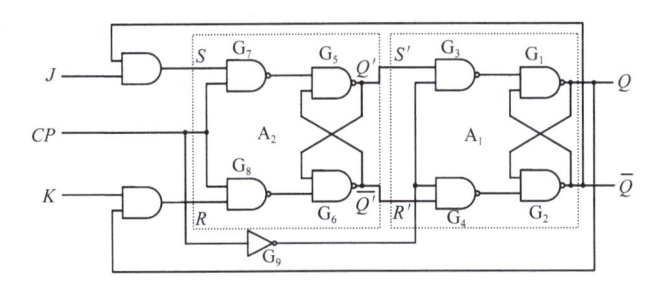

图 4-25　主从型 JK 触发器的逻辑图

$\overline{Q^n}$。这表明，触发器具有翻转(计数)功能。

(2) $J=0, K=0$

设触发器的初始状态为 **0**。当 $CP=1$ 时，主触发器的 $S=0, R=0$，它的状态保持不变。当 CP 下跳时，由于从触发器的 $S=0, R=1$，因此它的状态也保持现态不变。如果初始状态为 **1**，亦如此。

(3) $J=1, K=0$

设触发器的初始状态为 **0**。当 $CP=1$ 时，主触发器的 $S=1, R=0$，它翻转为 **1** 态。当 CP 下跳时，由于从触发器的 $S=1, R=0$，因此它也翻转为 **1** 态。如果初始状态为 **1**，当 $CP=1$ 时，主触发器的 $S=0, R=0$，它保持现态不变。当 CP 下跳时，由于从触发器的 $S=1, R=0$，因此它的状态也保持现态不变。

(4) $J=0, K=1$

无论触发器原来处于什么状态，下一个状态一定是 **0** 态。

2. 特性表

表 4-5 为 JK 触发器的逻辑状态表，表中列出了触发器的输入信号 J, K 和现态 Q^n 在不同组合条件下的次态。

表 4-5　　　　　　　　　　JK 触发器的逻辑状态表

J	K	Q^n	Q^{n+1}	功能
0	0	0 1	0 1 } Q^n	保持
0	1	0 1	0 0 } 0	置 0
1	0	0 1	1 1 } 1	置 1
1	1	0 1	1 0 } $\overline{Q^n}$	翻转(计数)

3. 特性方程

表 4-5 可以写成 JK 触发器次态的逻辑表达式，经化简可得其特征方程为

$$Q^{n+1}=J\,\overline{Q^n}+\overline{K}\,Q^n$$

4. 状态图

JK 触发器的状态图如图 4-26 所示，它可从表 4-5 导出。图 4-26 中，圆圈内为触发

器的状态 Q,分别标 **0** 和 **1** 的两个圆圈代表了触发器的两个状态;四根带箭头的方向线表示状态转换的方向,分别对应逻辑状态表中的次态 Q^{n+1};方向线旁边标出了状态转换的条件,每根方向线旁都标有两个逻辑值,分别为 J,K 的值。可以注意到,在每一个转换方向上,J,K 中总有一个是无关变量。

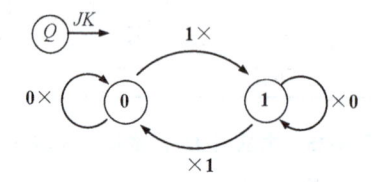

图 4-26 JK 触发器的状态图

在所有逻辑类型的触发器中,JK 触发器具有最强的逻辑功能,在外部 J,K 信号控制下,它能执行保持、置 **1**、置 **0** 和翻转(计数)四种操作,并可通过简单的附加电路转换为其他功能的触发器。

例 4-8 图 4-27(a)中的波形图加在上升沿触发的 JK 触发器上。确定 Q 的输出状态,假设开始位于复位状态。

解:Q 的输出状态由时钟脉冲上升沿 J 和 K 的状态所确定。在时钟触发边沿到来以后,J 和 K 的变化不会对输出产生影响,如图 4-27(b)所示。

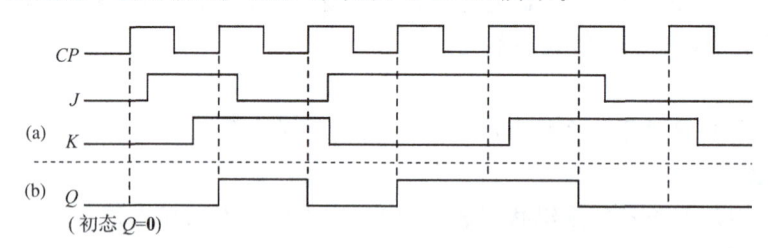

图 4-27 例 4-8 的波形

例 4-9 已知 JK 触发器组成如图 4-28 所示的逻辑电路图,试写出 Q 的次态函数,并画出在图 4-29(a)所给定信号的作用下 Q 端的电压波形。设触发器的初始状态为 $Q=0$。

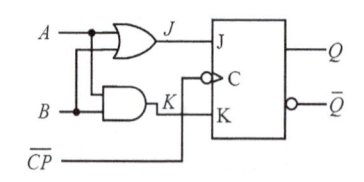

图 4-28 例 4-9 的逻辑电路图

解:由电路图可以看出 JK 触发器的输入信号 J,K 端均由逻辑门电路组成,即
$$J=A+B, K=AB$$
将以上函数代入 JK 触发器的特性方程,有
$$Q^{n+1}=J\overline{Q^n}+\overline{K}Q^n$$
可得到

$$Q^{n+1} = (A+B)\overline{Q^n} + \overline{AB}\,Q^n$$

输出端电压波形如图 4-29(b)所示,其中要注意 Q 端状态的改变是在时钟的下降沿触发。

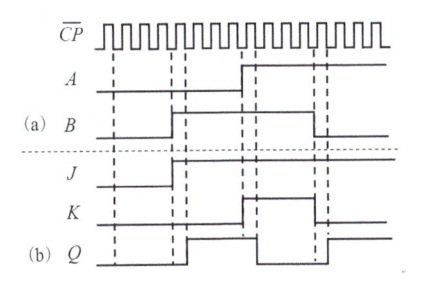

图 4-29 例 4-9 的波形

4.3.3 D 触发器

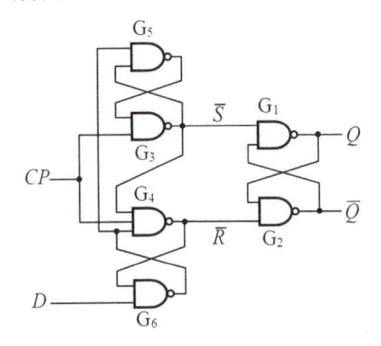

1. 维持阻塞型 D 触发器

维持阻塞型 D 触发器是目前用得比较多的一种 D 触发器。图 4-30 所示是维持阻塞型 D 触发器的逻辑图,它由六个与非门组成,其中 G_1,G_2 组成基本 RS 锁存器;G_3,G_4 组成时钟控制电路;G_5,G_6 组成数据输入电路。

下面分两种情况来分析维持阻塞型 D 触发器的逻辑功能。

(1) $D=0$

当时钟脉冲到来之前,即 $CP=0$ 时,G_3,G_4 和 G_6 的输出均为 1,G_5 由于输入端全为 1 而输出为 0。这时,触发器的状态保持不变。

当时钟脉冲从 0 上跳为 1,即 $CP=1$ 时,G_6,G_5 和 G_3 的输出保持原状态不变,G_4 由于输入端全为 1,因此输出由 1 变成 0。这个负脉冲一方面使基本触发器置 0,同时反馈到 G_6 的输入端,使在 $CP=1$ 期间,不论 D 做何变化,触发器都保持 0 态不变。

图 4-30 维持阻塞型 D 触发器的逻辑图

(2) $D=1$

当 $CP=0$ 时,G_3 和 G_4 的输出均为 1,G_6 的输出为 0,G_5 的输出为 1。这时,触发器的状态保持不变。

当 $CP=1$ 时,G_3 的输出由 1 变为 0。这个负脉冲使基本触发器置 1,同时反馈到 G_4 和 G_5 的输入端,使在 $CP=1$ 期间不论 D 做何变化,只能改变 G_6 的输出状态,而其他门均保持不变,即触发器保持 1 态不变。

2. 特性表

表 4-6 是 D 触发器的逻辑状态表，表中列出了触发器的输入信号 D 和现态 Q^n 在不同组合条件下的次态 Q^{n+1}。

表 4-6　　　　　　　　　　D 触发器的逻辑状态表

D	Q^n	Q^{n+1}	功能
0	0 1	0 ⎫ 0 ⎭ 0	置 0
1	0 1	1 ⎫ 1 ⎭ 1	置 1

3. 特性方程

表 4-6 可以写成 D 触发器次态的逻辑表达式，其逻辑功能为输出端 Q 的状态随着输入端 D 的状态变化而变化，但总比输入端状态的变化晚一步，即某个时钟脉冲来到之后 Q 的状态和该脉冲来到之前 D 的状态一样。于是 D 触发器的特性方程可写成

$$Q^{n+1}=D$$

4. 状态图

D 触发器的状态图如图 4-31 所示，它可从表 4-6 导出。每根方向线旁只标有一个逻辑值，即输入信号 D 的逻辑值。

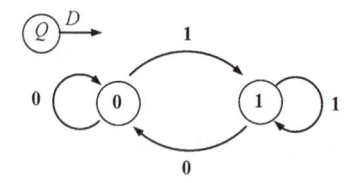

图 4-31　D 触发器的状态图

例 4-10 将图 4-32(a) 中的波形图加在下降沿触发的 D 触发器上。确定 Q 输出，假设开始位于复位状态。

解：在下降时钟边沿上，Q 输出的状态变换为 D 输入的状态，结果输出如图 4-32(b) 所示。

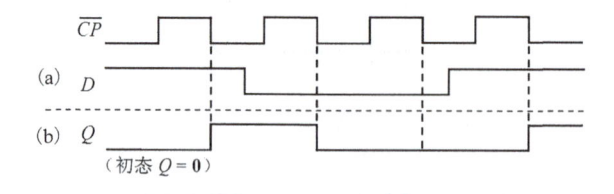

图 4-32　例 4-10 的波形

例 4-11 已知 D 触发器组成如图 4-33 所示的逻辑电路图，试写出 Q 的次态函数，并画出在图 4-34(a) 所给定信号的作用下，Q 端的电压波形。设触发器的初始状态为 $Q=0$。

解：由电路图可以看出 D 触发器输入信号 D 端由同或门电路组成，即

$$D=A\odot B$$

将以上函数代入 D 触发器的特性方程,有
$$Q^{n+1}=D$$
可得到
$$Q^{n+1}=A\odot B$$
输出端电压波形如图 4-34(b)所示,其中要注意 Q 端状态的改变是时钟的上升沿。

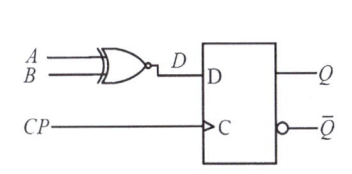

图 4-33 例 4-11 的逻辑电路图

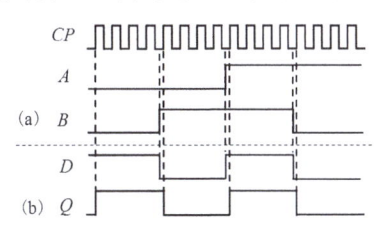

图 4-34 例 4-11 的波形

4.3.4 T 触发器

在某些应用场合下,需要这样一种逻辑功能的触发器,当控制信号 $T=1$ 时,每来一个时钟信号它的状态就翻转一次;而当 $T=0$ 时,时钟信号到达后它的状态保持不变。具备这种逻辑功能的触发器称为 T 触发器。

1. 特性表

表 4-7 是 T 触发器的逻辑状态表。

表 4-7　　　　　　　　　T 触发器的逻辑状态表

T	Q^n	Q^{n+1}	功能
0	0	0	保持
	1	1	
1	0	1	翻转(计数)
	1	0	

2. 特性方程

表 4-7 可以写成 T 触发器的特性方程,即
$$Q^{n+1}=T\overline{Q^n}+\overline{T}Q^n$$

3. 状态图

T 触发器的状态图如图 4-35 所示,它可从表 4-7 导出。每根方向线旁只标有一个逻辑值,即输入信号 T 的逻辑值。

由此可知,T 触发器的功能:$T=1$ 时为翻转状态,$Q^{n+1}=\overline{Q^n}$;$T=0$ 时为保持状态,$Q^{n+1}=Q^n$。

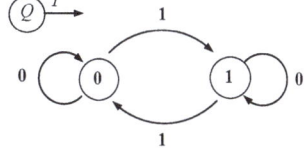

图 4-35 T 触发器的状态图

4. T' 触发器

当 T 触发器的 T 输入端固定接在高电平时($T=1$),代入 T 触发器的特性方程,则得到 $Q^{n+1}=\overline{Q^n}$,也就是说,时钟脉冲每作用一次,触发器就翻转一次。这种特定的 T 触发器常在集成电路内部逻辑图中出现,其输入只有时钟信号,有时称为 T' 触发器。

例 4-12 已知 T 触发器组成如图 4-36 所示的逻辑电路图,试写出 Q 的次态函数,并画出在图 4-37(a)所给定信号的作用下 Q 端的电压波形。设触发器的初始状态为 $Q=0$。

解:由电路图可以看出,T 触发器输入信号 T 端由同或门电路组成,即

$$T = \overline{A \oplus B}$$

将以上函数代入 T 触发器的特性方程,有

$$Q^{n+1} = T\overline{Q^n} + \overline{T}Q^n$$

可得到

$$Q^{n+1} = (\overline{A \oplus B})\overline{Q^n} + \overline{\overline{A \oplus B}}\,Q^n$$

输出端电压波形如图 4-37(b)所示,其中要注意 Q 端状态的改变是时钟的上升沿。

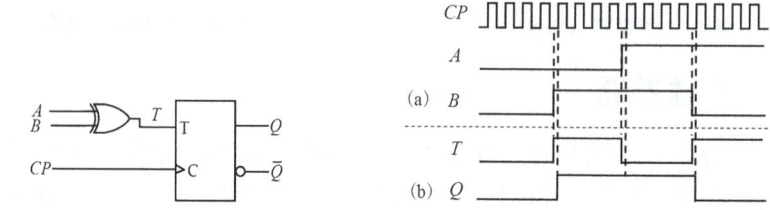

图 4-36 例 4-12 的逻辑电路图   图 4-37 例 4-12 的波形

4.3.5 触发器逻辑功能的转换

根据实际需要,可将某种逻辑功能的触发器经过改接或附加一些门电路后,转换为另一种触发器。下面举例说明。

1. 将 JK 触发器转换为 D 触发器

将 JK 触发器转换为 D 触发器如图 4-38 所示,当 $D=1$,即 $J=1$ 和 $K=0$ 时,在 CP 的上升沿触发器翻转为(或保持)**1** 态;当 $D=0$,即 $J=0$ 和 $K=1$ 时,CP 的上升沿触发器翻转为(或保持)**0** 态。

2. 将 JK 触发器转换为 T 触发器

将 JK 触发器转换为 T 触发器如图 4-39 所示,将 J,K 端连在一起,称为 T 端。当 $T=0$ 时,时钟脉冲作用后触发器状态保持不变;当 $T=1$ 时,触发器具有计数逻辑功能,即 $Q^{n+1} = \overline{Q^n}$。

图 4-38 将 JK 触发器转换为 D 触发器   图 4-39 将 JK 触发器转换为 T 触发器

3. 将 D 触发器转换为 T′ 触发器

如将 D 触发器的 D 端和 $\overline{Q}$ 端相连,就实现将 D 触发器转换为 T′ 触发器,如图 4-40 所示,它的逻辑功能是每来一个时钟脉冲,就翻转一次,即 $Q^{n+1} = \overline{Q^n}$,并具有计数功能。

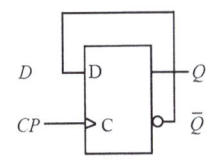

图 4-40 将 D 触发器转换为 T' 触发器

<<< **本章小结** >>>

- 锁存器和触发器与门电路相同均是数字电路的基本组成部分；锁存器和触发器与门电路不同的是其输出状态不仅决定于当时的输入状态，而且还与电路的原来状态有关。
- 锁存器和触发器的相同点是满足约束条件下具有 **0** 和 **1** 两种稳定状态，一旦状态被确定，就能自行保持，一个锁存器或触发器能存储一位二进制码。锁存器和触发器的区别是锁存器对脉冲电平敏感，而触发器对脉冲边沿敏感。
- 触发器根据逻辑功能可分为 RS 触发器、JK 触发器、D 触发器和 T 触发器等类型，本章通过分析典型电路结构的触发器，分别介绍几种触发器的逻辑功能和触发器不同逻辑功能的转换，为后续时序电路的学习提供基础。

<<< **习 题** >>>

4-1 满足约束条件的基本 RS 锁存器具有_____、_____和_____的功能。

4-2 JK 触发器具有_____、_____、_____和_____的功能。

4-3 D 触发器具有_____和_____的功能。

4-4 T 触发器具有_____和_____的功能。

4-5 RS 触发器在满足约束条件下具有_____和_____的功能。

4-6 由与或非组成的 RS 锁存器如图 4-41 所示，试分析其工作原理并列出功能表。

4-7 图 4-41 所示 RS 的锁存器的 E, R, S 端的输入信号波形如图 4-42 所示，试画出 Q 和 $\overline{Q}$ 的波形。设初始状态 $Q=0$。

图 4-41 习题 4-6 图

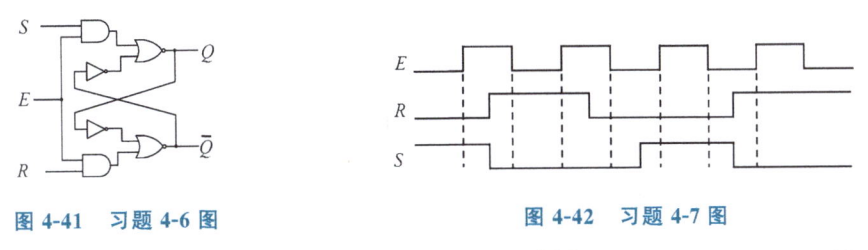

图 4-42 习题 4-7 图

4-8 设下降沿触发的 JK 触发器初始状态为 **0**，$\overline{CP}, J, K$ 信号如图 4-43 所示，试画出触发器 Q 端的输出波形。

4-9 上升沿触发和下降沿触发的 D 触发器逻辑符号及时钟信号 $CP(\overline{CP})$ 和输入信号 D 的波形如图 4-44 所示，分别画出它们的 Q 端波形。设触发器的初始状态为 **0**。

图 4-43 习题 4-8 图

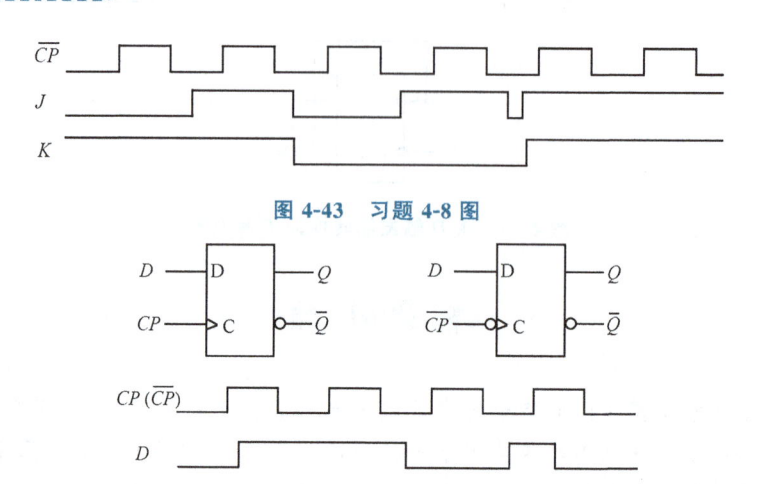

图 4-44 习题 4-9 图

4-10 逻辑电路图如图 4-45 所示，设各触发器的初始状态为 **0**，画出在 $\overline{CP}$ 脉冲作用下 Q_1，Q_2，Q_3，Q_4 端的波形。

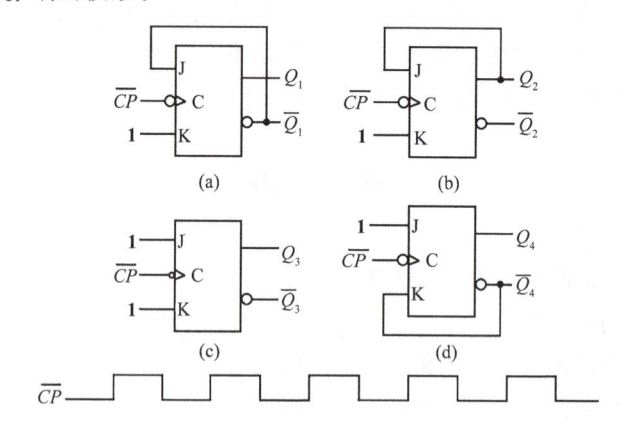

图 4-45 习题 4-10 图

4-11 逻辑电路图如图 4-46 所示，已知 $\overline{CP}$ 和 X 的波形，试画出 Q_1 和 Q_2 的波形，触发器的初始状态均为 **0**。

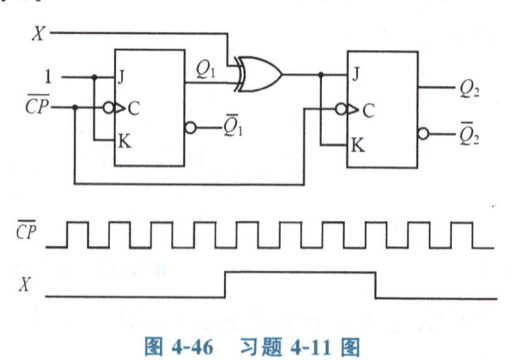

图 4-46 习题 4-11 图

第5章 DI-WU ZHANG
时序逻辑电路

思政目标

时序逻辑电路是除组合逻辑电路外另一类重要的逻辑电路,在讲述分析和设计方法时,从时序逻辑方程组和其他几种描述方法中理解辩证法中事物的多样性,坚持正确的方法论;对于同步时钟的作用,引导学生重视协作精神,遵纪守法,自觉维护国家稳定;对于集成芯片功能而非内部结构的讲解,引导学生要善于抓主要矛盾,抓大放小,提高学习效率。

本章在组合逻辑电路和触发器、锁存器的基础上讨论时序逻辑电路。

首先,概要地讲述时序逻辑电路在逻辑功能和电路结构上的特点,并详细介绍时序逻辑电路分析和设计的具体方法和步骤。然后分别介绍寄存器、计数器等各类常用时序逻辑电路的工作原理和使用方法。

5.1 概述

由于时序逻辑电路(简称时序电路)在任一时刻的输出信号不仅与当时的输入信号有关,而且还与电路原来的状态有关,因此时序逻辑电路中除具有逻辑运算功能的组合电路外,还必须含有存储单元或延迟单元,由它将某一时刻前的电路状态保存下来。这些存储单元或延迟单元主要由触发器或锁存器组成。

以串行加法器电路为例,当两个多位数相加时,采取从低位到高位逐位相加的方式。由于每一位相加的结果不仅取决于本位的两个加数,还与低一位是否有进位有关,因此完整的串行加法器电路除了应该具有将两个加数和来自低位的进位相加的逻辑能力外,还必须具备记忆功能,这样才能把本位相加后的进位结果保存下来,以备高一位进行加法时使用。

时序电路的基本结构如图5-1所示,它由完成逻辑运算的组合电路和有记忆作用的存储电路两部分组成,其中,存储电路由触发器或锁存器组成。为了方便,图中各组逻辑变量均以向量形式表示,其中,$I=(I_1,I_2,\cdots,I_i)$为**输入信号**,$O=(O_1,O_2,\cdots,O_j)$为**输出信号**,$E=(E_1,E_2,\cdots,E_k)$为驱动存储电路转换为下一状态的**激励信号**,而 $S=(S_1,S_2,\cdots,S_m)$为存储电路的状态,称为**状态信号**,它表示时序电路当前的状态,简称**现态**。电路的下一状态称为**次态**。

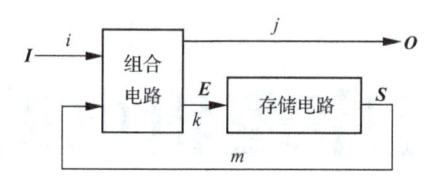

图 5-1 时序电路的基本结构

上述四组变量的逻辑关系可由以下三个向量函数形式的方程来表达:

激励方程为

$$E=f(I,S) \tag{5-1}$$

状态转换方程为

$$S^{n+1}=g(E,S^n) \tag{5-2}$$

输出方程为

$$O=h(I,S) \tag{5-3}$$

这三个函数形式的方程分别对应于表达时序电路的三个基本方程组:**激励方程组**、**状态转换方程组**(简称**转换方程组**)和**输出方程组**。

由于存储电路中触发器的动作特点不同,在时序电路中又分为**同步时序电路**和**异步时序电路**。在同步时序电路中,所有触发器状态的变化都是在同一时钟信号操作下同时发生的。在异步时序电路中,触发器状态的变化不是同时发生的。

此外,根据输出信号的特点可将时序电路划分为**米利(Meal)型时序电路**和**穆尔(Moor)型时序电路**两种。在米利型时序电路中,输出信号不仅取决于存储电路的状态,而且还取决于输入变量;在穆尔型时序电路中,输出信号仅仅取决于存储电路的状态。可见,穆尔型时序电路是米利型时序电路的一种特例,由于其与输入无关,因此稳定性和抗干扰性能更好。

5.2 同步时序逻辑电路的分析

同步时序逻辑电路的分析实际上是一个读图、识图的过程,根据给定的时序电路,通过分析其状态和输出信号在输入变量和时钟作用下的转换规律,理解其逻辑功能和工作特性。

时序电路的功能可用**逻辑方程组**、**状态转换表**、**状态图和时序图**等形式来表达,也可使用 HDL 语言。下面首先介绍分析同步时序逻辑电路的一般步骤,然后通过例题加深对分析方法以及各种表达形式的理解。

5.2.1 分析同步时序逻辑电路的一般步骤

(1)根据给定的同步时序逻辑电路,导出下列逻辑方程组:

①对每个触发器导出激励方程,组成激励方程组;

②将各触发器的激励方程代入相应触发器的特性方程,得到各触发器的转换方程,组成转换方程组;

③对应每个输出变量导出输出方程,组成输出方程组。

(2)根据转换方程组和输出方程组,列出同步时序逻辑电路的状态转换表,画出状态图和时序图。

(3)用文字描述给定的同步时序逻辑电路的逻辑功能。

上述步骤是分析同步时序逻辑电路的一般过程,在实际分析中可根据具体情况增减执行。

5.2.2 同步时序逻辑电路的分析举例

例 5-1 分析图 5-2 所示的时序逻辑电路图。

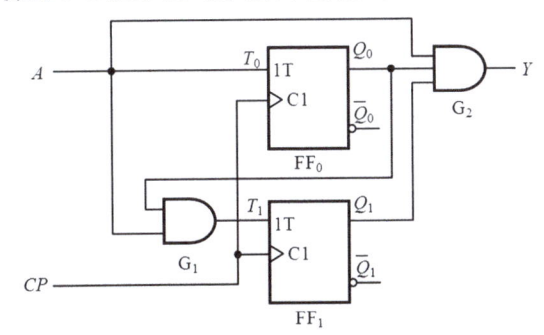

图 5-2 例 5-1 的时序逻辑电路图

解:此电路由两个上升沿触发的 T 触发器FF_1,FF_0构成,二者共用一个时钟信号CP,从而构成一个同步时序逻辑电路。整体电路的输入信号为 A,输出信号为 Y。触发器的激励信号分别为 T_1 和 T_0,Q_1 和 Q_0 为电路的状态变量。从图中可以看出输出信号Y 是状态变量Q_1,Q_0 和 A 的函数,与输入有关,因此这是一个米利型时序电路。

(1)根据电路列出逻辑方程组

①激励方程组

根据图 5-2 的时序逻辑电路图,可写出对两个 T 触发器的激励方程组为

$$T_0 = A$$
$$T_1 = AQ_0^n$$

②转换方程组

T 触发器的特性方程为 $Q_0^{n+1} = T \oplus Q^n = T\overline{Q^n} + \overline{T}Q^n$,将两个激励方程分别代入特性方程,即得到转换方程组为

$$Q_0^{n+1} = A \oplus Q_0^n$$
$$Q_1^{n+1} = (AQ_0^n) \oplus Q_1^n$$

③输出方程组

图 5-2 的时序逻辑电路图中只有一个输出变量 Y,根据输出组合逻辑电路可得到输出方程为

$$Y=AQ_1Q_0$$

在上述三组方程中,激励方程组和输出方程组均表达了时序电路中全部组合电路的特性,而转换方程组则表达了存储电路从现态到次态的状态转换特性。转换方程两边的状态变量,分别以上标 n 表示现态,以上标 $n+1$ 表示次态,来区别这两种不同的状态。

(2)列出转换表

时序逻辑电路的分析方法与组合电路类似,根据转换方程组和输出方程组可以列出真值表,见表 5-1。真值表的输入变量为 Q_1^n,Q_0^n 和 A,输出变量为 Q_1^{n+1},Q_0^{n+1} 和 Y。由于该真值表反映了触发器从现态到次态的转换,故称为**状态转换真值表**。一般来说,有 m 位状态变量和 i 位输入信号,就存在 2^{m+i} 种状态-输入组合,真值表就应有 2^{m+i} 行。例 5-1 的状态变量有两位,输入信号有一个,真值表的行数为 $2^{2+1}=2^3=8$ 行。

表 5-1　　　　例 5-1 电路的状态转换真值表

A	Q_1^n	Q_0^n	Q_1^{n+1}	Q_0^{n+1}	Y
0	0	0	0	0	0
0	0	1	0	1	0
0	1	0	1	0	0
0	1	1	1	1	0
1	0	0	0	1	0
1	0	1	1	0	0
1	1	0	1	1	0
1	1	1	0	0	1

在分析和设计时序电路时,更常用的是**状态转换表**,见表 5-2。它与表 5-1 完全等效,但形式更紧凑。表 5-2 用矩阵形式表达出在不同现态和输入条件下,电路的状态转换和输出逻辑值。表中,输出信号 Y 是米利型,会随着输入的变化而变化,故在表 5-2 中次态与输出列在一起,写成 $Q_1^{n+1}Q_0^{n+1}/Y$ 的形式,代表不同输入或状态值,会有不同的输出信号 Y。若是穆尔型输出,其结果与输入无关,则将其与现态 $Q_1^nQ_0^n$ 对应的逻辑值单列一栏,详见例 5-2。

表 5-2　　例 5-1 电路的状态转换表

| $Q_1^nQ_0^n$ | $Q_1^{n+1}Q_0^{n+1}/Y$ ||
	A=0	A=1
0 0	0 0/0	0 1/0
0 1	0 1/0	1 0/0
1 0	1 0/0	1 1/0
1 1	1 1/0	0 0/1

(3) 画出状态图

将电路的状态转换表改写为状态图,可以更直观形象地表示出时序电路运行中的全部状态、各状态间相互转换的关系以及转换的条件和结果。状态图中,每一个圆圈都对应着一个状态,圆圈中标出状态量;每一个带箭头的方向线都表示一个转换,箭头指示出状态转换的方向。当方向线的起点和终点都在同一个圆圈上时,则表示状态不变。引起该状态转换的输入变量逻辑值标在方向线旁斜线左侧。米利型输出变量的逻辑值标在方向线旁斜线右侧,它由方向线起点的状态和斜线前的输入变量共同决定;而穆尔型输出变量的逻辑值则标在圆圈内的状态量后,因为状态一旦确定,其输出值随之确定。状态图的基本画法如图 5-3 所示。其中某一项为无时,可省略不写。但若没有输入信号,只有米利型输出,方向线上的斜线不可省略。只有输入,无米利型输出,斜线可省略。当设计时序电路时,首先需要画出这种形式的状态图,以明确状态的数目、状态转换的方向以及状态转换的条件和相应的输出信号。图 5-4 是例 5-1 的状态图。

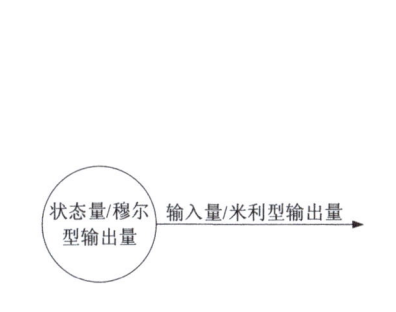

图 5-3 状态图的基本画法　　图 5-4 例 5-1 的状态图

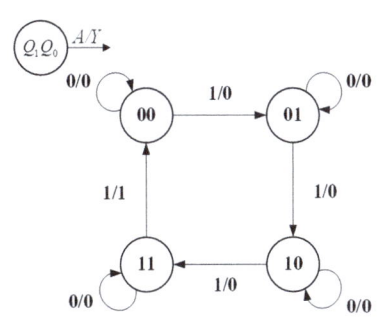

绘制状态图时需要注意不能漏画方向线。原则上,以某一状态为起点的方向线数量应为 2^i 根,i 为电路输入变量的数目,即输入变量的每一种组合应当对应 1 根方向线。例如,在图 5-4 的状态图中只有一个输入变量 A,因此有 2^1 种组合:$A=0$ 和 $A=1$,所以从每个状态都引出两根方向线。

(4) 画出时序图

与组合电路一样,波形图能直观地表达时序电路中各信号在时间上的对应关系,通常把时序电路的状态、输出对输入信号(包括时钟信号)响应的波形图称为**时序图**。它不仅便于电路调试时检查逻辑功能、排查故障,而且在运用 HDL 设计电路时可用于电路的仿真。

从逻辑方程组、状态转换表或状态图都可以导出时序图。设电路的初始状态为 $Q_1Q_0=$ **00**,可画出例 5-1 在一系列 CP 脉冲作用下的时序图,如图 5-5 所示。

(5) 逻辑功能分析

由状态图可以看出,图 5-2 所示电路是一个由信号 A 控制的可控二进制计数器,CP 为计数脉冲。当 $A=$**0** 时停止计数,电路状态保持不变;当 $A=$**1** 时,在 CP 上升沿到来后电路状态值加 **1**,一旦计数到 **11** 状态,Y 输出 **1**,且电路状态将在下一个 CP 上升沿回到 **00**。输出信号 Y 的下降沿可用于触发进位操作。

该电路亦可作为序列信号检测器,用来检测同步脉冲信号序列 A 中 **1** 的个数,一旦

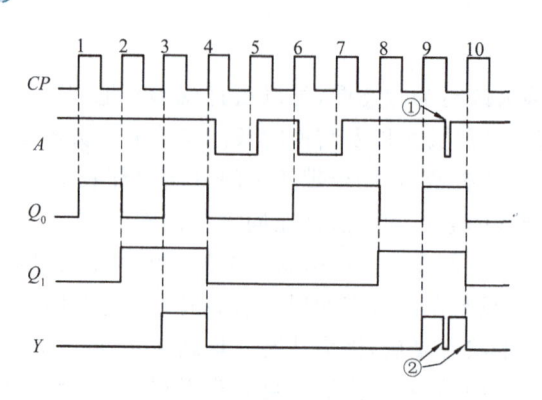

图 5-5 例 5-1 的时序图

检测到四个 **1** 状态(这四个 **1** 状态可以不连续),电路输出 Y 则出现一次从 **1** 到 **0** 的跳变。

观察图 5-5 的时序图,在第 9 个和第 10 个 CP 脉冲之间,输入信号 A 出现短时间的 **0** 电平"毛刺",如图 5-5 中箭头①所示,结果引起输出 Y 也相应变化。倘若信号 A 的这个"毛刺"是外界干扰造成的(输入信号的引线有时可能较长,易捡拾干扰信号),计数器将输出两次进位触发脉冲沿,如图 5-5 中箭头②所示。由此可见,米利型电路的稳定性和抗干扰性能不如穆尔型电路。

例 5-2 分析图 5-6 所示的时序电路。

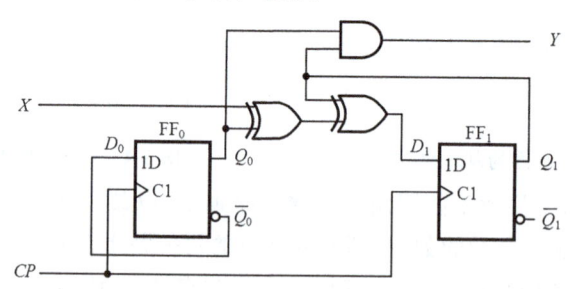

图 5-6 例 5-2 的逻辑电路图

解:此电路由两个上升沿触发的 D 触发器、两个**异或**门及一个**与**门组成的穆尔型时序电路。

(1)根据电路列出逻辑方程组

①激励方程组

根据图 5-6 中的组合电路,可写出对两个 D 触发器的激励方程组为

$$D_0 = \overline{Q_0^n}$$
$$D_1 = X \oplus Q_1^n \oplus Q_0^n$$

②转换方程组

将两个激励方程分别代入 D 触发器的特性方程,得到两个触发器的转换方程组为

$$Q_0^{n+1} = D_0 = \overline{Q_0^n}$$
$$Q_1^{n+1} = D_1 = X \oplus Q_1^n \oplus Q_0^n$$

③输出方程组

$$Y = Q_1 Q_0$$

(2)列出转换表

根据转换方程组和输出方程组列状态转换表,见表 5-3。表中,输出信号 Y 是穆尔型输出,故将其与现态 $Q_1^n Q_0^n$ 对应的逻辑值单列一栏。若输出信号 Y 为米利型,其会随着输入变化,可在表 5-3 的 $Q_1^{n+1} Q_0^{n+1}$ 处更改为 $Q_1^{n+1} Q_0^{n+1}/Y$,代表不同输入或状态值,会有不同的输出信号 Y。

表 5-3　　　　　　　　　　例 5-2 电路的状态转换表

$Q_1^n Q_0^n$	$Q_1^{n+1} Q_0^{n+1}$		Y
	$X=0$	$X=1$	
0 0	0 1	1 1	0
0 1	1 0	0 0	0
1 0	1 1	0 1	0
1 1	0 0	1 0	1

(3)画出状态图

根据状态转换表可以画出状态图,如图 5-7 所示。

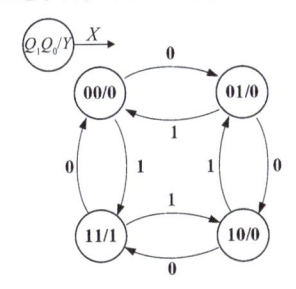

图 5-7　例 5-2 的状态图

(4)画出时序图

设电路的初始状态为 $Q_1 Q_0 = 00$,可画出例 5-2 在一系列 CP 脉冲作用下的时序图,如图 5-8 所示。

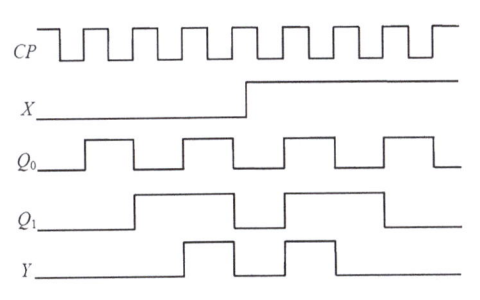

图 5-8　例 5-2 的时序图

(5)逻辑功能分析

由状态图可以看出,图 5-6 所示电路是一个可逆二进制计数器。当 $X=0$ 时,进行递增计数,每一个时钟脉冲,计数器值 $Q_1 Q_0$ 加 1,依次为 00→01→10→11。每经过 4 个时钟脉冲作用后,电路的状态循环一次。当 $X=1$ 时,进行递减计数,依次为 11→10→01→00。Y 端在 $Q_1 Q_0$ 为 11 时输出 1。在进行递增计数时,可以利用 Y 信号的下降沿触发进位操作;在递减计数时则可用 Y 信号的上升沿触发借位操作。

例 5-3 分析图 5-9 所示的时序电路。

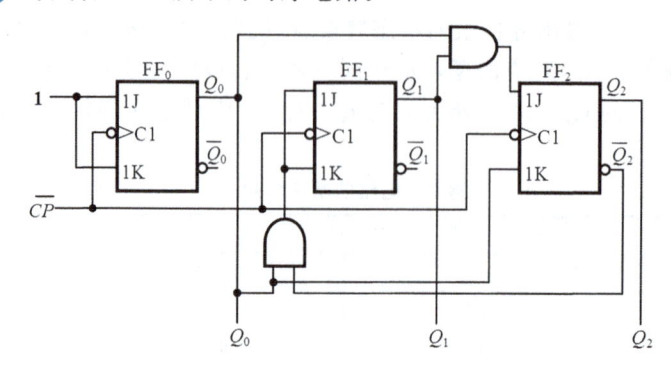

图 5-9 例 5-3 的逻辑电路图

解： 此电路有三个下降沿触发的 JK 触发器构成的同步时序电路。该电路没有输入信号，输出为三个触发器的状态，为穆尔型时序电路。

（1）根据电路列出逻辑方程组为

① 激励方程组

根据图 5-9 中的组合电路，可写出三个 JK 触发器的激励方程组

$$J_0 = K_0 = 1$$
$$J_1 = K_1 = \overline{Q_2} Q_0$$
$$J_2 = Q_1 Q_0, \quad K_2 = Q_0$$

② 转换方程组

将三组激励方程分别代入 JK 触发器的特性方程，得到三个触发器的转换方程组为

$$Q_0^{n+1} = J_0 \overline{Q_0^n} + \overline{K_0} Q_0^n = \overline{Q_0^n}$$
$$Q_1^{n+1} = J_1 \overline{Q_1^n} + \overline{K_1} Q_1^n = (\overline{Q_2^n} Q_0^n) \oplus Q_1^n$$
$$Q_2^{n+1} = J_2 \overline{Q_2^n} + \overline{K_2} Q_2^n = \overline{Q_2^n} Q_1 Q_0 + Q_2^n \overline{Q_0^n}$$

③ 输出方程组

输出即为 Q_2, Q_1, Q_0。

（2）画出状态转换表

由于该电路的输出就是各触发器的次态，因此状态转换表中可不再单列输出栏。电路中没有输入信号，其转换表可简化为表 5-4 所示形式。

表 5-4 例 5-3 电路的状态转换表

Q_2^n	Q_1^n	Q_0^n	Q_2^{n+1}	Q_1^{n+1}	Q_0^{n+1}
0	0	0	0	0	1
0	0	1	0	1	0
0	1	0	0	1	1
0	1	1	1	0	0
1	0	0	1	0	1
1	0	1	0	0	0
1	1	0	1	1	1
1	1	1	0	1	0

(3) 画出状态图

根据转换表可画出电路的状态图如图 5-10 所示。由图可见,**000**、**001**、**010**、**011**、**100**、**101** 六个状态形成闭合回路,电路正常工作时,其状态总是按照回路中的箭头方向循环变化。这六个状态构成了有效序列,称它们为**有效状态**,其余的两个状态则称为**无效状态**。从状态图还可以看出,无论电路的初始状态如何,经过若干 CP 脉冲之后,总能进入有效状态。若电路能从无效状态经一定过程自动进入有效状态,则称其为具有**自校正能力**。因此,该电路是具有自校正能力的同步时序电路。

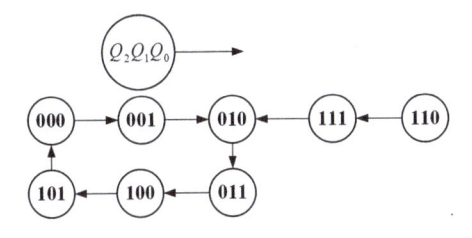

图 5-10　例 5-3 的状态图

(4) 画出时序图

设电路的初始状态为 $Q_2Q_1Q_0=$**000**,根据状态图,可画出时序图如图 5-11 所示。

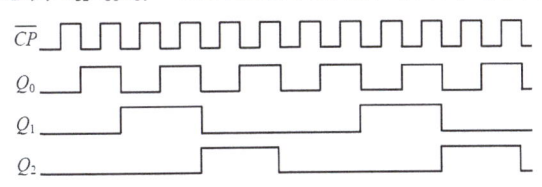

图 5-11　例 5-3 的时序图

(5) 逻辑功能分析

由状态图可知,电路为一个六进制环形计数器。由时序图可以看出,电路正常工作时,Q_0 的循环周期为两个 CP 周期,Q_2 和 Q_1 的循环周期为六个 CP 周期,因此除了计数器外,Q_0 可充当二分频器,Q_2 和 Q_1 为六分频器。

5.3　同步时序逻辑电路的设计

在设计时序逻辑电路时,要求设计者根据给出的具体逻辑问题,选择适当的逻辑器件,设计出符合要求的逻辑电路。本节仅介绍用触发器及门电路设计同步时序电路的方法。

5.3.1　设计同步时序逻辑电路的一般步骤

同步时序逻辑电路的设计过程如图 5-12 所示。

下面对设计过程中的主要步骤加以说明:

(1) 由给定的逻辑功能建立原始状态图和原始状态表

通常,所要设计的时序电路的逻辑功能是通过文字、图形或波形图来描述的,首先必须把它们变换成规范的状态图和状态表。这种直接从图文描述得到的状态图和状态表分别称为**原始状态图**和**原始状态表**。具体做法如下：

①明确电路的输入条件和输出要求，分别确定输入变量和输出变量的数目和符号。

②找出所有可能的状态和状态转换之间的关系。

③根据原始状态图建立原始状态表。

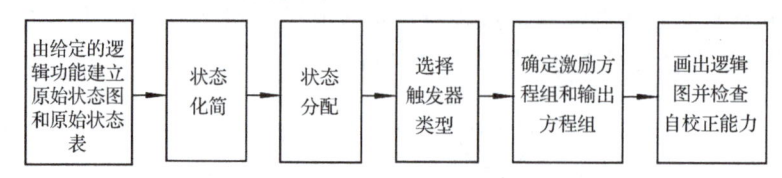

图 5-12　同步时序逻辑电路的设计过程

(2) 状态化简

原始状态图或原始状态表很可能隐含多余的状态，合并等价状态，去除多余状态的过程称为**状态化简**。所谓**等价状态**，指的是在相同的输入下有相同的输出，并转换到同一个次态的两个状态。

(3) 状态分配

对每个状态指定一个特定的二进制代码，称为**状态分配**或**状态编码**。根据下式选择触发器的个数 n，即

$$M \leqslant 2^n \tag{5-4}$$

其中，M 是电路包含的状态个数。

(4) 选择触发器类型

触发器类型选择的余地实际上是非常小的。小规模集成电路的触发器产品，大多是 D 触发器和 JK 触发器，选择具有较强逻辑功能的 JK 触发器，有时可简化激励电路。

(5) 确定激励方程组和输出方程组

根据转换表以及触发器的驱动表，用卡诺图或其他方式对逻辑函数进行化简，可求得电路的激励方程组和输出方程组。

(6) 画出逻辑电路图，并检查自校正能力

按照前一步导出的激励方程组和输出方程组，可画出接近工程实现的逻辑电路图。

但有些同步时序电路设计中会出现没有用到的无效状态，当电路上电后有可能陷入这些无效状态而不能退出，因此设计的最后一步应检查电路是否能进入有效状态，即是否具有自校正能力。如果不能自校正，则需修改设计。

有些时序电路要求必须从指定的初始状态开始工作，而不允许从任何其他状态启动。这时，应利用触发器的直接置 **0**、置 **1** 功能，在开始工作之前先将电路置为有效状态。

5.3.2　同步时序逻辑电路的设计举例

例 5-4　试设计一序列编码检测器，当检测到输入信号出现 **111** 序列时，电路输出为 **1**，否则输出为 **0**。要求用同步时序电路实现。

解:(1)由给定的逻辑功能建立原始状态图和原始状态表

从给定的逻辑功能可知,电路有一个输入信号 X 和一个输出信号 Y,电路功能是对输入信号 X 的编码序列进行检测,一旦检测到信号 X 出现连续编码为 **111** 序列时,输出 Y 为 **1**,检测到其他编码序列,输出 Y 均为 **0**。

设电路的初始状态为 a,在此状态下,电路输出 $Y=0$,这时可能的输入有 $X=0$ 和 $X=1$ 两种情况。当 CP 脉冲相应边沿到来时,若 $X=0$,则是收到 **0**,应保持在状态 a 不变;若 $X=1$,则转向状态 b,表示电路收到一个 **1**。当在状态 b 时,若输入 $X=0$,表明连续输入编码为 **10**,则应回到初始状态 a,重新开始检测;若 $X=1$,则进入状态 c,表示已连续收到两个 **1**。在状态 c 时,若 $X=0$,表明已收到序列编码 **110**,则应回到初始状态 a,重新开始检测;若 $X=1$,表明已收到序列编码 **111**,则输出 $Y=1$,转向状态 d。在状态 d 时,若输入 $X=0$,则应回到状态 a,重新开始检测;若 $X=1$,表明在收到序列 **111** 的基础上又收到一个 **1**,后三个 **1** 可认为是新一轮检测到的,回到状态 d,输出 $Y=1$。根据上述分析,可以得出如图 5-13 所示的原始状态图和表 5-5 的原始状态表。

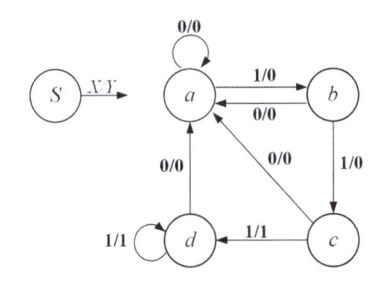

图 5-13 例 5-4 的原始状态图

表 5-5 例 5-4 的原始状态表

S^n	S^{n+1}/Y	
	$X=0$	$X=1$
a	$a/0$	$b/0$
b	$a/0$	$c/0$
c	$a/0$	$d/1$
d	$a/0$	$d/1$

(2)状态化简

观察图 5-13 和表 5-5,状态 c 和 d 在 $X=0$ 时,分别具有相同的次态 a 及相同的输出 **0**;在 $X=1$ 时,分别具有相同的次态 d 及相同的输出 **1**,因此,c 和 d 是等价状态,可以合并。这里去除 d 状态,并将其他的次态 d 改为 c。于是,得到化简后的状态图和状态表,如图 5-14 和表 5-6 所示。从实际物理意义看也不难理解这种化简:当进入 c 状态后,电路已连续接收到两个 **1**,这时输入若为 **1**,则意味着已接收到编码 **111**,下一步应回到初始状态 a,以准备新的一轮检测,原始状态表中的 d 状态显然是多余的。

(3)状态分配

化简后的状态有三个,可以用两位二进制代码组合(**00,01,10,11**)中的任意三个代码表示,于是令 $a=00, b=01, c=10$,状态分配后的状态图如图 5-15 所示。

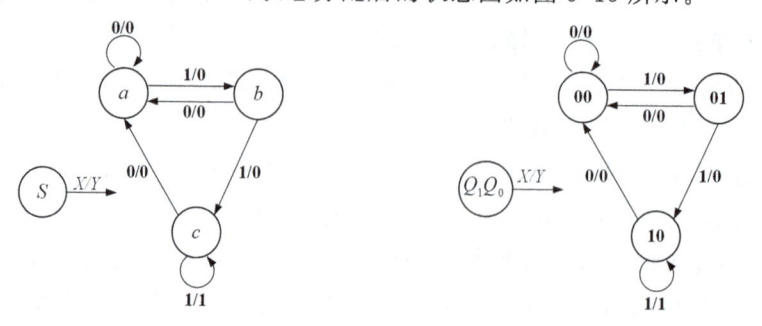

图 5-14　例 5-4 的化简状态图　　　　图 5-15　例 5-4 状态分配后的状态图

表 5-6　　　　　　　　　例 5-4 化简后的状态表

S^n	S^{n+1}/Y	
	$X=0$	$X=1$
a	a/0	b/0
b	a/0	c/0
c	a/0	c/1

(4)选择触发器类型

选用逻辑功能较强的 JK 触发器可能得到较简化的组合电路,本例选择上升沿触发的 JK 触发器。

(5)确定激励方程组和输出方程组

用 JK 触发器设计时序电路时,电路的激励方程需要按触发器的特性方程的结构进行化简。首先画出由状态图改写的次态卡诺图,再由次态卡诺图分别得到 Q_1^{n+1}, Q_0^{n+1} 和 Y 的卡诺图,如图 5-16 所示。

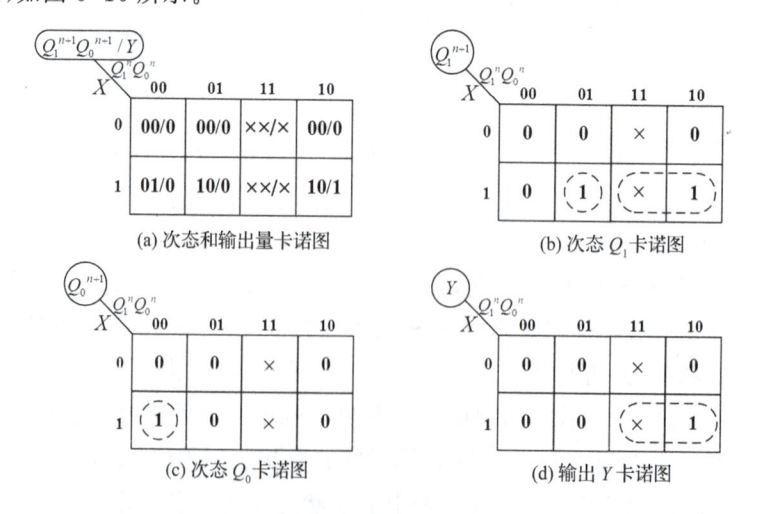

(a) 次态和输出量卡诺图　　　　(b) 次态 Q_1 卡诺图

(c) 次态 Q_0 卡诺图　　　　(d) 输出 Y 卡诺图

图 5-16　次态和输出信号的卡诺图

图 5-16(b)卡诺图画圈时,之所以把无关项 m_5 单独画圈,是想保留变量 $\overline{Q_1^n}$,方便得到激励方程。

由图 5-16(b)~图 5-16(d)的卡诺图可得
$$Q_1^{n+1} = X\,\overline{Q_1^n}Q_0^n + XQ_1^n$$
$$Q_0^{n+1} = X\,\overline{Q_1^n}\,\overline{Q_0^n}$$
$$Y = XQ_1^n$$

结合 JK 触发器的特性方程 $Q^{n+1} = J\,\overline{Q^n} + \overline{K}\,Q^n$,得到激励方程组为
$$J_1 = XQ_0^n, K_1 = \overline{X}$$
$$J_0 = X\,\overline{Q_1^n}, K_0 = 1$$

(6)画出逻辑图

根据激励方程组和输出方程画出逻辑图,如图 5-17 所示。

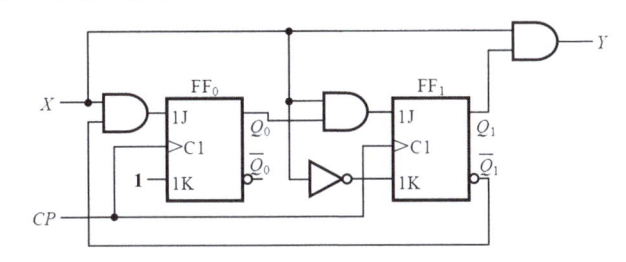

图 5-17 例 5-4 采用 JK 触发器的逻辑图

(7)检查自校正能力

最后还应检查该电路的自校正能力。当电路进入无效状态 **11** 后,由激励方程组和输出方程可知,若 $X=0$,则次态为 **00**;若 $X=1$,则次态为 **10**,电路均能自动进入有效序列。但从输出来看,若电路在无效状态 **11**,当 $X=1$ 时,输出错误地出现 $Y=1$。为此,需要对输出方程做适当修改,将图 5-16(d)中输出信号 Y 的卡诺图里无关项不画在包围圈内,则输出方程变为 $Y = XQ_1^n\,\overline{Q_0^n}$。根据此式对图 5-17 的输出量 Y 也做相应的修改即可。

如果发现所设计的电路不能自校正,则应修改设计。方法是:在卡诺图的包围圈中,对无关项×的处理做适当修改,即原来取 **1** 圈入包围圈的,可试取 **0** 而不圈入包围圈。得到新的激励方程组和逻辑图,然后再检查其自校正能力,直到能自校正为止。

本例中若更换 JK 触发器为 D 触发器,设计如下:

由图 5-16 的次态卡诺图可得,$Q_1^{n+1} = X Q_1^n + X Q_0^n = X\,\overline{\overline{Q_1^n}\,\overline{Q_0^n}}$,$Q_0^{n+1} = X\,\overline{Q_1^n}\,\overline{Q_0^n}$,结合 D 触发器的特性方程 $Q^{n+1} = D$,得到激励方程组为
$$D_1 = X\,\overline{\overline{Q_1^n}\,\overline{Q_0^n}}$$
$$D_0 = X\,\overline{Q_1^n}\,\overline{Q_0^n}$$

输出方程不变,$Y = XQ_1^n\,\overline{Q_0^n}$。最终 D 触发器的逻辑图如图 5-18 所示。

例 5-5 试用下降沿触发的 D 触发器设计一同步时序电路,其状态图如图 5-19 所示。

解:(1)由原始状态图得到原始状态表(表 5-7)

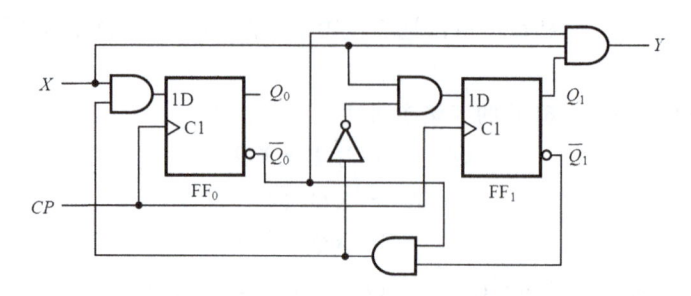

图 5-18 例 5-4 采用 D 触发器的逻辑图

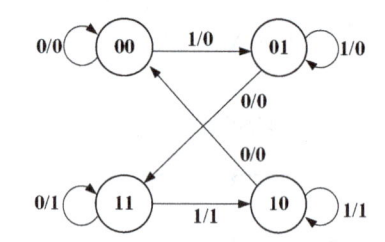

图 5-19 例 5-5 的状态图

表 5-7 　　　　　　例 5-5 的原始状态表

S^n	S^{n+1}/Y	
	$X=0$	$X=1$
0 0	0 0/0	0 1/0
0 1	1 1/0	0 1/0
1 0	0 0/0	1 0/1
1 1	1 1/1	1 0/1

(2) 确定激励方程组和输出方程组

原始状态中无等价状态，无须化简。按题意，也无须进行状态分配和触发器类型选择。

确定激励方程组和输出方程组时，首先画出由状态图或状态表改写的次态卡诺图，再由次态卡诺图分别得到 Q_1^{n+1}，Q_0^{n+1} 和 Y 的卡诺图，如图 5-20 所示。

由图 5-20(b)~图 5-20(d)的卡诺图可得，

$$Q_1^{n+1}=XQ_1^n+\overline{X}Q_0^n$$

$$Q_0^{n+1}=X\overline{Q_1^n}+\overline{X}Q_0^n$$

$$Y=XQ_1^n+Q_1^nQ_0^n$$

结合 D 触发器的特性方程 $Q^{n+1}=D$，得到激励方程组

$$D_1^{n+1}=XQ_1^n+\overline{X}Q_0^n$$

$$D_0^{n+1}=X\overline{Q_1^n}+\overline{X}Q_0^n$$

(3) 画出逻辑图

根据激励方程组和输出方程画出逻辑图，如图 5-21 所示。由于没有无效状态，自校正无须检查。

(a) 次态和输出量卡诺图

$Q_1^{n-1}Q_0^{n-1}/Y$ X $Q_1^nQ_0^n$	00	01	11	10
0	00/0	11/0	11/1	00/0
1	01/0	01/0	10/1	10/1

(b) 次态 Q_1 卡诺图

Q_1^{n-1} X $Q_1^nQ_0^n$	00	01	11	10
0	0	1	1	0
1	0	0	1	1

(c) 次态 Q_0 卡诺图

Q_0^{n-1} X $Q_1^nQ_0^n$	00	01	11	10
0	0	1	1	0
1	1	1	0	0

(d) 输出 Y 卡诺图

Y X $Q_1^nQ_0^n$	00	01	11	10
0	0	0	1	0
1	0	0	1	1

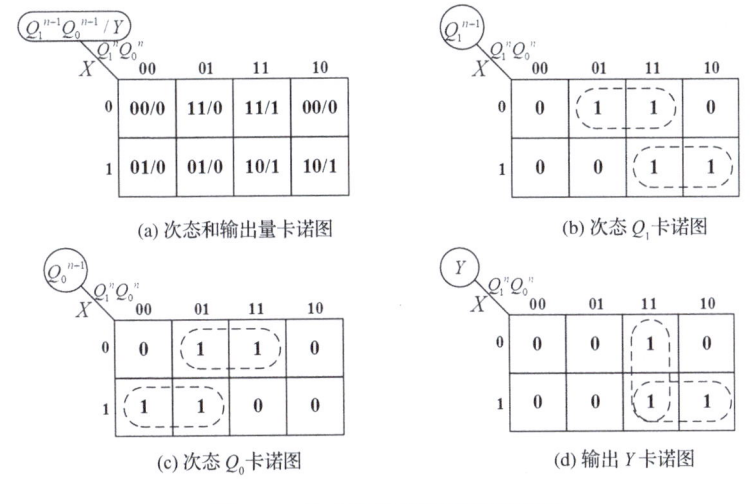

图 5-20 次态和输出信号的卡诺图

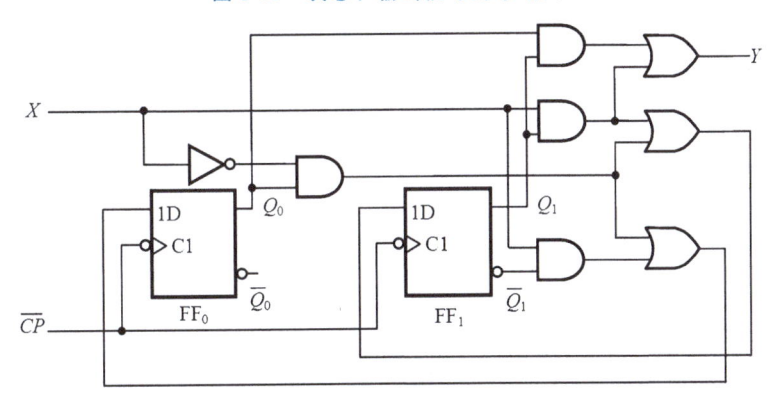

图 5-21 例 5-5 的逻辑图

5.4 异步时序逻辑电路的分析

分析状态转换时必须考虑各触发器的时钟信号作用情况。由于电路没有统一时钟，各异步时序电路与同步时序电路的主要区别在于电路中没有统一的时钟脉冲，因而各存储电路不是同时更新状态，状态之间没有准确的时间分界。在分析脉冲异步时序电路时必须注意以下几点。

(1) 分析状态转换时必须考虑各触发器的时钟信号作用情况。由于电路没有统一时钟，各触发器只有在其触发端信号有效时，才有可能改变状态。因此，在分析状态转换时，首先应根据给定的电路列出各个触发器的时钟信号方程组。

(2) 每一次状态转换必须从输入信号所能触发的第一个触发器开始逐级确定。同步时序电路的分析可以从任意一个触发器开始推导状态的转换，而异步时序电路每一次状态转换的分析必须从输入信号所能作用的第一个触发器开始推导，确定它的状态变化，然后根据它的输出信号分析下一个触发器的时钟信号以确定 CP 的值，进一步决定该触发器是否发生状态转换。

(3)每一次状态转换都有一定的时间延迟。同步时序电路的所有触发器几乎是同时更新状态的,与之不同,异步时序电路各个触发器之间的状态更新存在一定的延迟,因为每次转换都从第一个触发器开始逐级进行,只有当全部触发器的状态更新完毕,电路才进入新的"稳定"状态。由于上述延迟时间的存在,对于同一系列的逻辑电路,类似功能的同步时序电路的速度要快于异步时序电路。

例 5-6 分析如图 5-22 所示逻辑电路。

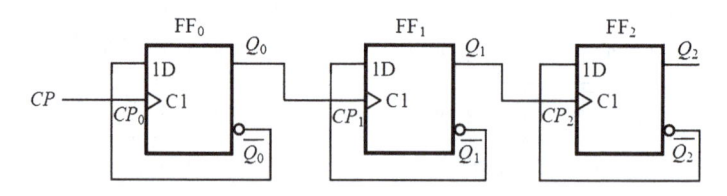

图 5-22 例 5-6 的逻辑电路图

解:在图 5-22 的电路中,三个触发器 FF$_0$,FF$_1$ 和 FF$_2$ 未共用时钟信号,故属于异步时序电路,电路没有单独输出,为穆尔型时序电路。

(1)根据电路列出逻辑方程组

①时钟信号方程组

$$CP_0 = CP$$
$$CP_1 = Q_0^n$$
$$CP_2 = Q_1^n$$

②激励方程组

$$D_0 = \overline{Q_0^n}$$
$$D_1 = \overline{Q_1^n}$$
$$D_2 = \overline{Q_2^n}$$

③转换方程组

这里需要考虑三个触发器时钟信号 CP_n 的作用。

将两个激励方程分别代入 D 触发器的特性方程,得到两个触发器的转换方程组

$$Q_0^{n+1} = D_0 = \overline{Q_0^n} \quad CP \text{ 上升沿时刻有效}$$
$$Q_1^{n+1} = D_1 = \overline{Q_1^n} \quad Q_0 \text{ 上升沿时刻有效}$$
$$Q_2^{n+1} = D_2 = \overline{Q_2^n} \quad Q_1 \text{ 上升沿时刻有效}$$

(2)列出转换表

列出转换表的方法与同步时序电路分析过程基本相似,只是还应注意各触发器是否存在触发器的上升沿,由转换方程组可知,各触发器只有在其上升沿时,状态改变,其他时刻保持不变,其状态转换表见表 5-8。表中每一行都设定为 CP_0 的上升沿,因此 Q_0 实现取非的跳变。Q_1 只有在 Q_0 由 0 到 1 转换时,即 CP_1 的上升沿才会跳变,其他时刻保持不变。而 Q_2 只有在 Q_1 由 0 到 1 转换时,即 CP_2 的上升沿才会跳变。

表 5-8　　　　　　　　　　　　例 5-6 状态的转换表

Q_2^n	Q_1^n	Q_0^n	Q_2^{n+1}	Q_1^{n+1}	Q_0^{n+1}	时钟条件
0	0	0	1	1	1	CP_0, CP_1, CP_2
0	0	1	0	0	0	CP_0
0	1	0	0	0	1	CP_0, CP_1
0	1	1	0	1	0	CP_0
1	0	0	0	1	1	CP_0, CP_1, CP_2
1	0	1	1	0	0	CP_0
1	1	0	1	0	1	CP_0, CP_1
1	1	1	1	1	0	CP_0

(3) 画出状态图

根据转换表可画出电路的状态图如图 5-23 所示。

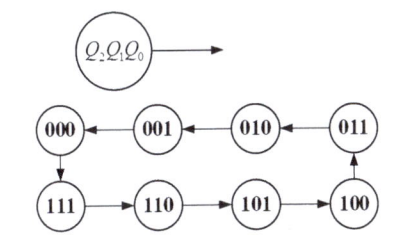

图 5-23　例 5-6 的状态图

(4) 画出时序图

设电路的初始状态为 $Q_2Q_1Q_0=000$，根据状态图，可画出时序图如图 5-24 所示，由图可见，由于触发器异步翻转之间存在延迟，电路有短时间存在着不确定的状态。

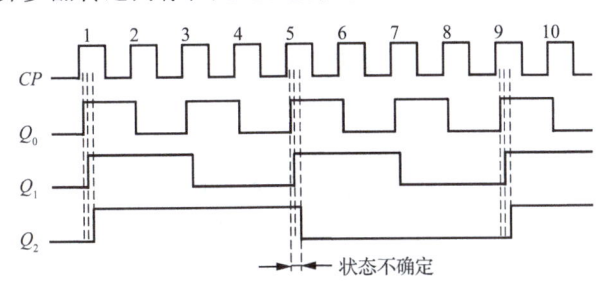

图 5-24　例 5-6 的时序图

(5) 逻辑功能分析

由状态图可见，在时钟脉冲 CP 的作用下，000,001,010,011,100,101,110,111 这八个状态按递减规律变化，电路具有递减计数功能，是一个 3 位二进制异步减法器。

5.5　若干典型的时序逻辑电路

在本节介绍在数字系统中广泛应用的几种时序逻辑功能器件，寄存器、移位寄存器和计数器的电路结构和工作原理，它们是时序电路的基本逻辑部件，与各种组合电路一起，可以构成逻辑功能极其复杂的数字系统。寄存器、移位寄存器和计数器有很多种类的中规模集成电路,可直接用于较简单的数字系统。对于较复杂的时序电路设计,应选择可编程逻辑器件实现。

5.5.1 寄存器和移位寄存器

1. 寄存器

寄存器是数字系统中用来存储代码或数据的逻辑部件。它的主要组成部分是触发器。1 个触发器可存储 1 位二进制数据,存储 N 位二进制数据的寄存器需要用 N 个触发器组成。

由 8 个触发器构成的 8 位寄存器的逻辑图如图 5-25 所示。图中,$D_7 \sim D_0$ 是 8 位数据输入端,在 CP 脉冲上升沿作用下,$D_7 \sim D_0$ 端的数据同时存入相应的触发器。当输出使能控制信号 $\overline{OE}=0$ 时,触发器存储的数据通过三态门输出端 $Q_7 \sim Q_0$ 并行输出。表 5-9 是典型的中规模集成 8 位寄存器 74HC/HCT374 的功能表。

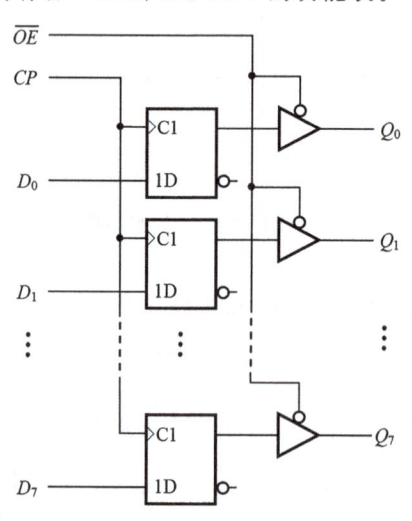

图 5-25 脉冲边沿敏感的 8 位寄存器

表 5-9　　　　　　　　　　74HC/HCT374 的功能表

工作模式	输入			内部触发器	输出
	$\overline{OE}$	CP	D_N	Q_N^{n+1}	$Q_0 \sim Q_7$
存入和读出数据	L L	↑ ↑	L* H*	L H	相应内部触发器的状态
存入数据,禁止输出	H H	↑ ↑	L* H*	L H	高阻 高阻

注:D_N 和 Q_N^{n+1} 的下标表示第 N 位触发器。$L*$ 和 $H*$ 表示 CP 脉冲上升沿之前瞬间 D_N 的电平。

2. 移位寄存器

(1) 基本移位寄存器

如果将若干个触发器级联成如图 5-26 所示电路,则构成基本的**移位寄存器**。图中是

一个 4 位移位寄存器,串行二进制数据从输入端 D_{SI} 输入。电路的激励方程组为

$$D_0 = D_{SI}, D_1 = Q_0^n, D_2 = Q_1^n, D_3 = Q_2^n$$

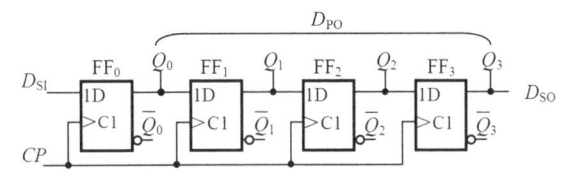

图 5-26 用 D 触发器构成的 4 位移位寄存器

状态方程组为

$$Q_0^{n+1} = D_{SI}, Q_1^{n+1} = Q_0^n, Q_2^{n+1} = Q_1^n, Q_3^{n+1} = Q_2^n$$

每输入一个 CP 脉冲,输入的二进制数据右移一位。图 5-27 画出了输入串行数据 **1101**,输出端口 $Q_3Q_2Q_1Q_0$ 的波形。经过 4 个时钟脉冲后,$Q_3Q_2Q_1Q_0$ 并行输出数据 **1101**,串行数据转换成并行输出数据 D_{PO}。经过 8 个时钟脉冲后,触发器的输出端 D_{SO}(Q_3 端)串行移出 **1101** 的全部数据。

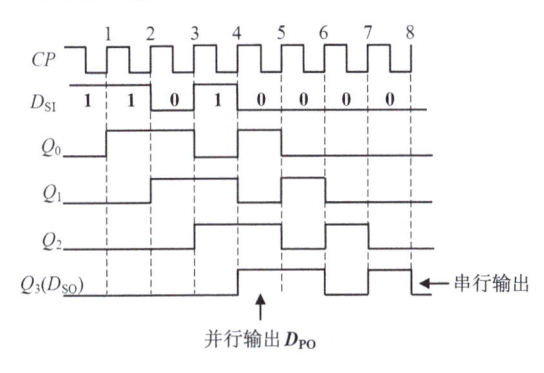

图 5-27 图 5-26 电路的时序图

(2) 多功能双向移位寄存器

图 5-26 中,D 触发器构成的 4 位移位寄存器是右移,但有时需要对移位寄存器的数据流向加以控制,实现数据的双向移动,这种移位寄存器称为**双向移位寄存器**。由于国家标准规定,逻辑图中最低有效位(LSB)到最高有效位(MSB)的电路排列顺序应从上到下,从左到右。因此,定义移位寄存器中的数据从低位触发器移向高位为右移,反之则为左移,如图 5-28 所示。

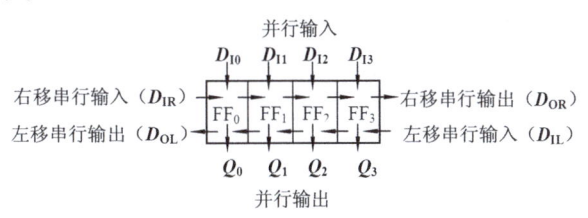

图 5-28 双向移位寄存器工作模式简图

图 5-29 是实现数据保持、右移、左移、并行置入的一种电路方案。图中的数据输入端插入了一个 4 选 1 数据选择器,用两位编码选择输入信号 S_1S_0 控制触发器输入信号 D_m

的来源。以图中的 D 触发器 FF_m 为例。

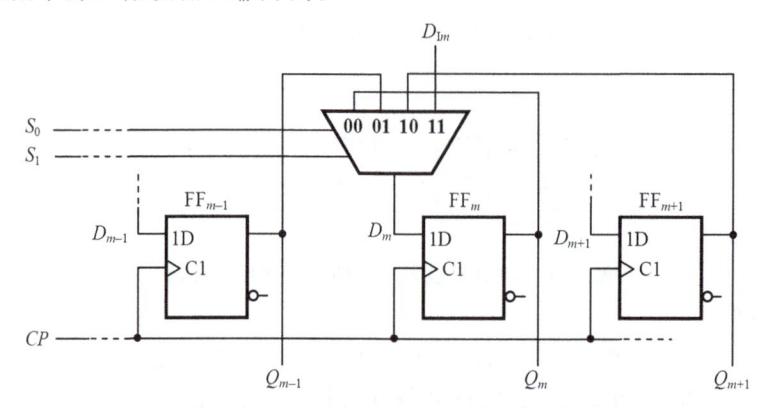

图 5-29 多功能双向移位寄存器的一种方案

$S_1S_0=00 \qquad Q_m^{n+1}=Q_m^n \qquad$ 不变

$S_1S_0=01 \qquad Q_m^{n+1}=Q_{m-1}^n \qquad$ 低位移向高位

$S_1S_0=10 \qquad Q_m^{n+1}=Q_{m+1}^n \qquad$ 高位移向低位

$S_1S_0=11 \qquad Q_m^{n+1}=D_{Im} \qquad$ 并行输入

采用图 5-29 的方案实现数据保持、右移、左移、并行输入的一种多功能典型的 4 位双向移位寄存器,其内部逻辑图如图 5-30 所示,输入端采用与或非门构成了 4 选 1 的数据选择器,之后用 4 个 SR 触发器分别配以非门构成 4 个 D 触发器。若连接在触发器 1R 端的与或非门输出为 $\overline{D}$,1S 端的输入则为 D,将二者分别代入 SR 触发器的特性方程,得

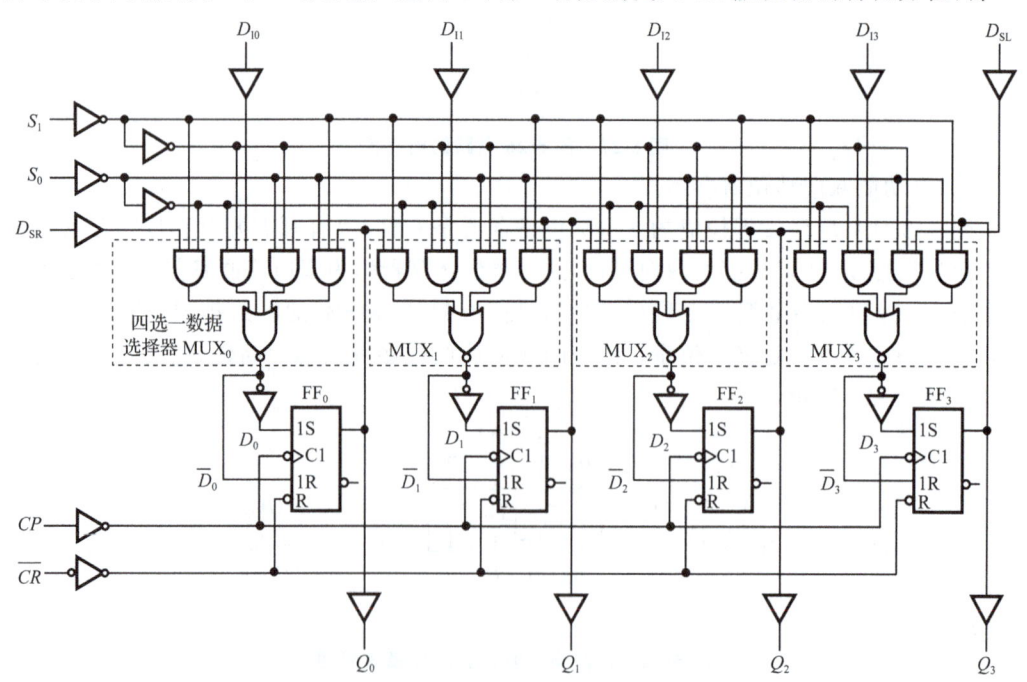

图 5-30 多功能 4 位双向移位寄存器 74HC/HCT194 的逻辑图

$$Q^{n+1} = S + \overline{R}Q^n = D + \overline{\overline{D}}Q^n = D$$

此时 SR 触发器转换为 D 触发器,功能与图 5-29 完全一致。图 5-30 实际上是多功能双向移位寄存器 74HC/HCT194 的内部逻辑图,表 5-10 是它的功能表。在表中,第 1 行表示寄存器异步清零操作,第 2 行为保持状态,第 3、第 4 行为串行数据右移操作,第 5、第 6 行为串行数据左移操作,第 7 行是并行数据的同步置入操作。

表 5-10　　　　　4 位双向移位寄出器 74HC/HCT194 的功能表

输入									输出				功能
清零	控制信号		时钟	串行输入		并行输入				Q_0^{n+1}	Q_1^{n+1}	Q_2^{n+1}	Q_3^{n+1}	
$\overline{CR}$	S_1	S_0	CP	D_{SR}	D_{SL}	D_{I0}	D_{I1}	D_{I2}	D_{I3}					
L	×	×	×	×	×	×	×	×	×	L	L	L	L	异步清零
H	L	L	×	×	×	×	×	×	×	Q_0^n	Q_1^n	Q_2^n	Q_3^n	保持
H	L	H	↑	L	×	×	×	×	×	L	Q_0^n	Q_1^n	Q_2^n	右移
H	L	H	↑	H	×	×	×	×	×	H	Q_0^n	Q_1^n	Q_2^n	右移
H	H	L	↑	×	L	×	×	×	×	Q_1^n	Q_2^n	Q_3^n	L	左移
H	H	L	↑	×	H	×	×	×	×	Q_1^n	Q_2^n	Q_3^n	H	左移
H	H	H	↑	×	×	D_{I0}^*	D_{I1}^*	D_{I2}^*	D_{I3}^*	D_{I0}	D_{I1}	D_{I2}	D_{I3}	同步置数

注:D_N^* 表示 CP 脉冲上升沿之前瞬间 D_{IN} 的电平。

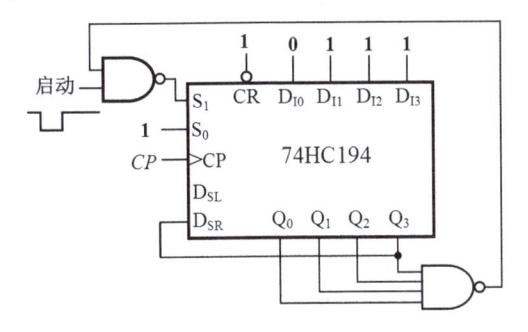

例 5-7　利用 74HC194 设计一时序电路如图 5-31 所示,试画出 $Q_0 \sim Q_3$ 的波形图,并分析其逻辑功能。

图 5-31　例 5-7 逻辑电路图

解: 当启动信号为 0 时,经与非门后 $S_1 = 1$,$S_0 = 1$,同步置数 $Q_0 \sim Q_3 = 0111$,与非后得 1。当启动信号为 1 时,$S_1 = 0$,$S_0 = 1$,移位寄存器实现右移功能,即低位向高位移动,$D_{SR} = Q_3$。因为 $Q_0 \sim Q_3$ 总有一个为 0,与非后一定为 1,则 $S_1 = 0$,$S_0 = 1$,74HC194 始终工作在低位向高位移动循环移位的状态,$Q_0 \sim Q_3$ 依次为 0111、1011、1101、1110。因此,电路是一个时序脉冲产生器,假设初始状态 $Q_0 \sim Q_3$ 为 0000,其波形图如图 5-32 所示。

5.5.2　计数器

计数器是最常用的时序电路之一,它们不仅可用于对脉冲进行计数,还可用于分频、定时、产生节拍脉冲以及其他时序信号。计数器的分类如图 5-33 所示。

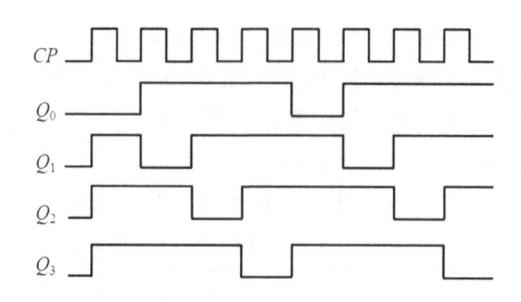

图 5-32　例 5-7 波形图

计数器运行时,从某一状态开始依次遍历不重复的各个状态后完成一次循环,所经过的状态总数称为计数器的模(Modulo),用 M 表示,此计数器称模 M 计数器。例如一个在 30 个不同状态中循环转换的计数器,就可称为模 30 计数器。

图 5-33　计数器的分类

1. 异步计数器

图 5-34 是一个 4 位异步二进制计数器的逻辑图,它由 4 个下降沿触发的 T' 触发器组成。T' 触发器的时钟脉冲每作用一次,触发器翻转一次,输入只有时钟信号。计数脉冲 CP 加至触发器 FF_0 的时钟脉冲输入端,每输入一个计数脉冲,FF_0 翻转一次。FF_1、FF_2 和 FF_3 都以前级触发器的 Q 端输出作为触发信号,当 Q_0 由 **1** 变 **0** 时,FF_1 翻转,其余类推。分析其工作原理,得到图 5-35 的波形图,设电路的初始状态为 $Q_3Q_2Q_1Q_0=\mathbf{0000}$。

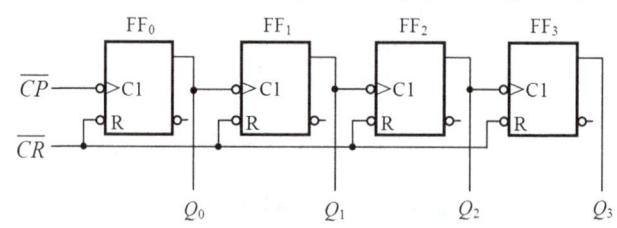

图 5-34　4 位异步二进制计数器逻辑图

由图 5-35 可见,从初态 **0000** 开始,每输入一个计数脉冲,计数器的状态就按二进制编码值递增 1,输入第 16 个计数脉冲后,计数器又回到 **0000** 状态。显然,该计数器以 16 个 CP 脉冲构成一个计数周期,是模 16($M=16$)递增计数器。其中,Q_0 的频率是 CP 的 1/2,即实现了 2 分频,Q_1 得到 CP 的 4 分频,以此类推,Q_2、Q_3 分别对 CP 进行了 8 分频和 16 分频,因此,计数器也可作为**分频器**使用。

异步计数器的工作原理和结构比较简单,但由于时钟不同步,各触发器不是在同一时钟沿作用下同时翻转,而是逐级脉动翻转实现计数进位的,图 5-35 中的虚线是考虑了触发器逐级翻转过程中平均传输延迟时间 t_{pd} 的波形。由于各触发器不在同一时间翻转,因此,若用这种计数器驱动组合逻辑电路,则可能出现瞬间错误的逻辑输出。

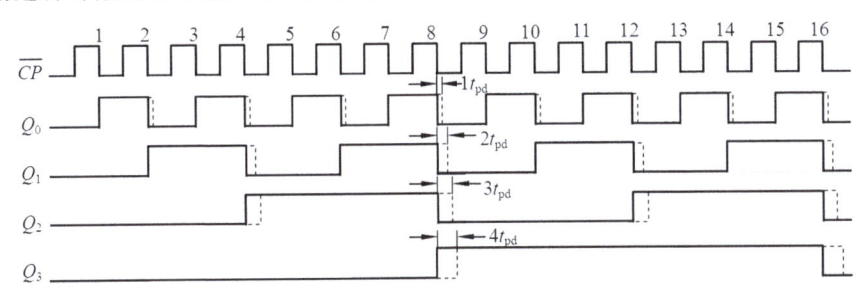

图 5-35 4 位异步二进制加计数器时序图

2. 同步计数器

为了提高计数速度,可采用同步计数器。其特点是,计数脉冲作为时钟信号同时接于所有触发器的时钟脉冲输入端。当计数脉冲沿到来时,所有应翻转的触发器同步翻转,同时,所有应保持原状态的触发器不发生变化。由于不存在异步计数器延迟时间的积累,所以计数速度较高,输出编码也不会发生混乱。

表 5-11 为 4 位同步二进制计数器的状态转换表。观察加计数器一栏可以看出,Q_0 在每个计数脉冲后翻转一次;Q_1 仅在 $Q_0=1$ 的下一个脉冲时翻转;Q_2 仅在 $Q_0=Q_1=1$ 的下一个脉冲时翻转;Q_3 在 $Q_0=Q_1=Q_2=1$ 的下一个脉冲时翻转。选用 T 触发器实现该电路,$T=1$ 翻转,$T=0$ 保持不变。由以上分析可知每个 T 触发器的激励方程为

$$\begin{cases} T_0=1 \\ T_1=Q_0 \\ T_2=Q_1Q_0 \\ T_3=Q_2Q_1Q_0 \end{cases}$$

若用 N 个 T 触发器构成 N 位同步二进制加计数器时,除了第一个 $T_0=1$,其他各触发器的激励方程为

$$T_i=Q_{i-1}Q_{i-2}\cdots Q_1Q_0 \quad (i=1,2,\cdots,N-1)$$

表 5-11   4 位同步二进制计数器的转换表

计数顺序	加计数器				减计数器			
	Q_3	Q_2	Q_1	Q_0	Q_3	Q_2	Q_1	Q_0
0	0	0	0	0	0	0	0	0
1	0	0	0	1	1	1	1	1
2	0	0	1	0	1	1	1	0
3	0	0	1	1	1	1	0	1
4	0	1	0	0	1	1	0	0
5	0	1	0	1	1	0	1	1
6	0	1	1	0	1	0	1	0
7	0	1	1	1	1	0	0	1
8	1	0	0	0	1	0	0	0

续表

计数顺序	加计数器 Q_3	Q_2	Q_1	Q_0	减计数器 Q_3	Q_2	Q_1	Q_0
9	1	0	0	1	0	1	1	1
10	1	0	1	0	0	1	1	0
11	1	0	1	1	0	1	0	1
12	1	1	0	0	0	1	0	0
13	1	1	0	1	0	0	1	1
14	1	1	1	0	0	0	1	0
15	1	1	1	1	0	0	0	1
16	0	0	0	0	0	0	0	0

同理观察表 5-11 的减计数器一栏可以看出，Q_0 在每个计数脉冲后翻转一次；而其他各位都是在比其低的各位均为 **0** 时的下一个脉冲翻转。选用 T 触发器实现该时序电路，每个 T 触发器的激励方程为

$$\begin{cases} T_0 = \mathbf{1} \\ T_1 = \overline{Q_0} \\ T_2 = \overline{Q_1}\,\overline{Q_0} \\ T_3 = \overline{Q_2}\,\overline{Q_1}\,\overline{Q_0} \end{cases}$$

N 位同步二进制减计数器时，除了第一个 $T_0=1$，其他各触发器的激励方程为

$$T_i = \overline{Q_{i-1}}\,\overline{Q_{i-2}}\cdots\overline{Q_1}\,\overline{Q_0} \quad (i=1,2,\cdots,N-1)$$

图 5-36 是一个 4 位同步二进制计数器逻辑电路图，其中图 5-36(a)为加计数器，图 5-36(b)为减计数器。

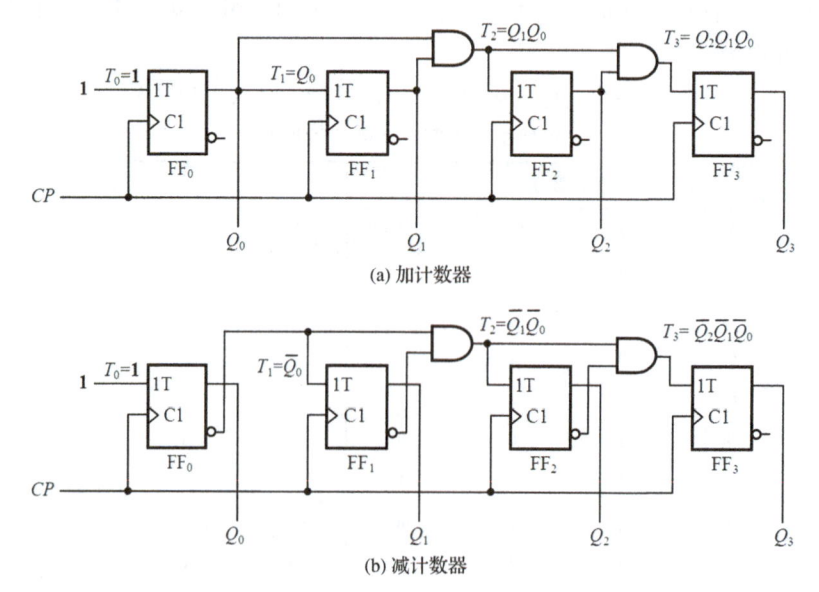

图 5-36 4 位同步二进制计数器

第 5 章 时序逻辑电路

图 5-37 是图 5-36(a)所示加计数器的时序图，设电路的初始状态为 $Q_3Q_2Q_1Q_0=0000$，其中虚线是考虑了触发器逐级翻转过程中平均传输延迟时间 t_{pd} 的波形。在同步计数器中，由于计数脉冲 CP 同时作用于各触发器，所有触发器的状态更新几乎是同时进行的，都比计数脉冲沿的作用时间滞后一个 t_{pd}。因此，输出状态比异步二进制计数器稳定，工作速度快，效率高，但其电路结构相对复杂，需要加入一些输入控制电路，因而其工作速度也要受这些控制电路的传输延迟时间的限制。

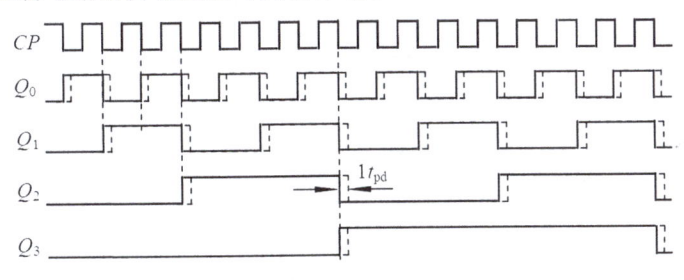

图 5-37 4 位同步二进制加计数器时序图

3. 集成计数器

集成计数器在一些简单小型数字系统中仍被广泛应用，因为其体积小、功耗低、功能灵活等优点。集成计数器的类型较多，表 5-12 列举了若干集成计数器产品。限于篇幅，本节仅介绍计数器 74LVC161 和 74LVC290。

表 5-12　　　　　　　　　　　典型集成计数器

CP 脉冲引入方式	型号	计数模式	清零方式	预置数方式
同步	74161	4 位二进制加法	异步(低电平)	同步
	74191	4 位二进制可逆	无	异步
	74193	双时钟 4 位二进制可逆	异步(高电平)	异步
	74160	十进制加法	异步(低电平)	同步
	74190	十进制可逆	无	异步
异步	74293	双时钟 4 位二进制加法	异步	无
	74290	二—五—十进制加法	异步	异步

74LVC161 是一种典型的高性能、低功耗 CMOS 4 位同步二进制递增计数器，图 5-38 和图 5-39 分别是它的引脚图和内部逻辑电路图，其中 $\overline{CR}$ 是异步清零端，$\overline{PE}$ 是同步预置控制端，$D_3D_2D_1D_0$ 是预置数据输入端，CEP 和 CET 是计数使能控制端，TC 是进位输出端，它的设置为多片集成计数器的级联提供了方便。

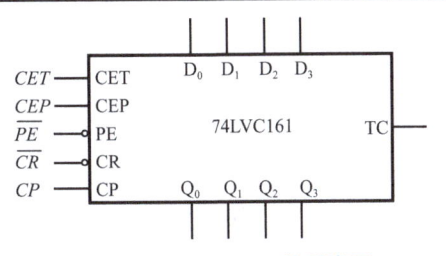

图 5-38　74LVC161 的引脚图

在图 5-39 中，74LVC161 的 $\overline{CR}$ 直接作用于 4 个触发器的置 0 端，可以使计数器从零状态开始工作。当异步的 $\overline{CR}$ 为低电平时,将使电路中所有触发器无条件置 **0**,而不管其他输入端是何状态(包括时钟信号 CP),因此,$\overline{CR}=\mathbf{0}$ 对计数器状态有优先级最高的控制权,其他各种操作都是在 $\overline{CR}=\mathbf{1}$ 的条件下才能执行。

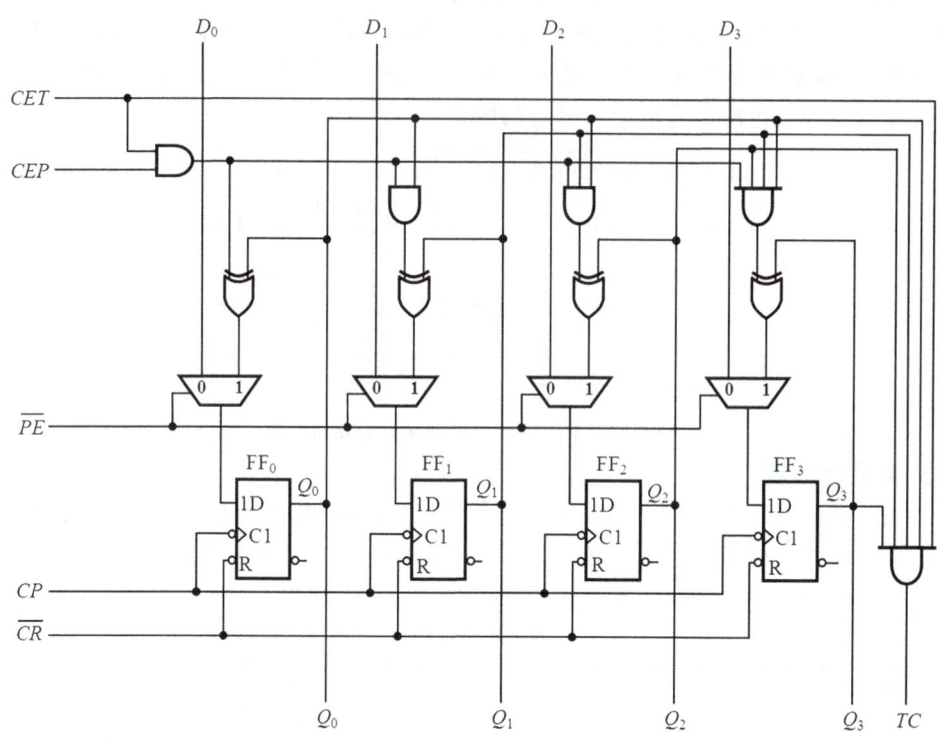

图 5-39 74LVC161 的内部逻辑电路图

计数器应用时,有时需要将计数器预置为某种状态,然后再从该状态开始计数。图 5-39 中,在每个触发器 D 的输入端前插入一个 2 选 1 数据选择器,以选择从数据输入端 D_N 置入数据,还是执行正常的计数功能,并用一个同步预置控制端 $\overline{PE}$ 进行控制。$D_3D_2D_1D_0$ 为 4 位并行数据输入端,当 $\overline{PE}=\mathbf{0}$ 时,数据选择器选择并行数据送至相应触发器的 D 输入端,这样,在下一个 CP 沿到来时,输入端 $D_3D_2D_1D_0$ 的数据被并行置入各触发器。这种在时钟脉冲作用下的并行置数称为同步置数。而当 $\overline{PE}=\mathbf{1}$ 后,4 个 2 选 1 数据选择器选择相应异或门的输出信号送至触发器 D 输入端,计数器恢复正常计数功能,于是,可在预置数据 $D_3D_2D_1D_0$ 的基础上继续递增计数。

在 $\overline{CR}=\overline{PE}=\mathbf{1}$ 清零和预置都不作用时,若 $CEP=CET=1$,两者相与得 **1**,与 Q^n 送至**异或门**,得到 $\overline{Q^n}$,即 $D=\overline{Q^n}$,实现计数功能。当 $CEP \cdot CET=\mathbf{0}$,与 Q^n 送至**异或门**,得到 Q^n,即 $D=Q^n$,实现保持功能。

进位信号 $TC=Q_3Q_2Q_1Q_0 \cdot CET$,即当 $Q_3Q_2Q_1Q_0=\mathbf{1111}$ 且 $CET=\mathbf{1}$ 时,进位信号为 **1**。

表 5-13 是 74LVC161 的功能表。

第 5 章 时序逻辑电路

表 5-13　74LVC161 的功能表

清零	预置	使能		时钟	预置数据输入				计数				进位
$\overline{CR}$	$\overline{PE}$	CEP	CET	CP	D_3	D_2	D_1	D_0	Q_3	Q_2	Q_1	Q_0	TC
L	×	×	×	×	×	×	×	×	L	L	L	L	L
H	L	×	×	↑	D_3^*	D_2^*	D_1^*	D_1^*	D_3	D_2	D_1	D_0	♯
H	H	L	×	×	×	×	×	×	保	持			♯
H	H	×	L	×	×	×	×	×	保	持			L
H	H	H	H	↑	×	×	×	×	计	数			♯

注：D_N^* 表示 CP 脉冲上升沿之前瞬间 D_{IN} 的电平。♯ 表示只有当 $Q_3Q_2Q_1Q_0 \cdot CET=1$ 时，TC 输出高电平，其余均为低电平。

图 5-40 是 74LVC161 的典型时序图，图中当清零信号 $\overline{CR}=0$ 时，各触发器立即置 0。当 $\overline{CR}=1$ 时，若 $\overline{PE}=0$，在下一个时钟脉冲上升沿到来后，各触发器的输出状态与预置的输入数据相同，$Q_3Q_2Q_1Q_0=1100$。在 $\overline{CR}=\overline{PE}=1$ 的条件下，若 $CEP=CET=1$，则电路处于计数状态，图中从预置的 1100 开始计数，直到 $CEP \cdot CET=0$，计数状态结束。此后处于禁止计数的保持状态：$Q_3Q_2Q_1Q_0=0010$。进位信号 TC 只有在 $Q_3Q_2Q_1Q_0=1111$ 且 $CET=1$ 时输出为 1，其余时间均为 0。

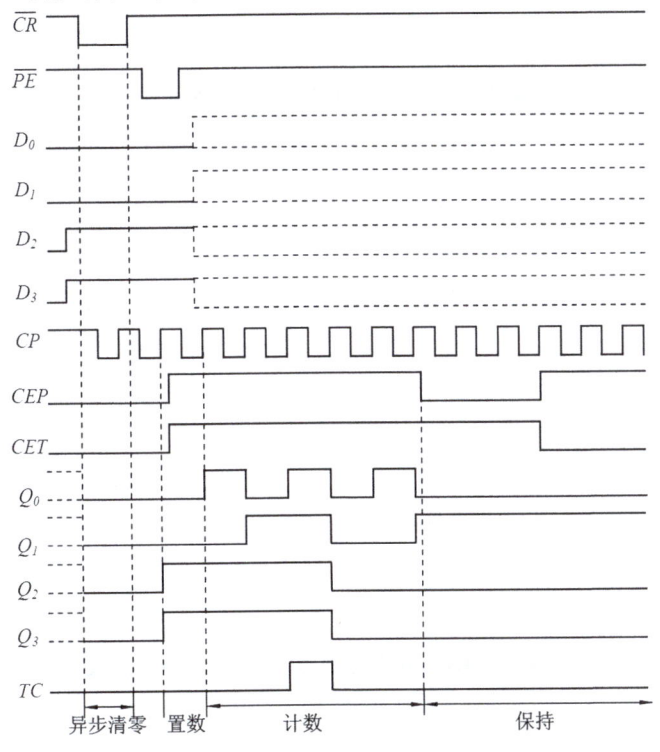

图 5-40　74LVC161 的典型时序图

74LVC290 是一种典型的高性能、低功耗 CMOS 异步二-五-十进制计数器，如图 5-41 所示，有两个独立的计数器：一是由 FF$_0$ 构成的 1 位二进制计数器，时钟脉冲为 CP_0；二是由 FF$_1$，FF$_2$，FF$_3$ 构成的异步五进制计数器，时钟脉冲为 CP_1。

S_{91}，S_{92} 为异步置 9 端信号，高电平有效。R_{01}、R_{02} 为异步复位端信号，高电平有效。当 $S_{91}S_{92}=1$，$R_{01}R_{02}=0$ 时，直接将 74LVC290 的状态置 9（$Q_3Q_2Q_1Q_0=1001$）。当 $S_{91}S_{92}=0$，$R_{01}R_{02}=1$ 时，直接将 74LVC290 输出清零（$Q_3Q_2Q_1Q_0=0000$）。

当 $S_{91}S_{92}=0$，$R_{01}R_{02}=0$ 时，74LVC290 处于计数状态。当时钟从 CP_0 输入，从 $Q_3Q_2Q_1$ 输出时实现五进制计数。

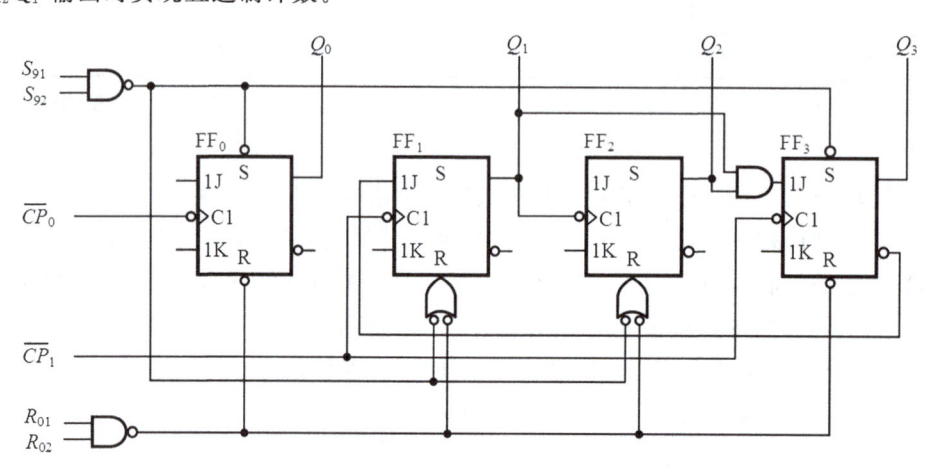

图 5-41 74LVC290 的内部逻辑电路图

将 74LVC290 内部的二进制计数器和五进制计数器级联即可构成十进制计数器，有两种方案，如图 5-42 所示。第一种方案是外部时钟从 CP_0 加入，CP_1 接 Q_0，如图 5-42(a) 所示，即先进行二进制计数，再进行五进制计数，由 $Q_3Q_2Q_1Q_0$ 输出 8421BCD 码；第二种方案是外部时钟从 CP_1 加入，CP_0 接 Q_3，如图 5-42(b) 所示，即先进行五进制计数，再进行二进制计数，由 $Q_3Q_2Q_1Q_0$ 输出 5421BCD 码。两种连接方式的状态表见表 5-14。

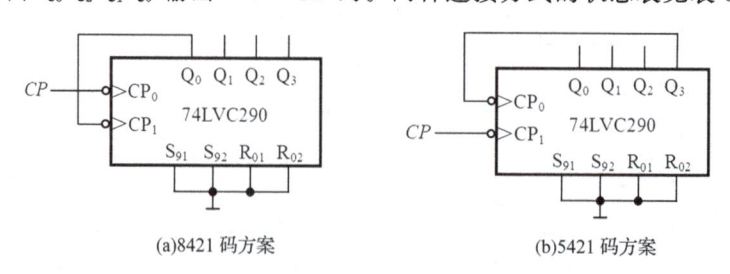

(a) 8421 码方案　　(b) 5421 码方案

图 5-42 74LVC290 构成十进制计数器的两种方案

表 5-14　　　　　　　　　　　两种改接方案及状态表

CLK	改接方案 1	8421 码输出				改接方案 2	5421 码输出			
		Q_3	Q_2	Q_1	Q_0		Q_3	Q_2	Q_1	Q_0
0↓		0	0	0	0		0	0	0	0
1↓		0	0	0	1		0	0	0	1
2↓		0	0	1	0		0	0	1	0
3↓		0	0	1	1		0	0	1	1
4↓	$CP_0=CP$	0	1	0	0	$CP_0=Q_3$	0	1	0	0
5↓	$CP_1=Q_0$	0	1	0	1	$CP_1=CP$	1	0	0	0
6↓		0	1	1	0		1	0	0	1
7↓		0	1	1	1		1	0	1	0
8↓		1	0	0	0		1	0	1	1
9↓		1	0	0	1		1	1	0	0

4. 用集成计数器构成任意进制计数器

任意模数的计数器可以用厂家定型的集成计数器产品外加适当的逻辑电路连接而成。用模 m 的集成计数器构成模 n 计数器时,如果 $m>n$,则只需一个模 m 集成计数器;如果 $m<n$,则要用多个模 m 计数器来构成。下面结合例题分别介绍这两种情况的实现方法。

例 5-8 用 74LVC161 构成模 12 递增计数器。

解:模 12 计数器有 12 个状态,而 74LVC161 在计数过程中有 16 个状态。因此属于 $m>n$ 的情况。可以设法跳过多余的 4 个状态,则可实现模 12 计数器。通常用两种方法实现,即反馈清零法和反馈置数法。

① 反馈清零法

反馈清零法适用于有清零输入端的集成计数器。74LVC161 具有异步清零功能,只要 $\overline{CR}=0$ 输出立即回到 **0000** 状态。清零信号消失后($\overline{CR}=1$),74LVC161 又从 **0000** 状态开始重新计数。

图 5-43(a)是利用 74LVC161 的异步清零功能实现模 12 计数器的电路图。图 5-43 (b)是其主循环状态图。由图可知,74LVC161 从 **0000** 状态开始计数,当第 12 个 CP 脉冲上升沿到达时,输出 $Q_3Q_2Q_1Q_0=$ **1100**,通过一个与非门译码后,反馈给 $\overline{CR}$ 端一个清零信号,立即使 $Q_3Q_2Q_1Q_0$ 返回到 **0000** 状态。此刻,产生清零信号的条件已消失,$\overline{CR}$ 端随之变为高电平,74LVC161 重新从 **0000** 状态开始新的计数周期。值得注意的是,状态 **1100** 转瞬即逝,并没有保持一个周期,因此主循环图中其用虚线表示,这样状态从 **0000** 到 **1011** 一共 12 个状态,构成模 12 计数器。

② 反馈置数法

反馈置数法适用于具有预置数功能的集成计数器。对于具有同步预置功能的计数器而言,在其计数过程中,同步预置控制端有效时,在下一个 CP 脉冲作用后,就会把预置的

数据 $D_3D_2D_1D_0$ 置入计数器。预置控制信号消失后，计数器就从被置入的状态开始重新计数。这种同步预置功能必须配合一个 CP 脉冲。

(a) 电路图　　(b) 主循环状态图

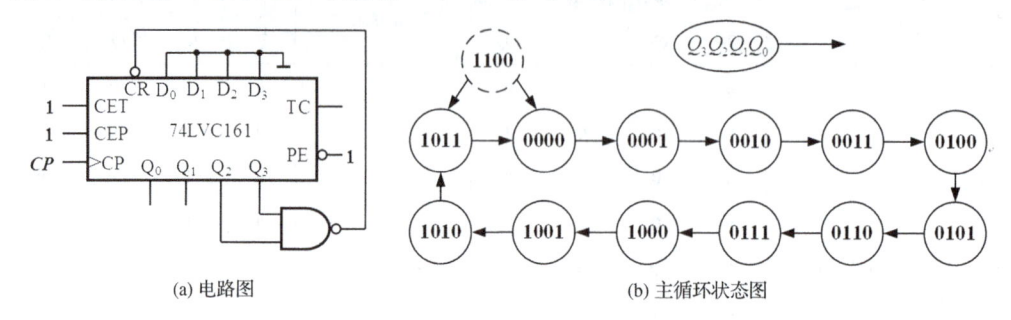

图 5-43　用反馈清零法将 74LVC161 接成模 12 计数器

图 5-44(a)是利用 74LVC161 的同步预置功能实现模 12 计数器的电路图。图 5-44(b)是其主循环状态图。把 $Q_3Q_2Q_1Q_0=1011$ 的状态经译码产生预置信号 **0** 反馈至 $\overline{PE}$ 端，在下一个 CP 脉冲上升沿到达时置入 **0000** 状态。图 5-44(b)中 **0000～1011** 这 11 个状态是加 **1** 计数实现的，**0000** 是反馈同步置数得到的。

(a) 电路图　　(b) 主循环状态图

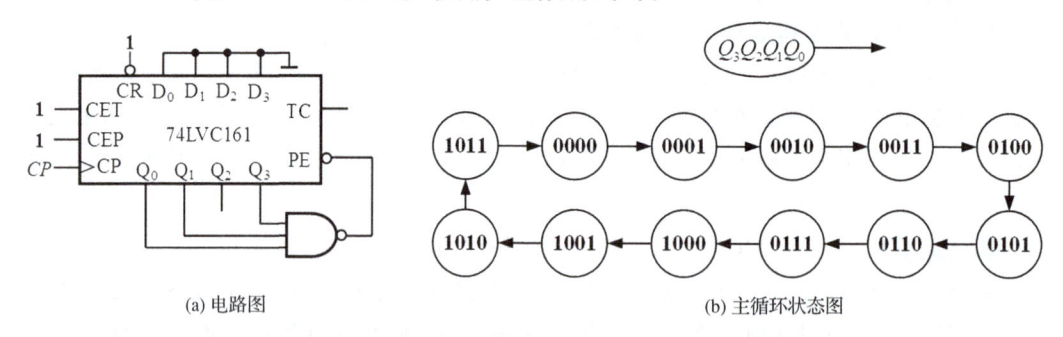

图 5-44　用反馈置数法将 74LVC161 接成模 12 计数器

图 5-45 所示电路是另一种反馈置数的方法，当 74LVC161 计数到 **1111** 状态时产生的进位信号 TC 反相后，接至预置控制端，即 **1111** 的下一个状态是预置数 **0100**，之后为加 **1** 计数，一直到 **1111**，循环进行。

不管是哪种反馈置数，均是借助了同步预置控制端，不同的是一个利用 $Q_3Q_2Q_1Q_0$ 的状态反馈，一个利用标志位 TC 进行反馈。

(a) 电路图　　(b) 主循环状态图

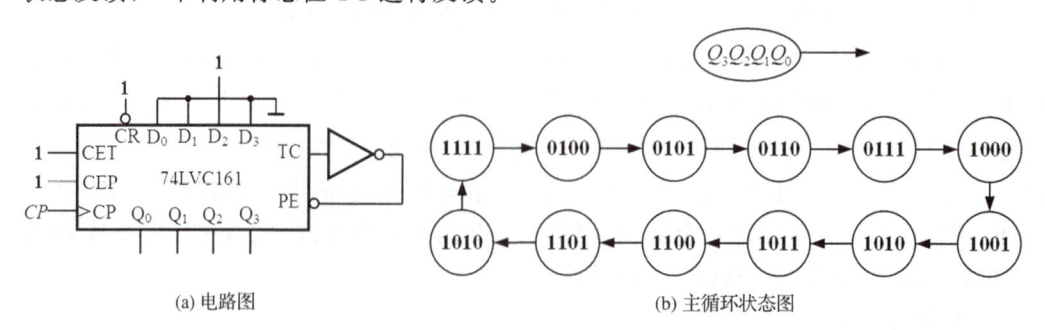

图 5-45　另一种反馈置数法接成模 12 计数器

此外将多片计数器级联可以扩大计数范围。计数器片与片间的连接方式可分成两类：串行进位方式和并行进位方式。

在并行进位方式中，每片时钟脉冲相同，用低位片计数器的进位信号控制高位片的计数控制端，整体为同步计数方式。

在串行进位方式中，用低位片计数器的进位信号作为高位片的时钟。由于每片时钟脉冲不同，所以整体为异步计数方式。

用两片 74LVC161 进行扩展，同步并行进位和异步串行进位分别如图 5-46 和图 5-47 所示。

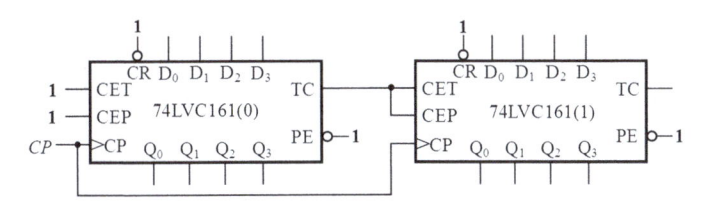

图 5-46 两片 74LVC161 同步并行进位

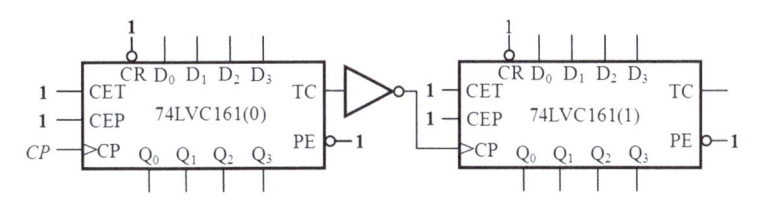

图 5-47 两片 74LVC161 异步串行进位

例 5-9 用 74LVC161 设计模 42 的加计数器。

解：本题的 74LVC161 是异步清零的 4 位二进制计数器，状态为 **0000~1111** 十六个状态，模 42 的计数器有 42 个状态，因此属于 $m<n$ 的情况。由于两个模 16 的计数器级联可构成 256 的计数器，所以模 42 的计数器需要两片 74LVC161 计数器级联。

选取 42 进制的计数状态为 0~41，二进制表示为 **0000 0000~0010 1001**。采用反馈清零法实现，由于 74LVC161 是异步清零，即状态 42＝2×16＋10＝**00101010** 仅在瞬间出现一下，随后由于清零端的作用，计数器立即返回 **0000 0000**。反馈清零的同步并行进位法电路连接如图 5-48 所示，反馈清零的异步串行进位法电路连接如图 5-49 所示，图中(0)代表低四位二进制，(1)代表高四位二进制。

若采用反馈置数法，由于 74LVC161 是同步置数，反馈置数操作可在循环状态 **0000 0000~0010 1001** 中的任何一个状态下进行。例如可将 **0010 1001** 状态译码信号加至反馈端，这时，预置数据输入端应接为 **0000 0000**，计数器即可在 **0000 0000~0010 1001** 这 42 个状态间循环。反馈置数的同步并行进位法电路连接如图 5-50 所示，反馈置数的异步串行进位法电路连接如图 5-51 所示。

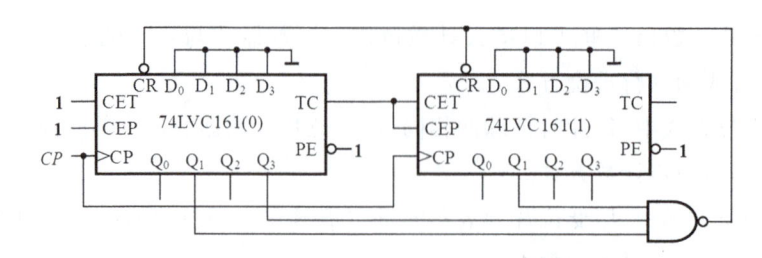

图 5-48 反馈清零的同步并行进位法实现模 42 计数器

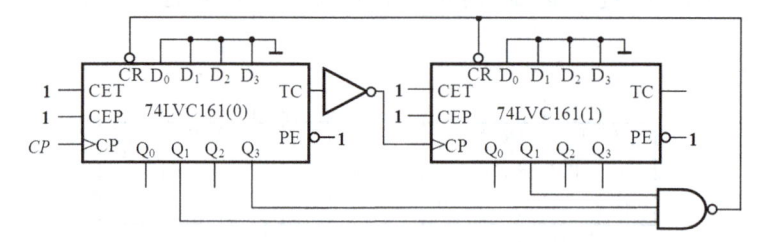

图 5-49 反馈清零的异步串行进位法实现模 42 计数器

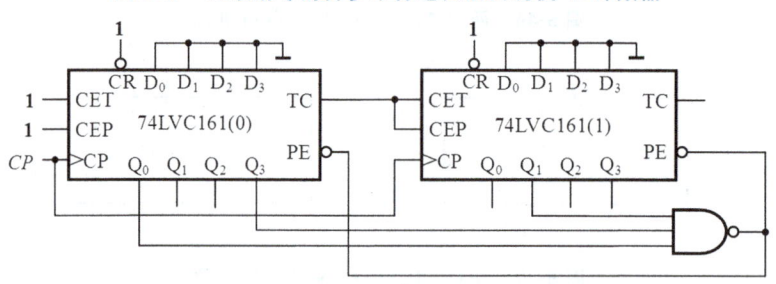

图 5-50 反馈置数的同步并行进位法实现模 42 计数器

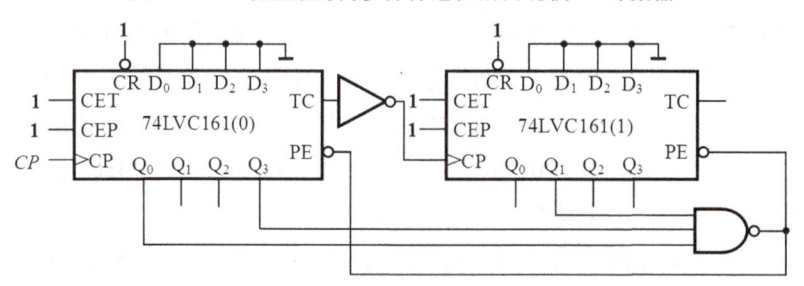

图 5-51 反馈置数的异步串行进位法实现模 42 计数器

例 5-10 用 74LVC290 的 8421 BCD 设计模 42 的加计数器。

解：除了二进制计数器外，工程上还经常需要很多其他模数的计数器。其中，最常用的是 BCD 计数器，本题选用二-五-十进制计数器 74LVC290 实现，由于两个模 10 的计数器级联可构成 100 的计数器，所以模 42 的计数器需要两片异步 74LVC290 计数器级联。

为了实现 8421 BCD 码，CP_0 接计数脉冲，CP_1 接 Q_0，对计数脉冲先二分频，再五分频，即构成 8421BCD 计数器。8421BCD 码的十个状态分别为 **0000,0001,0010,0011,**

$0100,0101,0110,0111,1000,1001$，可见 Q_3 的下降沿可以作为级联的脉冲信号接入下一级的 CP_0 端。

设计电路图如图 5-52 所示，其中(0)为个位计数器，(1)为十位计数器，脉冲信号从低位的 CP_0 接入，两个级联的 74LVC290 计数器均接成 8421 BCD 模式。设计运用整体反馈清零法实现，当第 42 个计数脉冲作用后，十位数计数器输出为 **0100**，个位数计数器输出为 **0010**（十进制数 42），与门输出高电平。它作用在两个计数器清零端，使两片计数器的 $R_{01}R_{02}=1$，系统状态立即返回到 **0000 0000** 状态。于是状态 **0100 0010** 仅在瞬间出现一下，计数器的有效状态为 0—41，形成模 42 计数器。

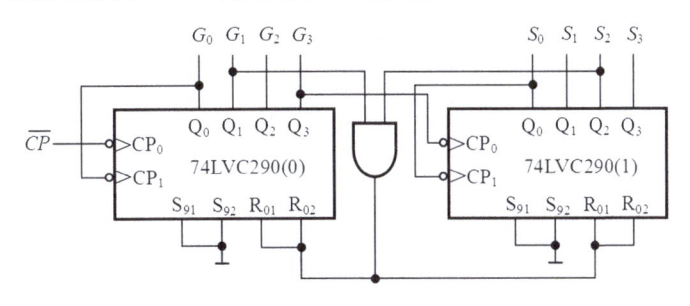

图 5-52 例 5-10 电路图

<<< **本章小结** >>>

● 时序电路一般由组合电路和存储电路两部分构成。它们在任一时刻的输出不仅是当前输入信号的函数，而且还与电路原来的状态有关。时序电路根据触发器的时钟输入端有没有连接在同一个时钟脉冲上，可分为同步和异步两大类；根据输出信号是否与输入信号有关，分为米利型时序电路和穆尔型时序电路。

● 同步时序电路是目前广泛应用的时序电路，是本章重点讨论的内容。同步时序电路的分析，首先按照给定电路列出各逻辑方程组、进而列出状态转换表、画出状态图和时序图，最后分析得到电路的逻辑功能。同步时序电路的设计，首先根据逻辑功能的需求，推导出原始状态图或原始状态表，有必要时需进行状态化简，继而对状态进行编码得到转换表，然后根据状态转换表导出激励方程组和输出方程组，最后画出逻辑图完成设计任务。

● 时序逻辑的功能、结构和种类繁多。本章仅对寄存器和计数器等几种典型的时序电路模块进行了较详细的讨论。重点介绍了计数器 74LVC161 和 74LVC290，以及它的典型应用。

<<< **习　　题** >>>

5-1　写出图 5-53 组合逻辑电路的激励方程组、转换方程组、输出方程组,画出其状态转换表和状态图。

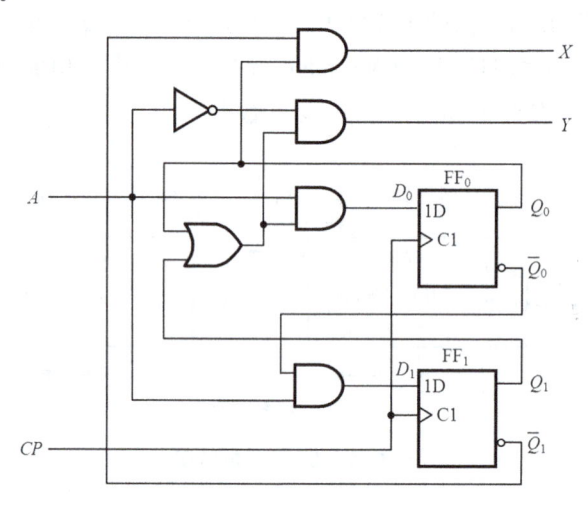

图 5-53　习题 5-1 图

5-2　图 5-54 所示是同步时序逻辑电路,分析其逻辑功能。

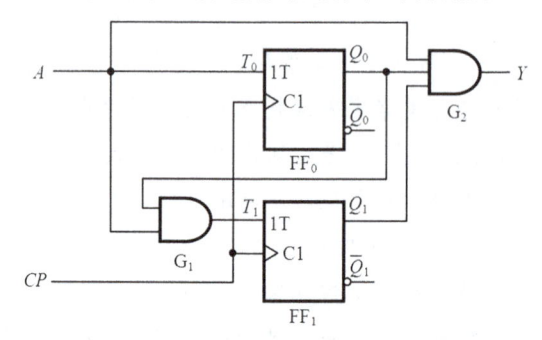

图 5-54　习题 5-2 图

5-3　图 5-55 所示是同步时序逻辑电路,分析其逻辑功能。

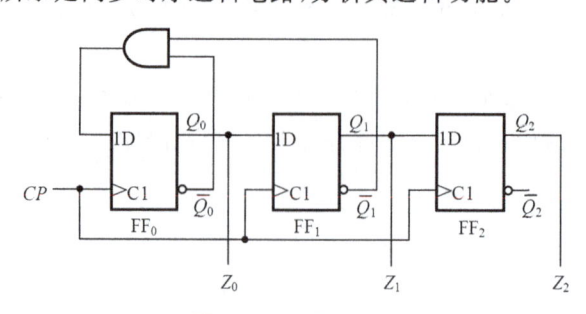

图 5-55　习题 5-3 图

5-4　试用下降沿触发的 D 触发器设计一个同步递增 8421BCD 计数器。

5-5　试用上升沿触发的 JK 触发器设计一个 110 序列检测器,输入为串行编码序列,输出为检出信号。

5-6　试用下降沿触发的 JK 触发器设计一同步时序逻辑电路,其状态图如图 5-56 所示。

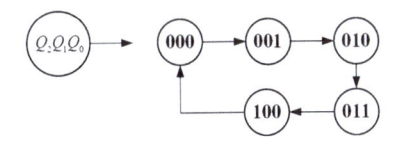

$Q_2Q_1Q_0$ → 000 → 001 → 010 → 011 → 100 → 000

图 5-56　习题 5-6 图

5-7　试用两片 74HC194 构成 8 位双向移位寄存器。

5-8　试用下降沿触发的 JK 触发器组成 4 位异步二进制递减计数器,画出逻辑图。

5-9　试用上升沿触发的 D 触发器及门电路组成 3 位同步二进制递增计数器,画出逻辑图。

5-10　试分析图 5-57 所示计数器,画出它的状态图。

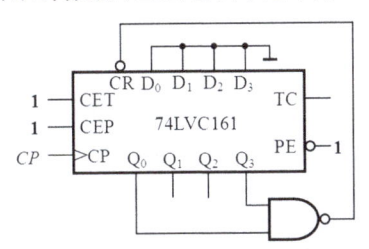

图 5-57　习题 5-10 图

5-11　试分析图 5-58 所示计数器,画出它的状态图。

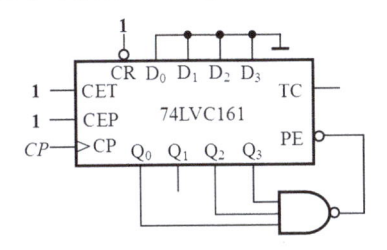

图 5-58　习题 5-11 图

5-12　试分析图 5-59 所示计数器,画出它的状态图。

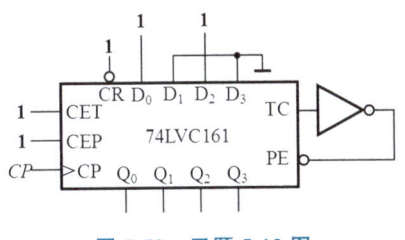

图 5-59　习题 5-12 图

5-13 试用 74LVC161 实现十进制计数器,可以添加必要的门电路。

5-14 试分析图 5-60 所示计数器,确定它的模。

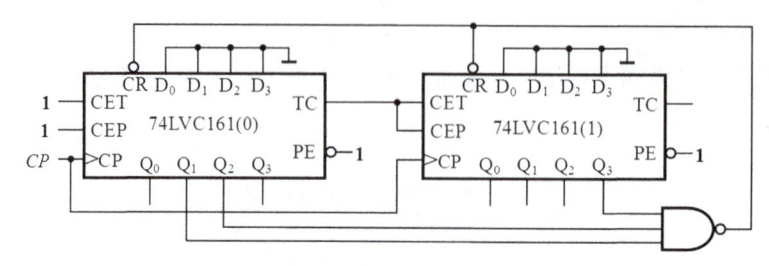

图 5-60 习题 5-14 图

5-15 试分析图 5-61 所示计数器,确定它的模。

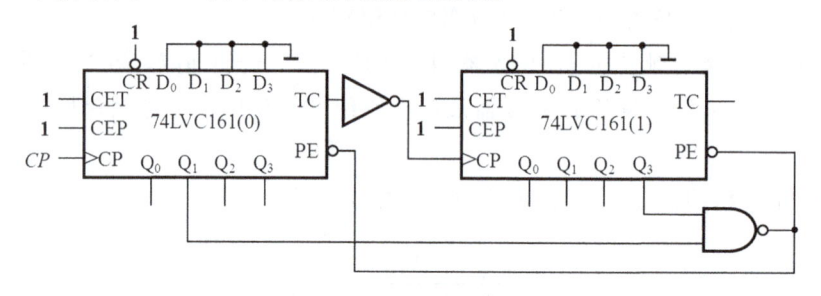

图 5-61 习题 5-15 图

5-16 试用两片 74LVC161,实现模 90 计数器。

5-17 试用两片 74LVC290,实现模 90 计数器。

第 6 章
DI-LIU ZHANG
波形的产生和变换

思政目标

本章的知识需要利用电路和模电的知识来搭建数字电路中的关键输入—时钟信号，读者可以利用仿真软件和动手搭建书本上的电路进行实践验证，与前面所学的章节内容有机结合，组成不同实际可用的数字系统，从而深刻理解课程知识与实际应用及创新的联系。

6.1 概 述

在同步时序逻辑电路中，时钟信号负责控制和协调整个系统的工作，如何产生稳定的时钟信号是系统稳定运行的必要条件之一。矩形时钟信号的产生一般有两种方法：一是通过整形电路将已有的周期信号（如三角波、正弦波等）变换为矩形波信号；二是通过多谐振荡电路直接产生矩形波信号，本章主要讲述第二种方法。

矩形时钟信号的重要参数如图 6-1 所示。

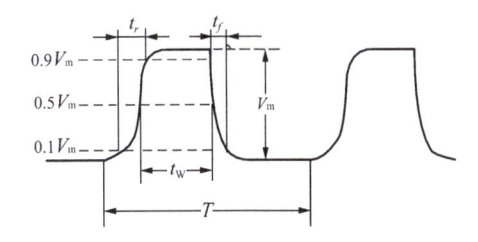

图 6-1 矩形时钟信号的重要参数

脉冲周期 T：在周期性重复信号中，两个相邻脉冲之间的时间间隔。

脉冲幅度 V_m：脉冲电压的最大变化幅度。

脉冲宽度 t_w：从脉冲前沿到达 $0.5V_m$ 起，至脉冲后沿至 $0.5V_m$ 为止的时间间隔。

上升时间 t_r：脉冲上升沿从 $0.1V_m$ 至 $0.9V_m$ 所需要的时间间隔。

下降时间 t_f：脉冲下降沿从 $0.9V_m$ 到达 $0.1V_m$ 所需要的时间间隔。

占空比 q：脉冲宽度与脉冲周期的比值，即 $q=t_W/T$。

6.2 单稳态触发器

前面学习的触发器都是有两个稳定的状态，如果输入没有发生变化，则输出数值将一直维持稳定的状态 **0** 或者 **1**。而单稳态电路只有一个稳定的状态，其电路特点是当单稳态电路无外界触发时，通常维持在稳定的状态；在外界触发脉冲的作用下，电路从稳态翻转到暂态，暂态维持一段时间后，电路自动返回稳态；暂态维持的时间由电路参数决定。

单稳态触发器广泛应用于脉冲的延时、定时和变换。

单稳态触发器可分为不可重复触发和可重复触发两种。

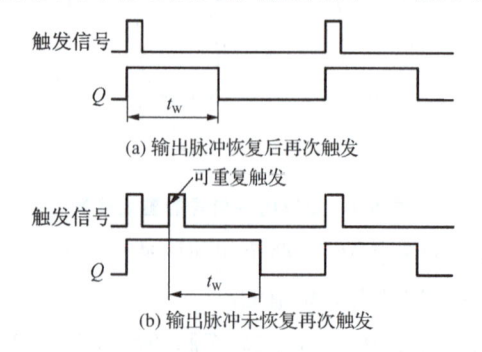

不可重复触发的单稳态触发器从触发进入暂态到返回稳态这段时间，不会响应任何附加的触发脉冲，即在时间结束之前将忽略任何触发脉冲。单稳态触发器保持为暂态的时间是输出的脉冲宽度。图 6-2 所示为不可重复触发的单稳态触发器响应，触发器分别在比输出脉冲宽度大的期间和比输出脉冲宽度小的期间被触发。注意在第二种情况下，附加脉冲被忽略了。

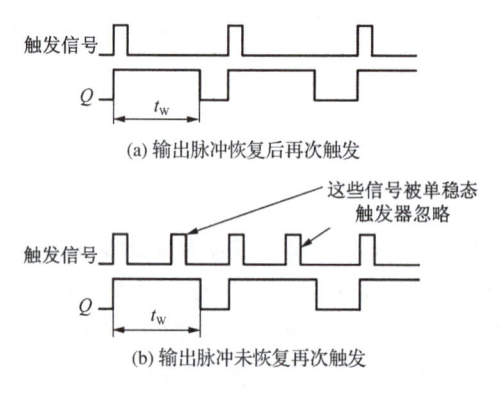

图 6-2 不可重复触发的单稳态触发器响应

可重复触发的单稳态触发器可以在其暂态时间结束之前被触发。重复触发的结果是脉冲宽度的延伸，可重复触发的单稳态触发器响应如图 6-3 所示。

图 6-3 可重复触发的单稳态触发器响应

6.2.1 由门电路构成的单稳态触发器

单稳态触发器可由门电路和 RC 电路组成，按照 RC 电路的不同连接方式，可组成微分型和积分型两种单稳态电路，本章主要讨论微分型单稳态触发器。在微分型电路中，使用不同的门电路，构成的单稳态电路的输入信号和输出脉冲信号也不同。在图 6-4 中使用的是或非门和非门，输入触发信号为正脉冲，输出信号为正脉冲。图 6-5 中使用的是与非门和非门电路，输入触发信号为负脉冲，输出信号为负脉冲。本节主要分析图 6-4 所示的由或非门构成的微分型单稳态触发器的工作原理。

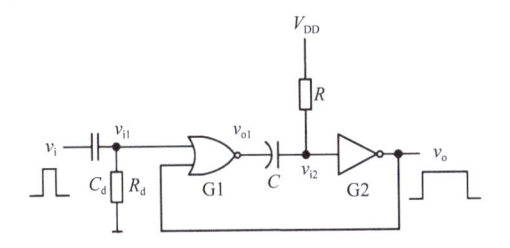

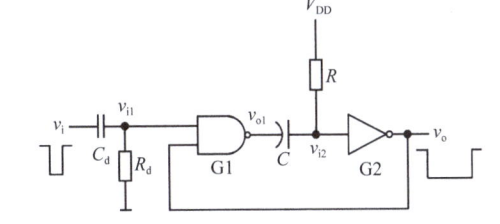

图 6-4　由或非门构成的微分型单稳态触发器　　**图 6-5　由与非门构成的微分型单稳态触发器**

1. 工作原理

为了方便讨论，本章认为 CMOS 门电路的电压传输特性皆为理想化器件，设 CMOS 门电路的工作阈值电压 $V_{TH} \approx 1/2\ V_{DD}$，输出高电平 $V_{OH} \approx V_{DD}$，输出低电平 $V_{OL} \approx 0$。

当输入端 v_i 保持低电平，没有触发信号时，$v_{i1}=0$，反相器 G_2 的输入端经电阻 R 接到电源 V_{DD}，此时反相器输出 $v_o \approx 0$，此时，或非门 G_1 的两个输入皆为低电平，输出电压 $v_{o1} \approx V_{DD}$，使得电容 C 两端的电压差接近 0，电路处于稳定状态。

当输入端 v_i 外加正脉冲信号时，由于电容 C_d 两端电压差不能突变，v_{i1} 的电压瞬间变高，v_{i1} 大于 V_{TH}，或非门 G_1 的输出变低，$v_{o1} \approx 0$，同样电容 C 的两端电压差不能突变，反相器 G_2 的输入端 $v_{i2} \approx 0$，导致 G_2 的输出变为高电平，$v_o \approx V_{DD}$，电路进入暂态。

当电路开始进入暂态时，由于 $v_{i2} \approx 0$，电源 V_{DD} 通过电阻 R 对电容 C 进行充电，随着充电的进行，v_{i2} 逐渐升高，当 $v_{i2} > V_{TH} \approx 1/2\ V_{DD}$ 时，反相器 G_1 输出翻转为低电平，此时 $v_o \approx 0$。

若此时输入端 v_i 的正脉冲已经消失，即 v_i 已经返回低电平，则或非门 G_1 的两个输入均为低电平，输出 v_{o1} 变为高电平，v_{i2} 变得更高，并迅速通过电阻 R 放电至 V_{DD}，电路又回到稳态。

微分型单稳态触发器可以用窄脉冲触发，虽然在 v_{i1} 的脉冲宽度大于输出脉冲宽度的情况下，电路仍能工作，但是输出脉冲的下降沿较差。因为在 v_o 返回低电平的过程中 v_{i1} 输入的高电平还存在，v_{o1} 不能变为高电平，使得电路内部不能形成正反馈。因此要求微分型单稳态触发器的输入脉冲宽度应小于输出脉冲宽度。电路波形变化如图 6-6 所示。

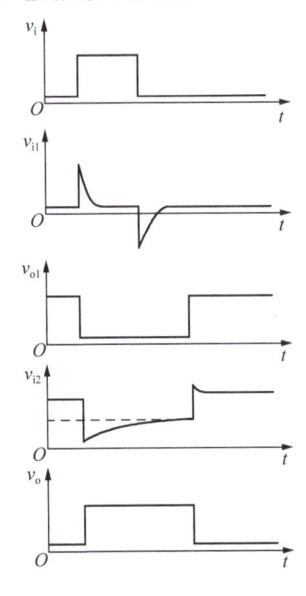

图 6-6　电路波形变化

2. 主要参数计算

(1) 输出脉冲宽度和幅值

从上述的原理可以看出，输出端的暂态维持时间就是由电容 C 的电压从 0 充电到 V_{TH} 的时间长度，与输入的脉冲时间无关。

根据对 RC 电路过渡过程的分析可知，在电容的充放电过程中，电容两端电压 v_c 从充、放电开始到变化至某一数值 $v_c(t)$ 所经过的时间 t 可用下式计算，即

$$t = RC \ln \frac{v_c(\infty) - v_c(0)}{v_c(\infty) - v_c(t)} \tag{6-1}$$

式中 $v_c(0)$ 是电容电压的起始值，$v_c(\infty)$ 是电容电压充电、放电的结束值。

在单稳态电路中，$v_c(0) = 0 \text{ V}, v_c(\infty) = V_{DD}, v_c(t) = V_{TH}$，代入式(6-1)，可得

$$t_w = RC \ln \frac{V_{DD} - 0}{V_{DD} - V_{TH}} = RC \ln 2 \approx 0.7 RC \tag{6-2}$$

输出脉冲的幅度为

$$V_m \approx V_{DD} \tag{6-3}$$

(2) 恢复时间

暂态结束后，还要经过一段恢复时间 t_{re}，使得电容 C 上的电荷释放完全，才能使电路完全恢复稳态，恢复时间一般认为是放电时间常数的 3～5 倍。

(3) 最高工作频率

设触发信号 v_i 的周期为 T，为了使单稳态电路能正常工作，应该满足 $T > t_w + t_{re}$ 的条件，因此微分型单稳态触发器的最高工作频率为

$$f_{max} = \frac{1}{t_w + t_{re}} \tag{6-4}$$

6.2.2 集成单稳态触发器

74121 是不可重复触发的 IC 单稳态触发器。该芯片的输出脉冲宽度可由内部电阻 R_{in} 和外部电容 C 提供，也可由外部电阻 R 和外部电容 C 提供，输入触发脉冲信号可以根据需要选用正脉冲触发和负脉冲触发，输出信号也可选为正脉冲和负脉冲。

如图 6-7 所示，该电路使用的是芯片内部电阻接法，芯片第 9 引脚 R_{in} 内部接有一个 2 kΩ 的内部定时电阻，脉冲宽度可由第 10 引脚和第 11 引脚之间跨接的外部电容 C_{ext} 决定。

在图 6-8 中，该电路使用的是外部电阻接法，芯片第 11 引脚与第 14 引脚之间跨接外部电阻 R_{ext}，第 10 引脚和第 11 引脚之间跨接的外部电容 C_{ext}。

两种接法的输出脉冲宽度皆为 $0.7RC_{ext}$，内部电阻接法中 $R = R_{in} = 2 \text{ kΩ}$，外部电阻接法中 $R = R_{ext}$。

输入触发和输出的正负脉冲选择则由芯片的第 3、第 4、第 5 引脚和第 1、第 6 引脚决定。芯片的第 3、第 4、第 5 引脚分别为输入端脉冲 A_1，A_2，B，第 1、第 6 引脚为输出端脉冲 Q 和 $\overline{Q}$，集成单稳态触发器 74121 功能表见表 6-1。

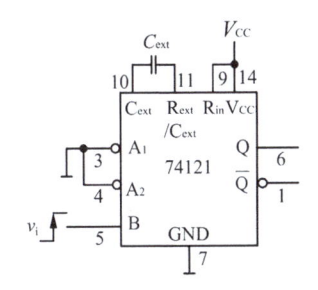

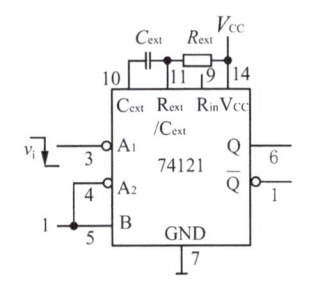

图 6-7　使用内部电阻的电路连接　　　图 6-8　使用外部电阻的电路连接

表 6-1　　　　　　　　　集成单稳态触发器 74121 功能表

输入			输出	
A_1	A_2	B	Q	$\bar{Q}$
0	×	1	0	1
×	0	1	0	1
×	×	0	0	1
1	1	×	0	1
1	↓	1	⊓	⊔
↓	1	1	⊓	⊔
↓	↓	1	⊓	⊔
0	×	↑	⊓	⊔
×	0	↑	⊓	⊔

由功能表可见,采用以下接法时,电路有正脉冲输出:

(1)输入端 B 接高电平,输入端 A_1 或 A_2 接入 **1** 到 **0** 的负跳变;

(2)A_1 或 A_2 两个输入端中有一个或两个为低电平,输入端 B 接入 **0** 到 **1** 的正跳变。

图 6-7 中采用的是 A_1 和 A_2 都接低电平,B 接正跳变的接法,而图 6-8 中采用的是 A_2 和 B 都接高电平,A_1 接负跳变的接法。

根据 74121 功能表,画出芯片的工作波形,如图 6-9 所示。

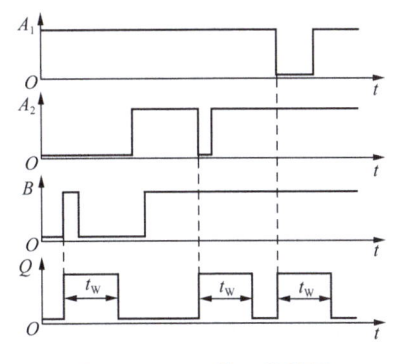

图 6-9　74121 的工作波形

例 6-1 采用 74121 设计一个单稳态触发器,脉冲宽度大约为 100 ms,试给出电路连接图和元件参数值。

解:任意选择 $R_{ext} = 39$ kΩ,并计算所需的电容,即

$$t_W = 0.7 R_{ext} C_{ext}$$

$$C_{ext} = \frac{t_W}{0.7 R_{ext}} = \frac{1 \times 10^{-1} \text{ s}}{0.7 \times 39 \times 10^3 \text{ Ω}} = 3.66 \text{ μF}$$

标准电容 3.3 μF 将给出宽度约为 91 ms 的输出脉冲,正确的连接方式如图 6-10 所示。为了获得接近 100 ms 的脉冲宽度,可尝试 R_{ext} 和 C_{ext} 的其他组合,如 R_{ext} 取 68 kΩ,C_{ext} 取 2.2 μF,可以给出脉冲宽度为 105 ms。

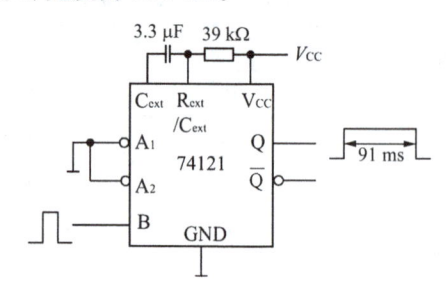

图 6-10 利用 74121 接 91 ms 脉冲的电路图

6.2.3 应用举例

1. 脉冲定时

单稳态触发器作为定时电路的应用及其波形如图 6-11 所示。利用单稳态触发器能够产生一定宽度 t_W 的矩形脉冲,利用该脉冲控制某一电路,则可使它在 t_W 时间内动作。

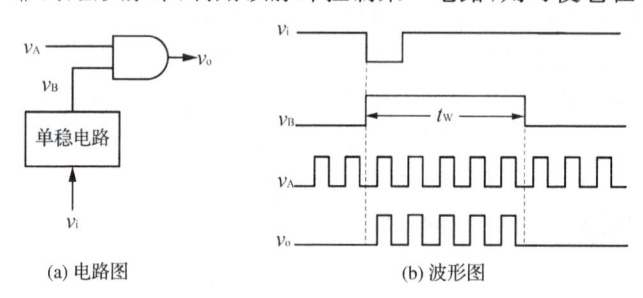

(a) 电路图 (b) 波形图

图 6-11 单稳态触发器作为定时电路的应用及其波形

2. 延时

如果需要延迟脉冲的触发时间,可利用单稳态电路来实现。单稳态触发器作为延时电路的应用及其波形如图 6-12 所示,v_o 的下降沿比 v_i 的下降沿延迟了 t_W 的时间。

3. 去除电路噪声

有用的信号一般具有一定的脉冲宽度,而噪声多为尖脉冲。噪声消除电路及其波形,如图 6-13 所示,用 v_i 作为下降沿触发的计数器触发脉冲,干扰加入,就会造成计数错误,利用单稳态触发器,合理选择 R,C 的值,使其输出脉冲大于噪声宽度且小于信号宽度,即可消除噪声。

(a) 电路图

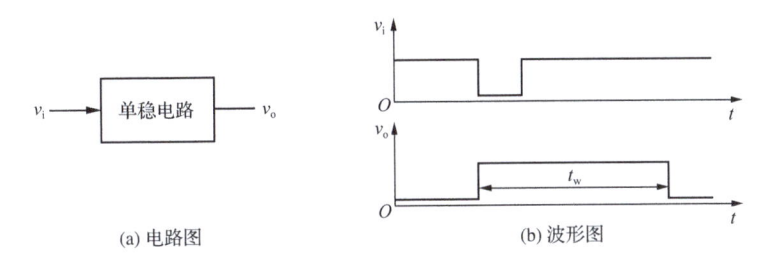

(b) 波形图

图 6-12 单稳态触发器作为延时电路的应用及其波形

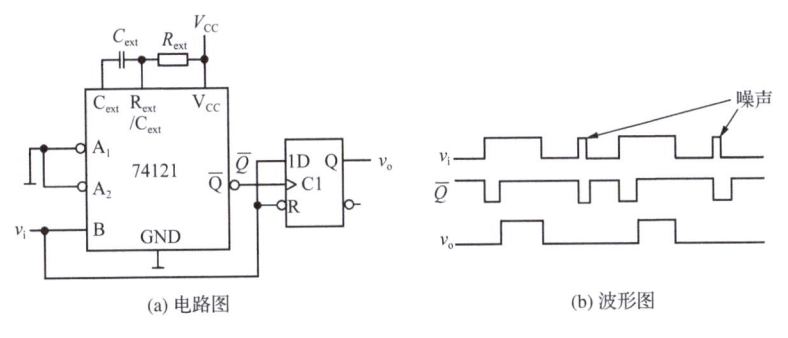

(a) 电路图

(b) 波形图

图 6-13 噪声消除电路及其波形

6.3 施密特触发器

施密特触发器可以把变化缓慢的信号波形变换为边沿陡峭的矩形波,因此常作为波形整形电路,将模拟信号波形整形为数字电路能够处理的方波波形。同时施密特触发器具有滞回特性,常应用于开回路配置中的抗干扰。

施密特触发器有两个稳定状态,但与一般触发器不同的是,施密特触发器采用电平触发方式,其状态的维持和转换完全取决于外加触发信号;对于负向递减和正向递增两种不同变化方向的输入信号,施密特触发器有不同的阈值电压,因此常用于幅度鉴别。

施密特触发器的电路传输特性及其逻辑符号如图 6-14 所示。

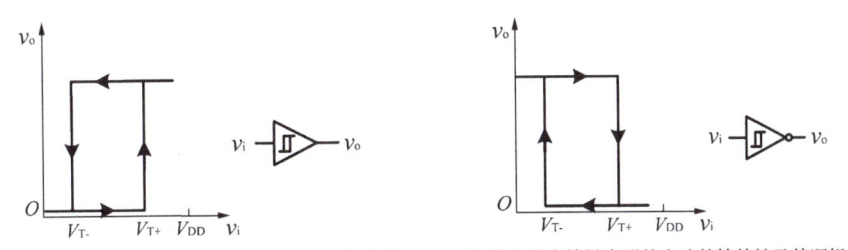

(a) 正向输出施密特触发器的电路传输特性及其逻辑符号　(b) 反向输出施密特触发器的电路传输特性及其逻辑符号

图 6-14 施密特电路的传输特性及其逻辑符号

6.3.1 由门电路组成的施密特触发器

由 CMOS 门电路组成的施密特触发器电路图如图 6-15 所示,电路中使用两个反相器串接,电阻 R_1,R_2 将输出端的电压分压后反馈到 G_1 门的输入。

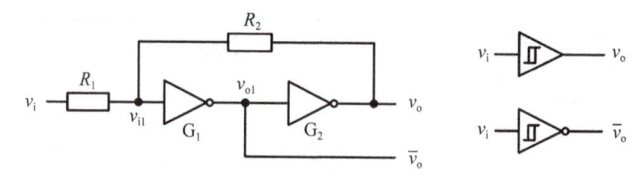

图 6-15 由 CMOS 门电路组成的施密特触发器电路图

1. 工作原理

设 CMOS 反相器的输出高电平 $V_{OH} \approx V_{DD}$,输出低电平 $V_{OL} \approx 0$,阈值电压 $V_{TH} \approx 1/2 V_{DD}$,且电路中 $R_1 < R_2$。

根据电路的叠加原理可得

$$v_{i1} = \frac{R_2}{R_1+R_2}v_i + \frac{R_1}{R_1+R_2}v_o \tag{6-5}$$

(1)当 $v_i = 0$ 时,有

$$v_{i1} = \frac{R_1}{R_1+R_2}v_o < \frac{1}{2}V_{DD} \approx V_{TH} \tag{6-6}$$

此时 G_1 门输出高电平,G_2 门输出低电平,$v_{o1} \approx V_{DD}$,$v_o \approx 0$,G_1 和 G_2 接成正反馈电路,$v_{i1} = 0$,电路输出保持稳定。

(2)当 v_i 电压逐渐增加,使得 $v_{i1} = V_{TH}$ 时,G_1 门进入电压传输特性转折区(放大区),随着 v_{i1} 的增加,电路将引发如下的正反馈过程,即

$$v_i \uparrow \longrightarrow v_{i1} \uparrow \longrightarrow v_{o1} \downarrow \longrightarrow v_o \uparrow$$

于是电路的状态迅速地转换为 $v_o = V_{OH} \approx V_{DD}$。由此便可以求出 v_i 上升过程中电路状态发生转换时对应的输入电平 V_{T+}。因为这时有 $v_i = V_{T+}$,$v_{i1} = V_{TH}$,$v_o = 0$,代入式(6-5),可得

$$V_{TH} = (\frac{R_2}{R_1+R_2})V_{T+} \tag{6-7}$$

即

$$V_{T+} = (1+\frac{R_1}{R_2})V_{TH} \tag{6-8}$$

V_{T+} 称为正向阈值电压。

(3)当 v_i 电压继续增加,电路在 $v_{i1} > V_{TH}$ 后,输出状态维持 $v_o = V_{OH} \approx V_{DD}$ 不变。

(4)当 v_i 电压从高电平开始逐渐下降并到达 $v_{i1} = V_{TH}$ 时,G_1 门又进入电压传输特性转折区,随着 v_i 的下降,电路将引发如下的正反馈过程,即

$$v_i \downarrow \longrightarrow v_{i1} \downarrow \longrightarrow v_{o1} \uparrow \longrightarrow v_o \downarrow$$

因此,电路的状态迅速转换为 $v_o = V_{OL} \approx 0$ V。由此又可以求出 v_i 下降过程中电路状态发生转换时对应的输入电平 V_{T-},由于这时有 $v_i = V_{T-}$,$v_{i1} = V_{TH}$,$v_o = V_{DD}$,代入式(6-5),可得

$$V_{TH} = (\frac{R_2}{R_1+R_2})V_{T-} + (\frac{R_1}{R_1+R_2})V_{DD} \tag{6-9}$$

将 $V_{DD}=2V_{TH}$ 代入式(6-9),可得

$$V_{T-}=(1-\frac{R_1}{R_2})V_{TH} \tag{6-10}$$

V_{T-} 称为负向阈值电压。

正向阈值电压 V_{T+} 与负向阈值电压 V_{T-} 之差为回差电压,记作 ΔV_T,由式(6-8)和式(6-10)可得

$$\Delta V_T=V_{T+}-V_{T-}=(1+\frac{R_1}{R_2})V_{TH}-(1-\frac{R_1}{R_2})V_{TH}=2\frac{R_1}{R_2}V_{TH}=\frac{R_1}{R_2}V_{DD} \tag{6-11}$$

式(6-11)表明,电路的回差电压与 R_1/R_2 呈正比,改变 R_1/R_2 的比值可以调节回差电压的数值。但是要注意的是 R_1 的数值必须小于 R_2 的数值,否则电路将进入自锁状态,不能正常工作。

2. 工作波形及电压传输特性

根据式(6-8)和式(6-10)画出的电压传输特性如图 6-16(a)所示。因为 v_o 和 v_i 的高、低电平是同相的,所以也将这种形式的电压传输特性称为同向输出的施密特触发特性。

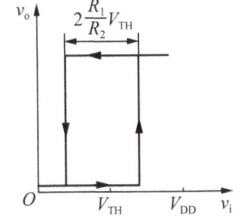

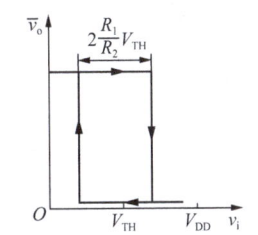

(a) 同向施密特触发器的电压传输特性　　(b) 反向施密特触发器的电压传输特性

图 6-16　施密特触发器的电压传输特性

如果以图 6-15 中的 $\bar{v}_o$ 作为输出端,则得到的电压传输特性如图 6-16(b)所示。由于 $\bar{v}_o$ 与 v_i 的高、低电平是反相的,因此将这种形式的电压传输特性称为反向输出的施密特触发特性。

6.3.2　集成施密特触发器

由于施密特触发器的应用非常广泛,因此无论是在 TTL 电路中还是在 CMOS 电路中,都有单片集成的施密特触发器产品。

1. TTL 电路集成施密特触发器 7413

7413 为 TTL 双路四输入端与非施密特触发器,如图 6-17 所示为施密特触发器 7413 的芯片逻辑图。该芯片的 $V_{T-}\approx 0.8\ \text{V}$,$V_{T+}\approx 1.6\ \text{V}$,对每个具体的器件而言,$V_{T+}$ 和 V_{T-} 都是固定的,不能调节。

2. CMOS 集成施密特触发器 CC40106

CC40106 由六个施密特触发器电路组成。每个电路均为输入端具有施密特触发器功能的反相器。如图 6-18 所示为施密特触发器 CC40106 的芯片逻辑图,常温下,该芯片的 V_{T+}、V_{T-} 和 ΔV_T 随着电源电压的不同而不同,表 6-2 为施密特触发器 CC40106 在 25 ℃下各参数的典型值。

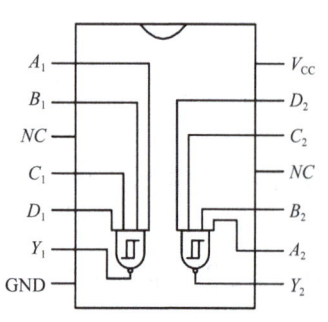

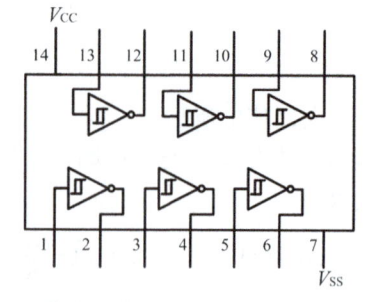

图 6-17　施密特触发器 7413 的芯片逻辑图　　图 6-18　施密特触发器 CC40106 的芯片逻辑图

表 6-2　　　　　　　　　　施密特触发器 CC40106 的主要参数　　　　　　　　　　V

V_{DD}	V_{T+}	V_{T-}	ΔV_T
5	3.6	1.4	2.2
10	6.8	3.2	3.6
15	10	5	5

6.3.3　应用举例

1. 波形变换和整形

施密特触发器常用于波形变换,可将波形缓慢的信号,如正弦波、三角波等,变换为波形陡峭的矩形波。如图 6-19 所示使用施密特触发器实现波型变换,图中将幅值大于 V_{T+} 的信号接入施密特触发器的输入端,即可在输出端得到频率相同的矩形波。

在数字信号传输过程中,如传输线上的电容较大,信号容易发生畸变,矩形波信号上升沿和下降沿被延缓,则可以通过施密特触发器将波形改善,波形整形如图 6-20 所示。

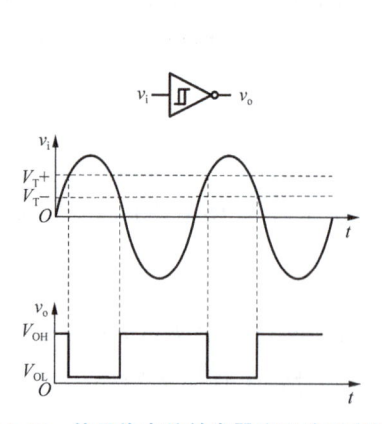

图 6-19　使用施密特触发器实现波型变换　　　　图 6-20　波形整形

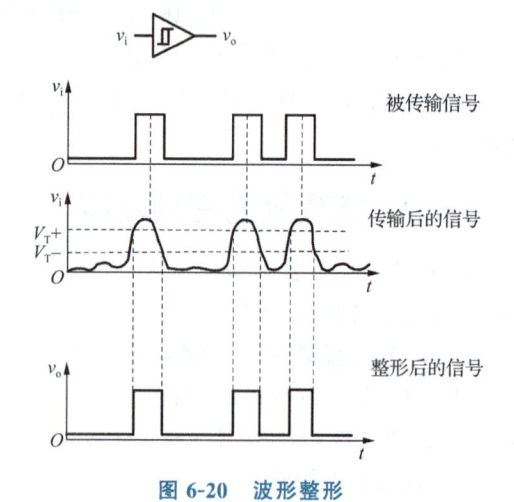

2. 波形抗干扰

此外,在实际工程应用中,若传输线较长,则接收端阻抗和传输线阻抗不匹配时,数字波形的上升沿和下降沿产生的阻尼振荡也常用施密特触发器去除。消除振荡影响图如图 6-21 所示。

3. 幅度鉴别

施密特触发器属于电平触发，即输出状态与输入信号的幅度有关。利用这个特性，可以把它当作幅值鉴别电路。在图 6-22 中，将幅值各异的脉冲信号接入施密特触发器的输入端，只有幅度大于 V_{T+} 的脉冲才会被识别。

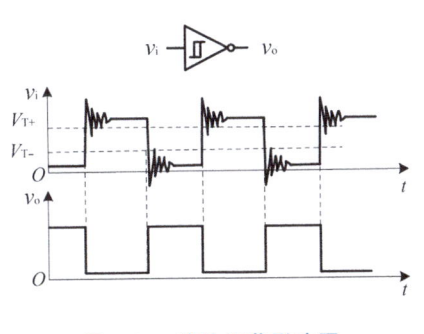

图 6-21　消除振荡影响图

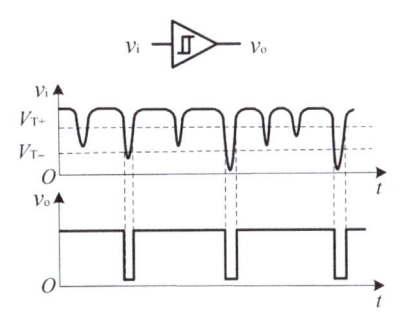

图 6-22　鉴别脉冲幅值

此外，利用施密特触发器的滞回特性，还可以接成多谐振荡器，该内容将在下一节详细描述。

6.4　多谐振荡器

多谐振荡器是一种自激振荡电路，该电路无须输入信号，一旦接通电源，就会自动输出周期性的矩形脉冲信号。由于输出信号含有丰富的谐波分量，因此通常称为多谐振荡器。

多谐振荡器在工作过程中，没有稳定的状态，只有两个暂态，因此又被称为无稳态电路。

多谐振荡电器的形式有很多种，有环形振荡器，由门电路组成的对称式和非对称式多谐振荡器，由施密特触发器组成的多谐振荡器等。在这些电路中，都具有开关电路和延时反馈电路。开关电路可以由逻辑门、电压比较器等组成，它的作用是产生电路的高、低电平。延时反馈电路的作用是将输出电平延时，并反馈到输入端以改变电路的状态。

6.4.1　环形振荡器

环形振荡器是利用门电路中的传输延时负反馈产生振荡的，电路主要由奇数个反相器首尾相连而成，如图 6-23 所示。

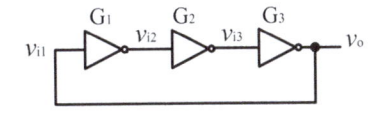

图 6-23　环形振荡器

图 6-23 中的电路是最简单的环形振荡器，只由三个反相器组成。可以看出，该电路没有稳态。假设由于某种原因 v_{i1} 产生了微小的正跳变，经 G_1 的传输延迟时间 t_{pd} 后，v_{i2}

产生了一个幅度更大的负跳变,在经过 G_2 的传输延迟时间 t_{pd} 后,使 v_{i3} 产生更大的正跳变,经 G_3 的传输延迟时间 t_{pd} 后,在 v_o 产生一个更大的负跳变并反馈到 G_1 输入端。因此,在经过 $3t_{pd}$ 后,v_{i1} 又自动跳变为低电平,再经过 $3t_{pd}$ 后,v_{i1} 又将跳变为高电平。如此反复,便产生自激振荡。如图 6-24 所示,可见振荡周期为 $T=6t_{pd}$。

根据以上分析,得到的工作波形图如图 6-24 所示。

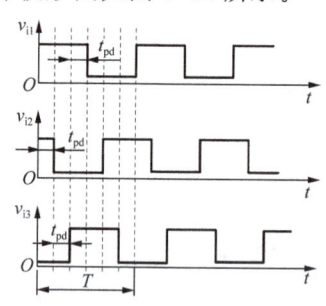

图 6-24　图 6-23 电路的工作波形

由此推理,将任何大于 3 的奇数个反相器首尾相连接成环形电路,都能产生自激振荡,振荡周期为

$$T=2nt_{pd} \tag{6-12}$$

式中,n 为串联反相器的个数。

值得注意的是,由于反相器的延时时间非常短,TTL 电路只有几十纳秒,CMOS 电路最多一两百纳秒,因此要在示波器上观察到 v_o 的波形,n 一般要大于 7。此外,由于该电路的频率不容易调节,因此想获得频率较低的振荡器有一定的困难。

为克服以上困难,考虑在图 6-23 电路的基础上附加 RC 延时电路,构成如图 6-25 所示的电路图,以增加 G_2 输出端到 G_3 输入端的延时。但是该电路图中 RC 的有效充放电时间非常短,当 RC 充电使得 G_3 的输入电压大于阈值电压 V_{TH} 后,G_3 经过 t_{pd} 延时后状态迅速翻转,使得 G_2 的输出电压也迅速翻转,RC 电路改为放电状态,当 G_3 的输入电压小于阈值电压 V_{TH} 后,电路状态又开始翻转,因此 RC 电路的充放电时间不足以有效的增加 G_2 输出端到 G_3 输入端的传输延时时间。

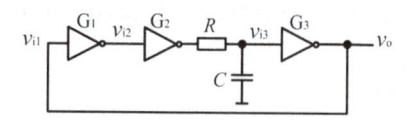

图 6-25　带 RC 延时电路的环形振荡器

为了进一步加大 RC 电路的充放电时间,在实际的环形振荡器电路中将电容 C 的接地端接到 G_1 的输出端上,同时为防止 G_3 输入电流过大,在 G_3 的输入端接入保护电阻 R_S,如图 6-26 所示电路。

1. 工作原理

(1)第一暂态及翻转过程

假设电路刚上电时,电容 C 尚未充电,G_1 门输入端 $v_{i1}=V_{DD}$,则有 $v_{i2}=0$,$v_{o2}=V_{DD}$,同时电容 C 两端电压差为 0 V,因此,$v_{i3}=0$,$v_o=V_{DD}$。此时,电源经过 G_2 门和 R,向电容

第6章 波形的产生和变换

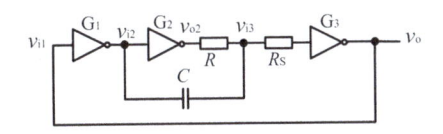

图 6-26 有效的带 RC 延时电路的环形振荡器

C 充电,随着时间的增加,电容的两端电压差逐渐增大,即 v_{i3} 持续增大,当 v_{i3} 增大到 G_3 门的阈值电压 V_{TH} 时,G_3 门翻转,电路进入第二暂态,此时电路的状态变为 $v_o=0, v_{i1}=0$,$v_{i2}=V_{DD}, v_{o2}=0$,电容放电。

(2)第二暂态及翻转过程

由于电容两端的电压差不能突变,v_{i2} 由原来的 0 跳变成 V_{DD},则电容的另一端电压 v_{i3} 会随之跳变为 $V_{TH}+V_{DD}$,而此时 $v_{o2}=0$,电容 C 经过 G_2 门和 R 进行放电。随着放电的进行,电容 C 两端电压差会逐渐减小,因此 v_{i3} 的电压持续减小,当 v_{i3} 减小到 G_3 门的阈值电压 V_{TH} 时,G_3 门又开始翻转,使得 $v_o=V_{DD}, v_{i1}=V_{DD}, v_{i2}=0, v_{o2}=V_{DD}$,电容 C 放电结束,返回到第一暂态。

在返回第一暂态的瞬间,由于电容两端的电压差不能突变,v_{i2} 由原来的 V_{DD} 跳变成 0,则电容的另一端电压 v_{i3} 会随之跳变为 $V_{TH}-V_{DD}$,电容 C 又开始充电。此后,电路重复上述过程,不停地从一个暂态跳变到另一个暂态,于是,G_3 门的输出端会得到连续不断的矩形脉冲信号。电路的工作波形如图 6-27 所示。

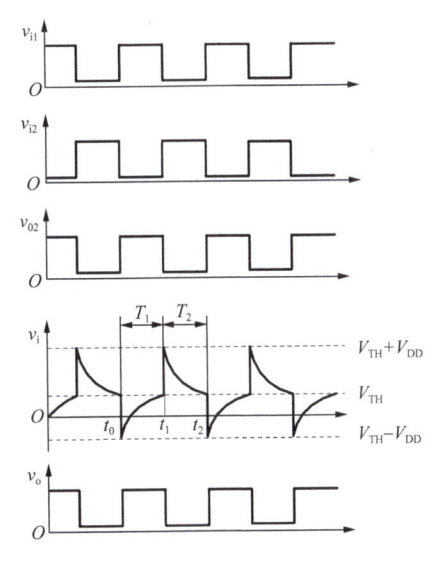

图 6-27 环形振荡器的工作波形

在该过程中,G_2 的输出端 v_{o2} 到 G_3 的输入端 v_{i3} 的延时变为 $V_{TH}-V_{DD}$ 充电到阈值电压 V_{TH} 的时间以及从 $V_{TH}+V_{DD}$ 放电到阈值电压 V_{TH} 的时间,大大地增加了传输延时时长。

通常 RC 电路产生的延时时长要远大于门电路自身的延时时长,因此计算振荡周期时只考虑 RC 电路的作用。

2. 参数计算

设反相器的工作阈值电压 $V_{TH} \approx 1/2 V_{DD}$，输出高电压 $V_{OH} \approx V_{DD}$，输出低电压 $V_{OL} \approx 0$，忽略反相器输出电阻。

(1) T_1 的计算

以图 6-27 中的 t_0 作为起点，$T_1 = t_1 - t_0$，$v(t_0^+) = V_{TH} - V_{DD}$，$v(t_1^-) = V_{TH}$，$v(\infty) = V_{DD}$，根据式(6-1)，可得

$$T_1 = RC \ln \frac{V_{DD} - (V_{TH} - V_{DD})}{V_{DD} - V_{TH}} = RC \ln 3 \tag{6-13}$$

(2) T_2 的计算

以图 6-27 中的 t_1 作为起点，$T_2 = t_2 - t_1$，$v(t_1^+) = V_{TH} + V_{DD}$，$v(t_2^-) = V_{TH}$，$v(\infty) = 0$，根据式(6-1)，可得

$$T_2 = RC \ln \frac{0 - (V_{TH} + V_{DD})}{0 - V_{TH}} = RC \ln 3 \tag{6-14}$$

因此，环形振荡器的振荡周期为

$$T = T_1 + T_2 = 2RC \ln 3 \approx 2.2RC \tag{6-15}$$

6.4.2 由门电路组成的多谐振荡器

使用由 CMOS 门电路和 RC 电路组成的多谐振荡电路及其原理如图 6-28(a)、图 6-28(b) 所示。两个反相器 G_1 和 G_2 串接，电阻 R 接在 G_1 门的输入与输出之间，电容 C 接在 G_1 门输入与 G_2 门输出之间。设两个反相器的工作阈值电压 $V_{TH} \approx 1/2 V_{DD}$，输出高电压 $V_{OH} \approx V_{DD}$，输出低电压 $V_{OL} \approx 0$。

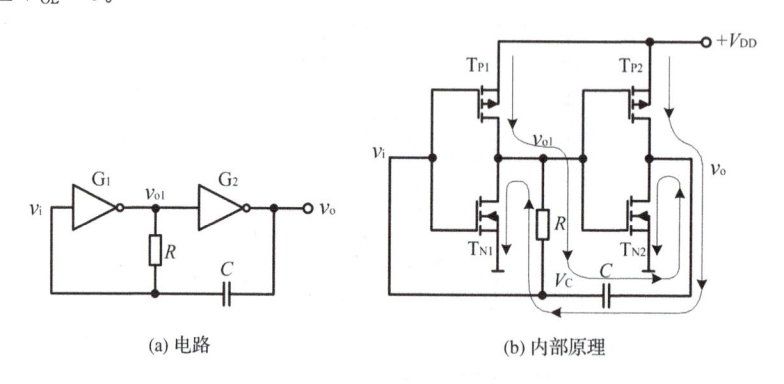

(a) 电路　　(b) 内部原理

图 6-28　多谐振荡电路及其原理

1. 工作原理

(1) 第一暂态及其翻转过程

假设电路刚上电时，电容 C 尚未充电，G_1 门输入端 $v_i = 0$，则有 $v_{o1} = 1$，$v_o = 0$，同时电容 C 两端的电压差为 0 V，此时，电源经过 G_1 门的 T_{P1} 管、R、G_2 门的 T_{N2} 管向电容 C 充电，随着时间的增加，电容的两端电压差逐渐增大，即 v_i 持续增大，当 v_i 增大到 G_1 门的阈值电压 V_{TH} 时，G_1 门开始翻转，电路进入如下正反馈：

$$v_i \uparrow \longrightarrow v_{o1} \downarrow \longrightarrow v_o \uparrow$$

该反馈过程使得电路迅速进入第二暂态,此时电路的状态变为 $v_{o1}=0,v_o=V_{DD}$,电容充电。

(2) 第二暂态及其翻转过程

电路进入第二暂态的瞬间,由于电容两端的电压差不能突变,v_o 由原来的 0 跳变成 V_{DD},则电容的另一端电压 v_i 会随之跳变为 $V_{TH}+V_{DD}$,而此时 $v_{o1}=0$ V,电容 C 经过 G_2 门的 T_{P2} 管、R、G_1 门的 T_{N1} 管放电。随着放电的进行,电容 C 两端电压差会逐渐减小,因此 v_i 的电压持续减小,当 v_i 减小到 G_1 门的阈值电压 V_{TH} 时,电路进入如下正反馈:

$$v_i \downarrow \longrightarrow v_{o1} \uparrow \longrightarrow v_o \downarrow$$

于是,G_1 门又开始迅速翻转,使得 $v_{o1}=V_{DD}$,$v_o=0$,电容 C 放电结束,返回到第一暂态。

在返回第一暂态的瞬间,由于电容两端的电压差不能突变,v_o 由原来的 V_{DD} 跳变成 0,则电容的另一端电压 v_i 会随之跳变为 $V_{TH}-V_{DD}$,电容 C 又开始充电。此后,电路重复上述过程,不停地从一个暂态跳变到另一个暂态,于是,G_2 门的输出端得到连续不断的矩形脉冲信号。电路的工作波形如图 6-29 所示。

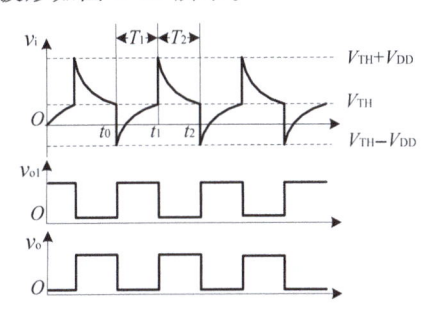

图 6-29 电路的工作波形

2. 参数计算

多谐振荡器的振荡周期与两个暂态的维持时间相关,两个暂态的维持时间分别为电容 C 的充电时间 T_1 和放电时间 T_2。

(1) T_1 的计算

以图 6-29 中的 t_0 作为第一暂态的起点,$T_1=t_1-t_0$,$v(t_0^+)=V_{TH}-V_{DD}$,$v(t_1^-)=V_{TH}$,$v(\infty)=V_{DD}$,根据式(6-1),可得

$$T_1=RC\ln\frac{V_{DD}-(V_{TH}-V_{DD})}{V_{DD}-V_{TH}}=RC\ln 3 \tag{6-16}$$

(2) T_2 的计算

以图 6-29 中的 t_1 作为第二暂态的起点,$T_2=t_2-t_1$,$v(t_1^+)=V_{TH}+V_{DD}$,$v(t_2^-)=V_{TH}$,$v(\infty)=0$,根据式(6-1),可得

$$T_2=RC\ln\frac{0-(V_{TH}+V_{DD})}{0-V_{TH}}=RC\ln 3 \tag{6-17}$$

因此,多谐振荡器的振荡周期为

$$T=T_1+T_2=2RC\ln 3 \approx 2.2RC \tag{6-18}$$

6.4.3 施密特触发器组成的多谐振荡器

在前面的内容中提到,施密特触发器最突出的特点是有两个不同的阈值电压 V_{T+} 和 V_{T-},若能使它的输入电压在 V_{T+} 与 V_{T-} 之间不停地往复变化,则在其输出端即可得到矩形脉冲波。将 RC 电路接入施密特触发器的输入端,则可通过电容的充放电不断地改变其输入电压,从而构成多谐振荡器。使用由施密特触发器构成的多谐振荡电路如图 6-30 所示。

1. 工作原理

设在电源接通瞬间,电容 C 的初始电压为零,v_o 输出为高电平。v_o 通过电阻 R 向电容 C 充电,当 v_i 的电压到达施密特触发器的正向阈值电压 V_{T+} 时,施密特触发器的状态发生翻转,v_o 输出变为低电平,此时电容 C 通过电阻 R 进行放电,当 v_i 的电压降低到施密特触发器的负向阈值电压 V_{T-} 时,施密特触发器的状态再次发生翻转,v_o 输出变高电平,如此反复,电路的输出端即可得到矩形波,如图 6-31 所示。

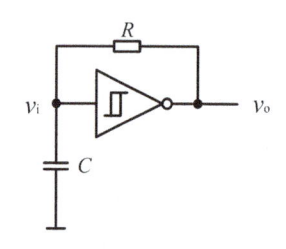

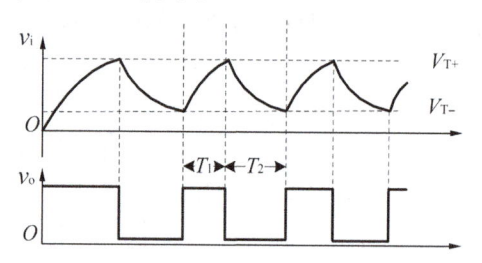

图 6-30 由施密特触发器构成的多谐振荡电路

图 6-31 图 6-30 所示电路的电压波形

2. 参数计算

设图 6-30 中使用的 CMOS 施密特触发器为 CC40106,其输出高电压 $V_{OH} \approx V_{DD}$,输出低电压 $V_{OL} \approx 0$ V,图 6-31 中输出 v_o 的周期为 $T = T_1 + T_2$。

(1)T_1 的计算

图 6-31 中的 T_1 时间长度是电容从 V_{T-} 充电到 V_{T+} 的时间长度,因此 $v(0^+) = V_{T-}$,$v(t) = V_{T+}$,$v(\infty) = V_{DD}$,根据式(6-1),可得

$$T_1 = RC \ln \frac{V_{DD} - V_{T-}}{V_{DD} - V_{T+}} \tag{6-19}$$

(2)T_2 的计算

图 6-31 中的 T_2 时间长度是电容从 V_{T+} 放电到 V_{T-} 的时间长度,因此 $v(0^+) = V_{T+}$,$v(t) = V_{T-}$,$v(\infty) = 0$,根据式(6-1),可得

$$T_2 = RC \ln \frac{0 - V_{T+}}{0 - V_{T-}} = RC \ln \frac{V_{T+}}{V_{T-}} \tag{6-20}$$

(3)振荡周期 T 的计算

$$T = T_1 + T_2$$
$$= RC\ln\frac{V_{DD}-V_{T-}}{V_{DD}-V_{T+}} + RC\ln\frac{V_{T+}}{V_{T-}}$$
$$= RC\ln(\frac{V_{DD}-V_{T-}}{V_{DD}-V_{T+}} \cdot \frac{V_{T+}}{V_{T-}}) \tag{6-21}$$

例 6-2 已知图 6-30 所示电路中的施密特触发器为 CMOS 电路 CC40106,其中,$V_{DD}=10$ V,$R=10$ kΩ,$C=0.01$ μF,试求该电路的振荡周期。

解:由表 6-2 可得 CC40106 在电压 $V_{DD}=10$ V 的情况下,$V_{T+}=6.8$ V,$V_{T-}=3.2$ V,将 V_{T+},V_{T-} 及给定的 V_{DD},R,C 数值代入式(6-21),可得

$$T = RC\ln(\frac{V_{DD}-V_{T-}}{V_{DD}-V_{T+}} \cdot \frac{V_{T+}}{V_{T-}}) = 10 \text{ kΩ} \times 10^3 \times 0.01 \text{ μF} \times 10^{-6} \times \ln(\frac{6.8 \text{ V}}{3.2 \text{ V}} \times \frac{6.8 \text{ V}}{3.2 \text{ V}})$$
$$= 0.151 \text{ ms}$$

通过修改 RC 的数值,可改变多谐振荡器的周期,但是该振荡器的占空比是固定的,如需实现占空比可调,则需对电路做出修改,占空比可调的多谐振荡电路如图 6-32 所示。在该电路中,充电电路和放电电路分别通过 R_1 和 R_2,只需改变 R_1 或 R_2 的数值,则可实现占空比可调。

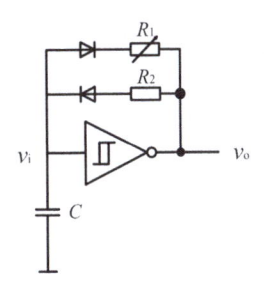

图 6-32 占空比可调的多谐振荡电路

6.4.4 石英晶体多谐振荡器

现代数字电子系统对多谐振荡器振荡频率的稳定性有很严格的要求。如在电子时钟中,基础频率的稳定性会直接影响时钟的准确性。但是前面介绍的多谐振荡器则难以满足要求。因为这些多谐振荡电路的频率不仅与 RC 充放电的电路参数相关,还与门电路的阈值电压 V_{TH} 相关。当电源电压波动,或者温度变化时,门电路的阈值电压本身就是不稳定的,因此电路振荡频率的稳定性就会变得很差。

目前普遍采用的方法是在多谐振荡电路中加入石英晶体,组成石英晶体多谐振荡器,简称晶振。石英晶体多谐振荡器是利用石英晶体(二氧化硅的结晶体)的压电效应制成的一种谐振器件,在石英晶体上施加交变电场,则晶体晶格将产生机械振动,当外加电场的频率和晶体的固有振荡频率一致时,则出现晶体的谐振。由于石英晶体在压力下产生的电场强度很小,因此仅需很弱的外加电场即可产生形变,这一特性使压电石英晶体很容易在外加交变电场的激励下产生谐振,其振荡能量损耗小,振荡频率极稳定,石英晶体符号如图 6-33 所示。图 6-34 所示为一种典型的石英晶体多谐振荡器,如其中的反相器采用 TTL 门电路,R_1,R_2 阻值通常为 0.5~2.0 kΩ。如采用 CMOS 门电路,其阻值范围则在 5~100 MΩ。

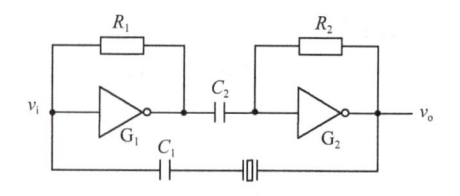

图 6-33　石英晶体的符号　　　　图 6-34　石英晶体多谐振荡器

电路的振荡频率等于石英晶体的固有谐振频率,与电路的参数无关。而石英晶体的固有谐振频率与晶体的结晶方向和尺寸相关,具有极高的频率稳定度,其误差 $\Delta f/f$ 范围在 $10^{-11} \sim 10^{-10}$。

石英晶体振荡器被广泛用作石英钟、电子表、电话、电视和计算机等与数字电路有关的频率基准元件中,为数据处理设备产生时钟信号和特定系统提供基准信号。

6.5　555 定时器

555 定时器是一种模拟和数字功能相结合的中规模集成器件。一般用双极型(TTL)工艺制作的产品型号最后三位是 555,用 CMOS 工艺制作的产品型号最后四位是 7555,它们的结构及工作原理基本相同,没有本质区别。一般来说,双极性定时器的驱动能力较强,可在 4.5~16.0 V 工作。CMOS 定时器的电源工作范围为 3~18 V,具有低功耗、输入阻抗高的特点。除单定时器外,还有对应的双定时器 556/7556。

555 定时器可以很方便地构成单稳态电路,施密特触发器和多谐振荡电路。且凭借着其低廉的成本和可靠的性能,广泛地被应用到仪器仪表、家用电器、电动玩具和自动控制等领域。

6.5.1　555 定时器的组成原理

555 定时器的电路结构如图 6-35(a)所示,由 3 个 5 kΩ 的电阻组成的分压器、2 个高精度电压比较器 C_1 和 C_2、1 个 RS 锁存器、1 个作为放电通路的管子 VT 及输出驱动电路 G_4 组成。芯片共有 8 个引脚,逻辑符号如图 6-35(b)所示,图 6-35(a)中的 1~8 分别对应图 6-35(b)中的引脚编号。

第 4 引脚 $\overline{R}$ 为直接复位端,当 $\overline{R}$ 接低电平时,无论其他输入端状态如何,输出端 OUT 直接被置成低电平。在正常工作时,$\overline{R}$ 端必须接高电平。

当 $\overline{R}$ 端接高电平时,电路的输出与电压比较器 C_1 和 C_2 的输出相关,而 C_1 和 C_2 的电压比较基准可以由芯片第 5 引脚电源控制端 CO 控制:当 CO 悬空(此时,一般接 0.01 μF 的滤波电容),3 个 5 kΩ 的电阻串联成分压器,使得 $u_{R1}=2/3V_{CC}$,$u_{R2}=1/3V_{CC}$;当 CO 外接固定电压时,$u_{R1}=v_{CO}$,$u_{R2}=1/2v_{CO}$。

从电路图 6-35(a)可以看出,第 6 引脚 TH 的电压 v_{TH} 和第 2 引脚 $\overline{TR}$ 的电压 v_{TR} 分别控制电压比较器 C_1 和 C_2 的输出:

当 $v_{TH} < u_{R1}$,$v_{TR} < u_{R2}$ 时,电压比较器 C_1 的输出 $u_{C1}=1$,电压比较器 C_2 的输出 $u_{C2}=0$,

(a)电路结构

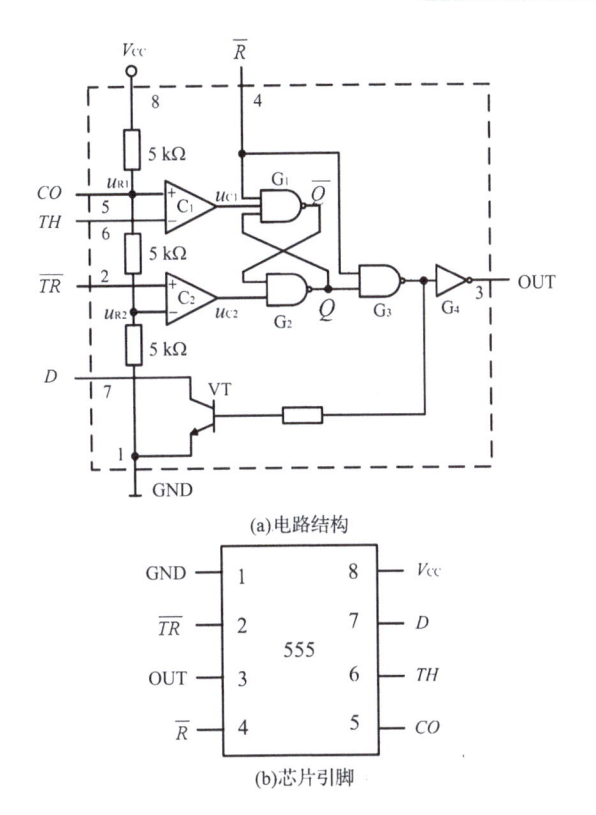

(b)芯片引脚

图 6-35　555 定时器的电路结构与芯片引脚

锁存器输出端 $Q=1$，G_3 门输出低电平，VT 截止，同时输出端 OUT 高电平。

当 $v_{TH}<u_{R1}$，$v_{\overline{TR}}>u_{R2}$ 时，电压比较器 C_1 的输出 $u_{C1}=1$，电压比较器 C_2 的输出 $u_{C2}=1$，锁存器输出端 Q 持不变，G_3 门输出、VT 状态和 OUT 输出都保持不变。

当 $v_{TH}>u_{R1}$，$v_{\overline{TR}}<u_{R2}$ 时，电压比较器 C_1 的输出 $u_{C1}=0$，电压比较器 C_2 的输出 $u_{C2}=0$，锁存器输出端 $Q=1$，G_3 门输出低电平，VT 截止，同时输出端 OUT 为高电平。

当 $v_{TH}>u_{R1}$，$v_{\overline{TR}}>u_{R2}$ 时，电压比较器 C_1 的输出 $u_{C1}=0$，电压比较器 C_2 的输出 $u_{C2}=1$，锁存器输出端 $Q=0$，G_3 门输出高电平，VT 导通，同时输出端 OUT 为低电平。

以 CO 悬空为例，555 的功能表见表 6-3。

表 6-3　　　　　　　　　　　555 的功能表

序号	输入			输出	
	$\overline{R}$	v_{TH}	$v_{\overline{TR}}$	OUT	放电管 VT
1	0	×	×	0	导通
2	1	$<2/3V_{CC}$	$<1/3V_{CC}$	1	截止
3	1	$<2/3V_{CC}$	$>1/3V_{CC}$	保持	保持
4	1	$>2/3V_{CC}$	$<1/3V_{CC}$	1	截止
5	1	$>2/3V_{CC}$	$>1/3V_{CC}$	0	导通

为了提高电路的带负载能力，输出端设置了缓冲器 G_4。

第 7 引脚 D 端为放电管 VT 的集电极，可经过电阻接到电源上，只要这个电阻的阻值足够大，OUT 为高电平时 D 端也一定为高电平，OUT 为低电平时 D 端也一定为低电平。

巧妙的利用输入端 TH 和 $\overline{TR}$ 的不同电压输入，以及添加适当的 RC 电路，可以将 555 定时器接为单稳态触发器、施密特触发器和多谐振荡器，以下将具体说明各电路的接法。

6.5.2 使用 555 定时器构成单稳态触发器

以 555 定时器的 $\overline{TR}$ 端作为输入，并将 VT 和 R 构成的反相器输出端接到 TH 端，同时 TH 端对地接入电容 C，则构成如图 6-36(a)所示的单稳态触发器电路，图 6-36(b)为简化电路。

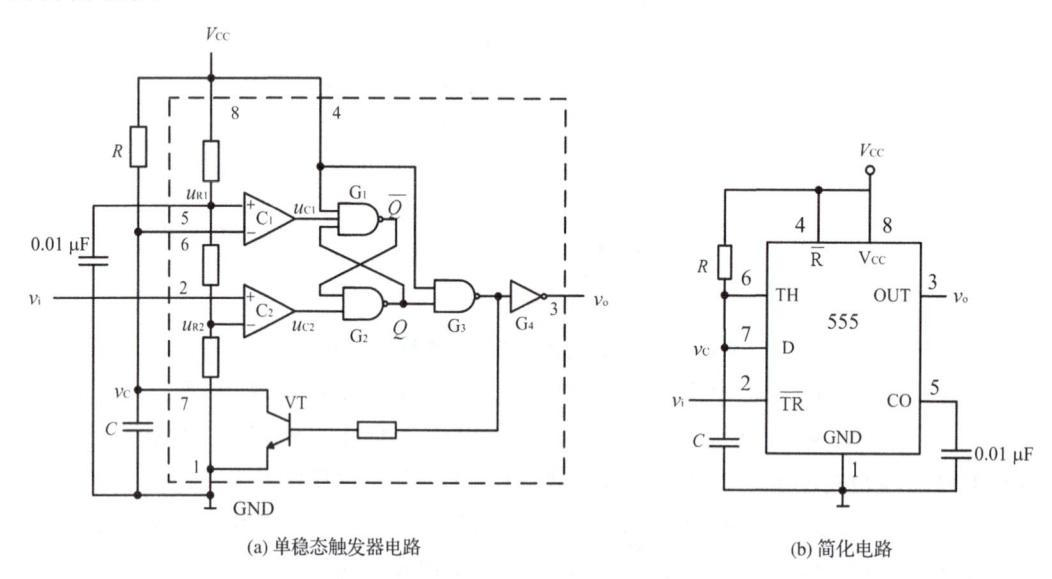

(a) 单稳态触发器电路　　　　　(b) 简化电路

图 6-36　用 555 定时器构成单稳态触发器

当 v_i 处于高电平（$>2/3V_{CC}$），而且没有触发信号时，假设接通电源时，$Q=1$，输出端 $v_o=0$，VT 导通，电容 C 通过 VT 放电，$v_C=0$，$u_{C1}=1$，$u_{C2}=1$，v_o 保持 0 不变，即为表 6-3 中第 3 种状态。

假设接通电源时，$Q=1$，输出端 $v_o=1$，VT 截止，电源经过 R 对电容 C 充电，当 v_C 上升到 $2/3V_{CC}$，即进入表 6-3 中第 5 种情况，输出端 $v_o=0$，VT 导通，电容 C 马上通过 VT 放电，最终使得 $v_C=0$，v_o 保持 0 不变，还是进入表 6-3 中第 3 种状态。

因此，电路通电后在没有触发信号的情况下，电路只有一种稳定状态，$v_o=0$。

当 v_i 施加触发信号，v_i 跳变到 $1/3V_{CC}$ 以下时，$u_{C1}=1$，$u_{C2}=0$，电路马上进入表 6-3 中第 2 种状态，$v_o=1$，电路进入暂态，此时放电管 VT 截止，电源经过 R 对电容 C 充电，当 v_C 上升到 $2/3V_{CC}$，输出端 v_o 翻转为 0，VT 导通，电容 C 马上通过 VT 放电，最终回到稳态。555 定时器构成单稳态触发器的工作波形如图 6-37 所示。

输出脉冲的宽度 t_W 为暂态持续的时间，而暂态持续时间为电容 C 从 0 充电到 $2/3$

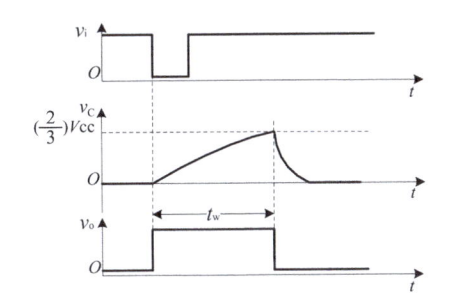

图 6-37 555 定时器构成单稳态触发器的工作波形

V_{CC} 的时间,即

$$t_w = RC\ln\frac{V_{CC}-0}{V_{CC}-\frac{2}{3}V_{CC}} = RC\ln 3 \approx 1.1RC \tag{6-22}$$

通常 R 的取值范围在几百欧姆到几兆欧姆,电容 C 的取值范围为几百微法到几百皮法,t_w 的范围为几微秒到几分钟,精度可达 0.1%。随着 t_w 的宽度增大它的精度和稳定度也将下降。必须注意的是该电路构成的是不可重复触发的单稳态电路,构成可重复触发的单稳态电路这里不再详述。

如图 6-38 所示是使用 555 定时器和电阻电容接成的自动延时照明灯电路,在该电路中,按一下按键 K,555 定时器的第 2 引脚输入一个负脉冲,触发器电路从稳态翻转到暂稳态,第 3 引脚 OUT 端输出高电平,LED 灯被点亮,延续近 3 秒后电路回到稳态,LED 灯自动熄灭。改变电路中电阻 R 和电容 C 的数值,可调整灯亮的时间。

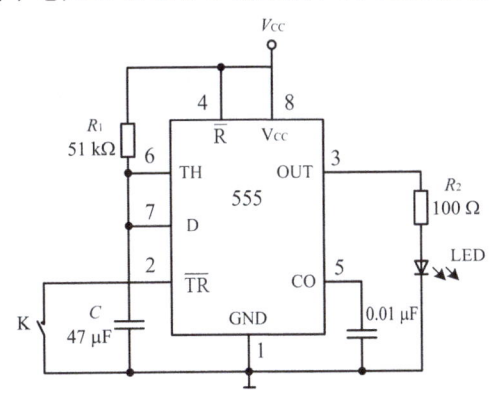

图 6-38 自动延时照明灯电路

6.5.3 使用 555 定时器构成施密特触发器

将 555 定时器的 TH 和 $\overline{TR}$ 两个端口连接起来作为信号输入端 v_i,即可构成施密特触发器。施密特触发器电路如图 6-39(a)所示,图 6-39(b)所示为简化电路。

(a) 施密特触发器电路

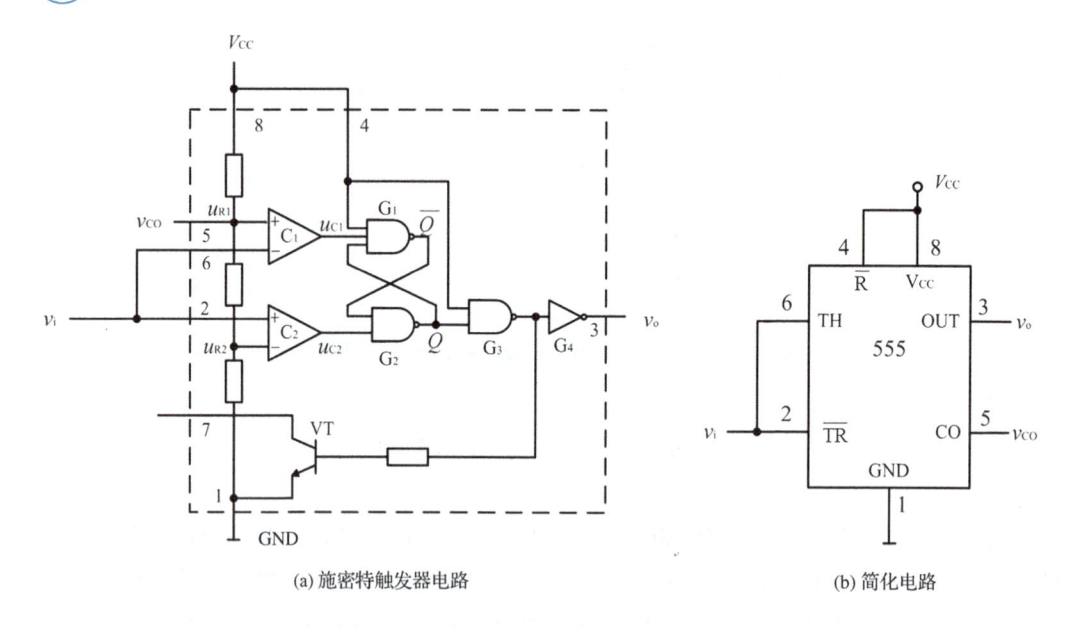

(b) 简化电路

图 6-39 由 555 定时器构成施密特触发器

(1)设 v_i 由 0 开始逐渐增大时,有

当 $v_i < 1/3V_{CC}$ 时,属于表 6-3 中的第 2 种状态,$v_o = 1$;

当 $1/3V_{CC} < v_i < 2/3V_{CC}$ 时,属于表 6-3 中的第 3 种状态,保持 $v_o = 1$;

当 $v_i > 2/3V_{CC}$ 时,进入表 6-3 中的第 5 种状态,$v_o = 0$。

(2)当 $v_i > 2/3V_{CC}$ 的状态开始逐渐减少时,有

当 $1/3V_{CC} < v_i < 2/3V_{CC}$ 时,进入表 6-3 中的第 3 种状态,保持 $v_o = 0$;

当电压进一步减少至 $v_i < 1/3V_{CC}$ 时,属于表 6-3 的第 2 种状态,$v_o = 1$。

如果输入 v_i 为三角波,电路的工作波形和电压传输特性曲线分别如图 6-40(a)、图 6-40(b)所示。

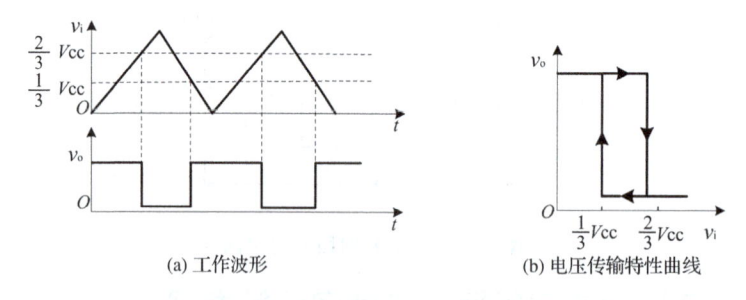

(a) 工作波形

(b) 电压传输特性曲线

图 6-40 施密特触发器工作波形及电压传输特性曲线

可以看出,此电路为反相施密特触发器,$V_{T+} = 2/3V_{CC}$,$V_{T-} = 1/3V_{CC}$,$\Delta V_I = 1/3V_{CC}$。

若参考电压由外接电压 v_{CO} 提供,则 $V_{T+} = v_{CO}$,$V_{T-} = 1/2v_{CO}$,$\Delta V_I = 1/2v_{CO}$,可以通过调节 v_{CO} 改变回差电压的大小。

6.5.4 使用 555 定时器构成多谐振荡器

前面已经学过将施密特触发器接成多谐振荡器的方法,因此可以将 555 定时器先构

成施密特触发器,再接成多谐振荡器电路,如图 6-41 所示。

将 555 定时器的第 6 引脚和第 2 引脚连接后作为输入即可构成施密特触发器,只要将施密特触发器的输出 v_o 经过 RC 电路接回到其输入端,即可构成多谐振荡器。

但是为了减轻 G_4 门的负担,在电容 C 的容量较大时,一般不采用直接由 G_4 门向电容提供充放电电流。而是将放电管 VT 与 R_1 接成反相器,替代 G_4 门,其输出 v_{OD} 与输出 v_o 在高低电平上的变化完全一样。经过 R_2 与 C 组成的积分电路接到施密特触发器的输入端同样可以构成多谐振荡器。

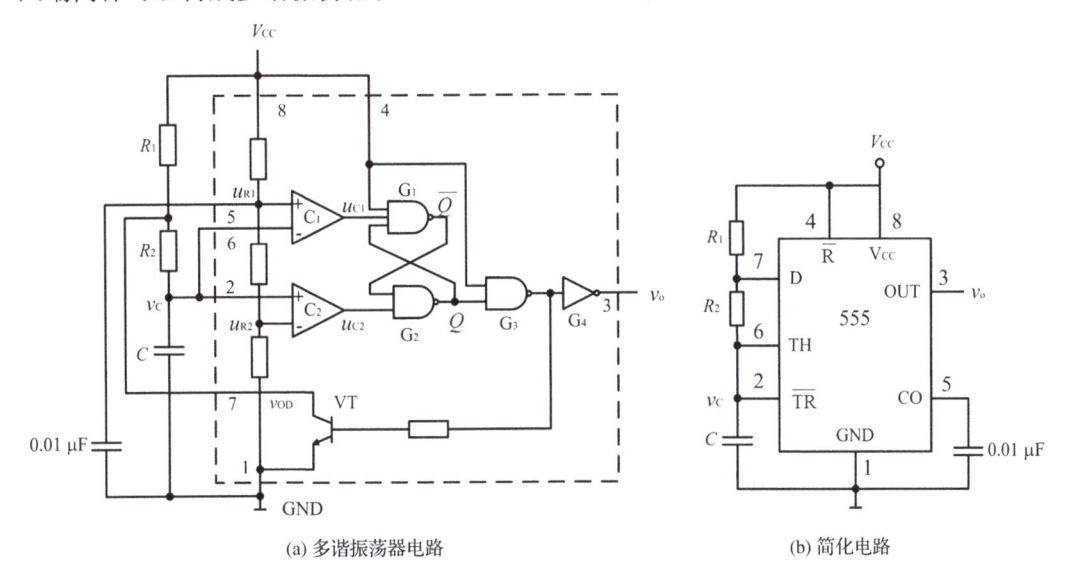

(a) 多谐振荡器电路　　　　　　　(b) 简化电路

图 6-41　用 555 定时器构成多谐振荡器

经过 6.5.3 节的分析,可以得到 v_C 的电压在 $1/3V_{CC}$ 与 $2/3V_{CC}$ 之间来回振荡,当接通电源后,v_C 上的电压上升到 $2/3V_{CC}$ 时,v_o 为低电平,VT 导通,此时电容 C 经过 R_2 和 VT 放电,v_C 下降,当 v_C 下降到 $1/3V_{CC}$ 时,v_o 变高电平,VT 截止,电源经过 R_1 和 R_2 向电容 C 充电至 $1/3V_{CC}$,v_o 再次翻转,如此反复,多谐振荡器的工作波形如图 6-42 所示。

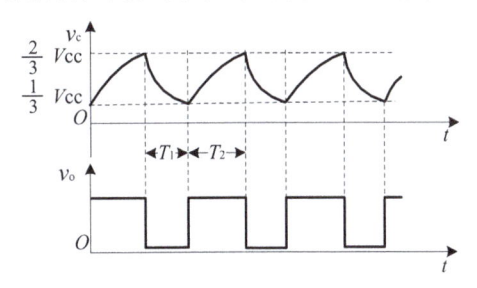

图 6-42　多谐振荡器的工作波形

电容 C 从 $2/3V_{CC}$ 放电至 $1/3V_{CC}$ 的时间为

$$T_1 = R_2 C \ln \frac{0 - \frac{2}{3}V_{CC}}{0 - \frac{1}{3}V_{CC}} = R_2 C \ln 2 \approx 0.7 R_2 C \tag{6-23}$$

电容 C 从 $1/3V_{CC}$ 充电至 $2/3V_{CC}$ 的时间为

$$T_2=(R_1+R_2)C\ln\frac{V_{CC}-\frac{1}{3}V_{CC}}{V_{CC}-\frac{2}{3}V_{CC}}=(R_1+R_2)C\ln 2\approx 0.7(R_1+R_2)C \quad (6-24)$$

因此,电路的振荡周期为

$$T=T_1+T_2=(R_1+2R_2)C\ln 2\approx 0.7(R_1+2R_2)C \quad (6-25)$$

振荡频率为

$$f=\frac{1}{T}\approx\frac{1.43}{(R_1+2R_2)C} \quad (6-26)$$

输出波形的占空比为

$$q=\frac{T_2}{T}=\frac{R_1+R_2}{R_1+2R_2}\times 100\% \quad (6-27)$$

可以轻易得出结论,占空比 $>50\%$,且不可调节。如要实现占空比可调节,则采用图 6-43 所示的多谐振荡器电路。

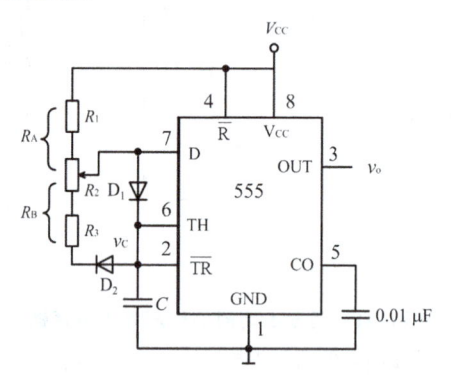

图 6-43 占空比可调的多谐振荡器电路

在该电路中,二极管的单向导电性使得充电和放电时电流所经过的线路不同,同时通过调节电位器可调节多谐振荡器的占空比。在图 6-43 中,电源通过 R_A 和 D_1 向 C 充电,充电时间为

$$T_1\approx 0.7R_A C \quad (6-28)$$

电容通过 R_B,D_2 和 555 中的 VT 放电,放电时间为

$$T_2\approx 0.7R_B C \quad (6-29)$$

振荡频率为

$$f=\frac{1}{T_1+T_2}\approx\frac{1.43}{(R_A+R_B)C} \quad (6-30)$$

输出波形的占空比为

$$q=\frac{T_1}{T_1+T_2}=\frac{R_A}{R_A+R_B}\times 100\% \quad (6-31)$$

例 6-3 图 6-44 是 555 定时器设计的一个多谐振荡器,确定输出的频率和占空比。

解:使用式(6-26)和式(6-27),可得

第 6 章 波形的产生和变换　155

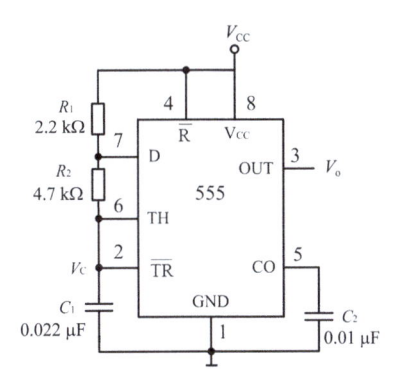

图 6-44　例 6-3 题图

$$f=\frac{1.43}{(R_1+2R_2)C_1}=\frac{1.43}{(2.2\text{ k}\Omega+2\times4.7\text{k}\Omega)\times0.022\text{ }\mu\text{F}}=5.60\text{ kHz}$$

$$q=\frac{R_1+R_2}{R_1+2R_2}\times100\%=\frac{2.2\text{ k}\Omega+4.7\text{ k}\Omega}{2.2\text{ k}\Omega+2\times4.7\text{ k}\Omega}\times100\%=59.5\%$$

例 6-4　图 6-45 是 555 定时器设计的占空比可调的多谐振荡器，电动机 M 使用它的输出脉冲作为驱动，脉冲占空比越大，电动机驱动电流越小，转速越慢；反之，占空比越小，电动机驱动电流越大，转速越快。调节电位器 R_P 可以调节电动机的速度，确定输出频率和占空比的范围。

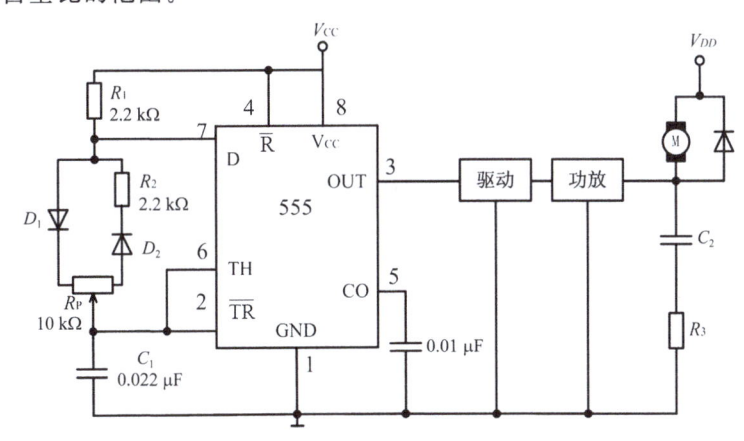

图 6-45　例 6-4 题图

解：使用式(6-30)和式(6-31)，可得输出的频率为

$$f=\frac{1.43}{(R_1+R_2+R_\text{P})C_1}=\frac{1.43}{(2.2\text{ k}\Omega+2.2\text{ k}\Omega+10\text{ k}\Omega)\times0.022\text{ }\mu\text{F}}=4.51\text{ kHz}$$

$$q_1=\frac{R_1}{R_1+R_2+R_\text{P}}\times100\%=\frac{2.2}{2.2+2.2+10}\times100\%=15.27\%$$

$$q_2=\frac{R_1+R_\text{P}}{R_1+R_2+R_\text{P}}\times100\%=\frac{2.2+10}{2.2+2.2+10}\times100\%=84.72\%$$

占空比的范围为 15.27%～84.72%。

<<< 本章小结 >>>

- 施密特触发器有两种稳态，但状态的维持与翻转受输入信号电平的控制，因此输出脉冲的宽度是由输入信号决定的。
- 单稳态触发器只有一个稳态，在外加触发脉冲的作用下，能够从稳态翻转为暂稳态。但暂稳态的持续时间取决于电路内部的元件参数，与输入信号无关。单稳态触发器常用于产生脉宽固定的矩形脉冲波形。
- 多谐振荡器没有稳态，只有两个暂稳态。两个暂稳态之间的转换，是由电路内部电容的充、放电作用自动进行的，因此不需要外加触发信号，只要接通电源就能自动产生矩形脉冲信号。
- 555定时器是一种用途很广的集成电路，除了能构成施密特触发器、单稳态触发器和多谐振荡器以外，还可以接成各种应用电路。

<<< 习　　题 >>>

6-1　如果外部电阻为 3.3 kΩ，外部电容为 2 000 pF，确定 74121 单稳态触发器的脉冲宽度。

6-2　由集成单稳态触发器 74121 组成的延时电路及输入波形，如图 6-46 所示，
(1) 计算输出脉宽的变化范围。
(2) 为什么使用电位器时要接一个电阻？

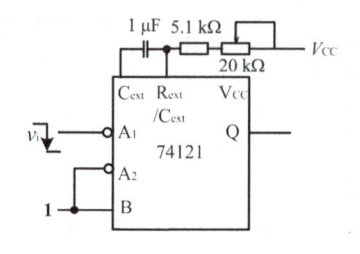

图 6-46　习题 6-2 图

6-3　利用两片单稳态触发器 74121 可构成多谐振荡电路，如图 6-47 所示，试说明其工作原理，并计算电路的振荡频率。

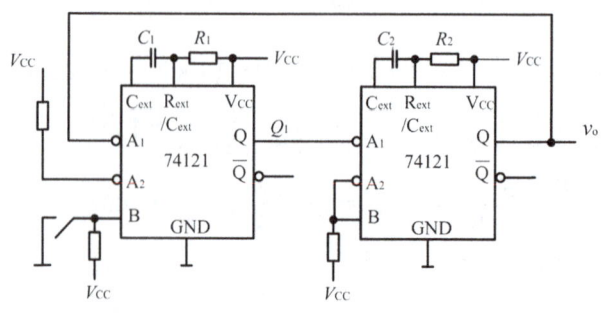

图 6-47　习题 6-3 图

6-4 在图 6-48 中所示的施密特触发器中，已知 $R_1 = 10 \text{ k}\Omega, R_2 = 30 \text{ K}\Omega, G_1, G_2$ 皆为 CMOS 器件，$V_{CC} = 15 \text{ V}, V_{TH} = 1/2 V_{CC}$，求

(1) 计算电路的正向阈值电压 V_{T+}，负向阈值电压 V_{T-}，回差电压 ΔV_T。

(2) 若输入信号如图 6-48(b)所示，试画出相应的输出电压波形。

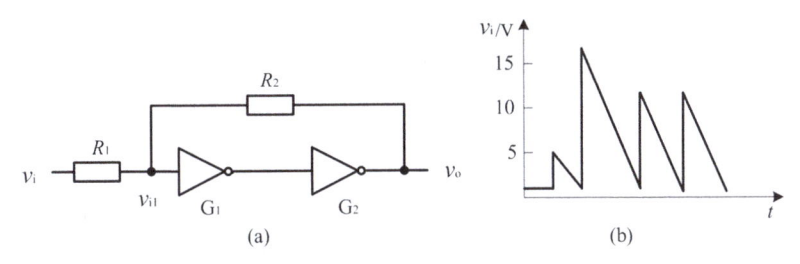

图 6-48　习题 6-4 图

6-5 图 6-49 是由 5 个相同的与非门接成的环形振荡电路，测得输出信号的频率为 10 MHz，假设所有与非门的传输延时时间都相同，且 $t_{PHL} = t_{PLH} = t_{pd}$，试求每个门的平均传输延时时间。

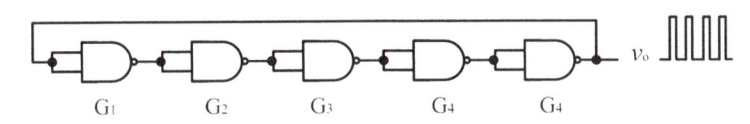

图 6-49　习题 6-5 图

6-6 施密特触发器和 4 位计数器 74LVC161 组成的电路，如图 6-50 所示，求

(1) 分别说明图中两部分电路的功能。

(2) 画出图中 74LVC161 组成电路的状态图。

(3) 画出图中 v_a, v_b 和 v_o 的对应波形。

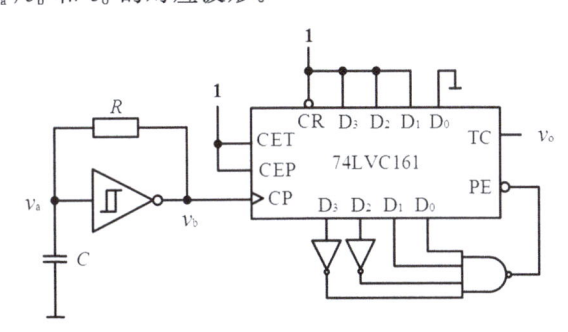

图 6-50　习题 6-6 图

6-7 在图 6-26 所示的环形振荡电路中，若给定 $R = 200 \text{ }\Omega, R_S = 100 \text{ }\Omega, C = 0.01 \text{ }\mu\text{F}$，$G_1, G_2$ 和 G_3 为 CMOS 门电路，试计算电路的振荡频率。

6-8 试用 555 定时器组成单稳态触发器，要求产生一个 0.25 s 的输出脉冲。

6-9 试用 555 定时器组成单稳态触发器，要求输出脉冲宽度范围在 1～10 s 可手动调节，给定 555 的电源电压为 15 V。

6-10 试用 555 定时器设计一个多谐振荡器，如图 6-51 所示，确定其频率。

6-11 试用 555 定时器设计一个多谐振荡器,输出频率为 20 kHz,其外部电容 C 为 0.002 μF,占空比约为 75%,确定其外部电阻值。

6-12 试用 555 定时器设计一个多谐振荡器,要求振荡周期为 1 s,输出脉冲幅度大于 3 V 而小于 5 V,输出脉冲的占空比 $q=2/3$。

6-13 某防盗报警电路如图 6-52 所示,a,b 两端被一细铜丝连接,此铜丝放置在小偷必经之处,当小偷进入室内并将铜丝碰断后,扬声器将发出报警声。

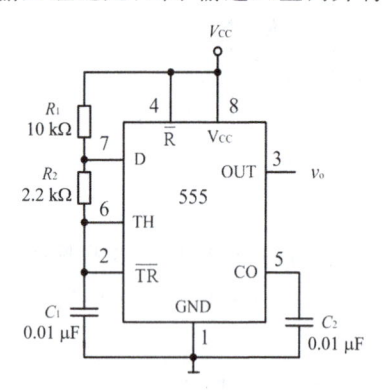

图 6-51 习题 6-10 图

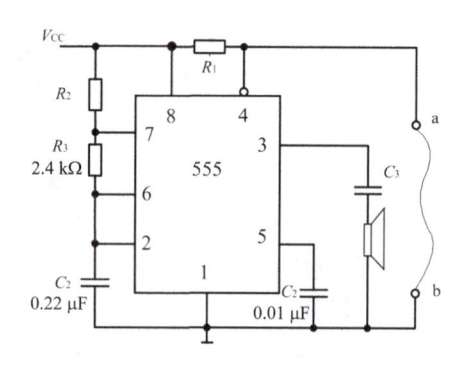

图 6-52 习题 6-13 图

(1)试问 555 定时器接成何种电路?
(2)简要说明该报警电路的工作原理。

6-14 分析图 6-53 所示电路,简述电路组成原理,若要求扬声器在开关 S 按下后以 1.2 kHz 的频率持续响 10 s,确定图中 R_1,R_2 的阻值。

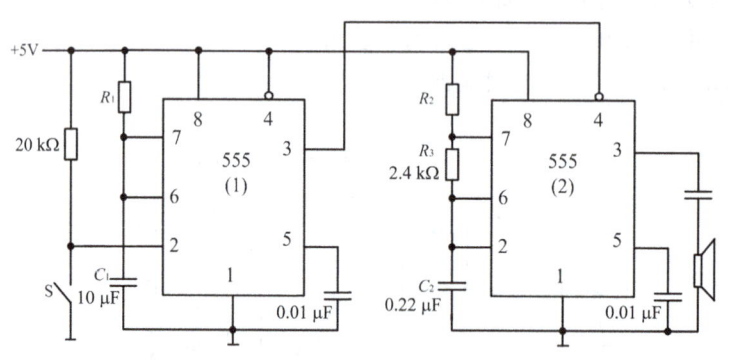

图 6-53 习题 6-14 图

6-15 试用 555 定时器,设计交通信号灯控制系统的时序电路,产生时长大约为 6 秒的警示黄灯和 40 秒的红灯和绿灯。

6-16 图 6-54 为简易催眠器电路,电路中由 555 构成一个极低频振荡器输出短脉冲,使得扬声器发出类似雨滴的声音,雨滴声的速度可通过 100 kΩ 的电位器来调节到合适的速度,试计算雨滴速度的范围。

6-17 图 6-55 为使用 555 定时器组成的开机演示电路,给定 $C=25$ μF,$R=91$ kΩ,$V_{CC}=12$ V,试计算常闭开关 S 断开后经过多久 v_o 才能变为高电平?

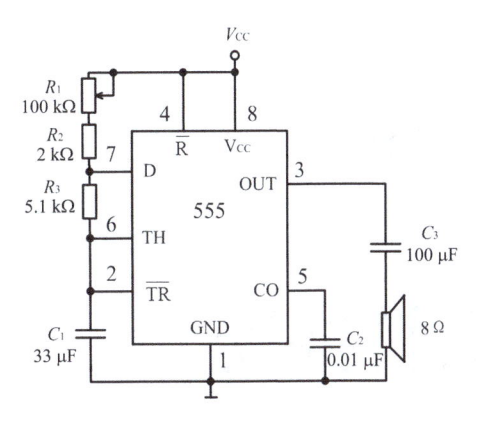

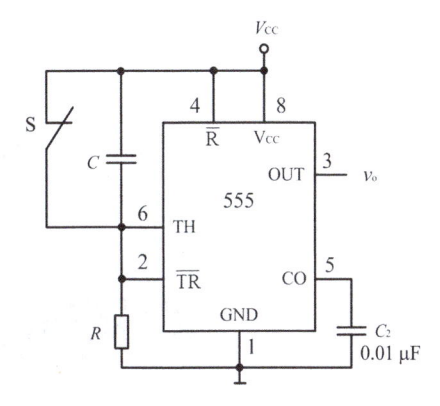

图 6-54　习题 6-16 图

图 6-55　习题 6-17 图

6-18　图 6-56 为使用 555 定时器组成压控振荡电路,试求出输入控制电压 v_i 与振荡频率之间的关系式,当 v_i 升高时频率是升高还是降低?

6-19　图 6-57 为使用 555 定时器组成的报警器,试分析原理并计算输出电压的频率。

6-20　图 6-58 为使用 555 定时器组成的交通信号灯,试分析原理并计算各个交通灯亮灭的时长。

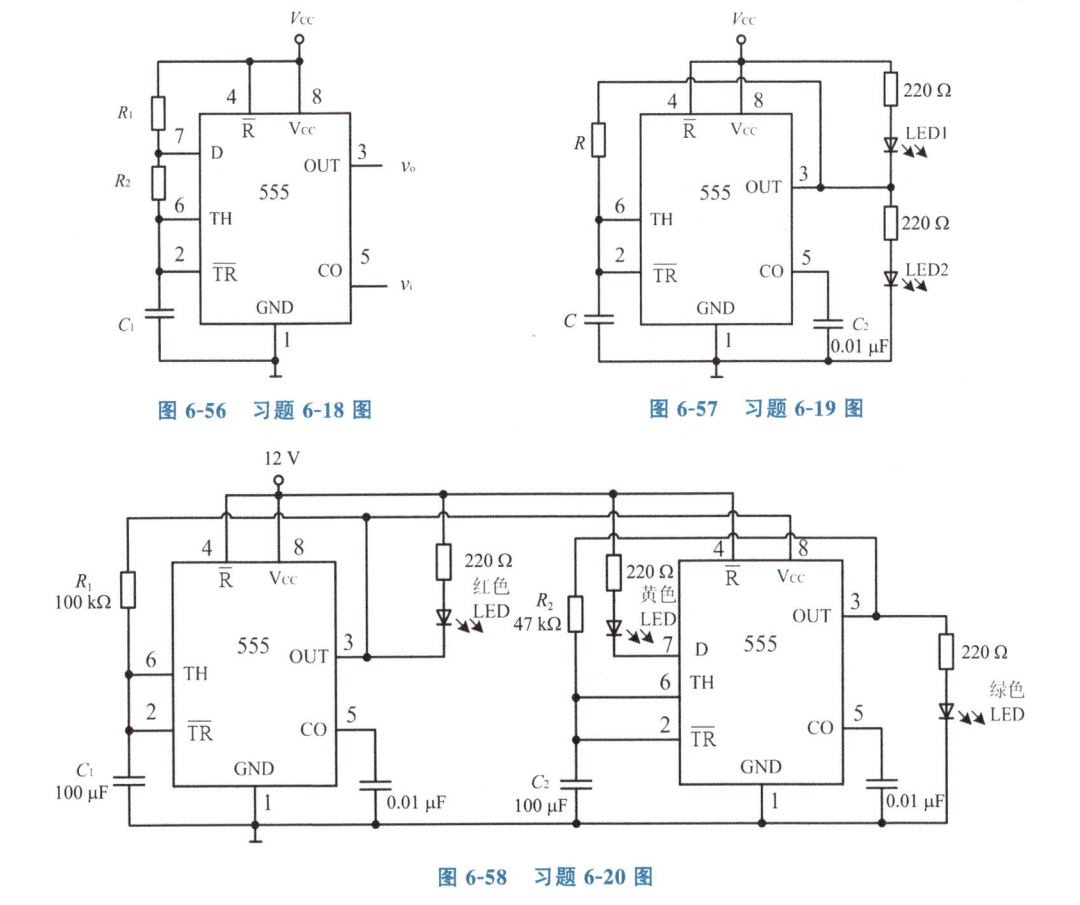

图 6-56　习题 6-18 图

图 6-57　习题 6-19 图

图 6-58　习题 6-20 图

第7章 数模和模数转换器

思政目标

模数和数模转换器是电路中必不可少的一类电路,讲解转换电路的重要性和作用时,引导积极思考、主动交流以提升解决问题的办法和能力,团结合作,方能解决问题。

电子技术中所处理的各种信号可分为模拟信号和数字信号两类,相应地,电路也分为两类:用于对模拟信号进行加工、处理的电路称为模拟电路;用于对数字信号进行加工、处理的电路称为数字电路。

随着数字技术,特别是计算机技术的飞速发展与普及,在现代控制、通信及检测领域中,信号的处理无不广泛地采用了计算机技术。由于自然界中的物理量,如压力、温度、位移和液位等都是模拟量,如要用数字技术处理这些模拟信号,往往需要一种能在模拟信号与数字信号之间起转换作用的电路-模数转换器和数模转换器。自动控制系统中首先把模拟信号转换为数字信号,然后输入计算机进行处理,得到的运算结果是数字信号,必须转换成模拟信号,输出实现自动控制。

把由模拟信号向数字信号的转换称为模/数转换(Analog to Digital Converter,简称 ADC 或 A/D 转换器),而把由数字信号向模拟信号的转换称之为数/模转换(Digital to Analog Converter,简称为 DAC 或 D/A 转换器)。A/D 和 D/A 转换器是现代计算机系统中不可缺少的基本组成部分。

A/D 转换器和 D/A 转换器在工业控制系统中的作用如图 7-1 所示。

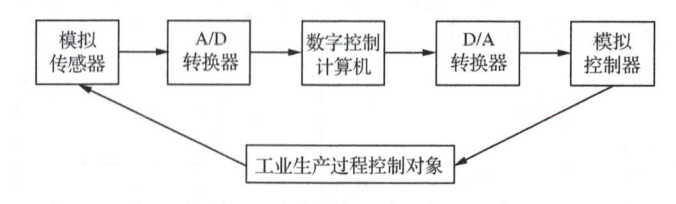

图 7-1 A/D 转换器和 D/A 转换器在工业控制系统中的作用

其中模拟传感器将温度、压力、流量、应力等物理量转换为模拟量,A/D 转换将其转换为数字量,数字控制计算机进行数字处理(如计算、滤波)、保存等,D/A 转换器将计算机输出的数字量转换成模拟量,最后输出给模拟控制器,作为控制信号。

本章主要介绍几种常用的 D/A 与 A/D 转换器的电路结构、工作原理及其相关应用。

7.1 D/A 转换器

7.1.1 权电阻网络 D/A 转换器

任何一个 n 位二进制数 $D_{n-1}D_{n-2}\cdots D_1 D_0$ 可按下式转换为十进制数,即

$$(N)_B = D_{n-1} \times 2^{n-1} + D_{n-2} \times 2^{n-2} + \cdots + D_1 \times 2^1 + D_0 \times 2^0 = \sum_{i=0}^{n-1} D_i \cdot 2^i \quad (7-1)$$

式中 $2^{n-1},2^{n-2},\cdots,2^1,2^0$ 为各数位的权。

式(7-1)表明要实现数模转换,就是将输入二进制数中为 1 的每一位代码按其权的大小,转换成模拟量并求和。根据此思路,可得 4 位权电阻网络 D/A 转换器的原理电路如图 7-2 所示。该电路由寄存器、基准电压、电子开关、电阻网络、求和电路等组成。

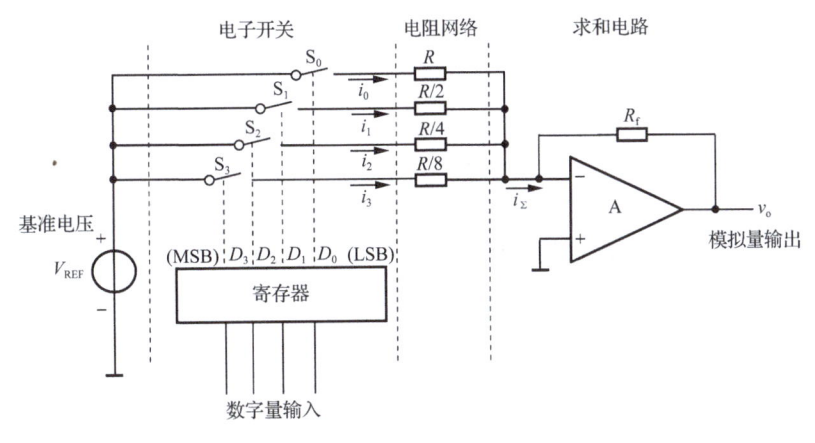

图 7-2 权电阻网络 D/A 转换器的原理电路

四位寄存器 $D_3 \sim D_0$ 分别控制着开关 $S_3 \sim S_0$,当 $D_i = \mathbf{0}(i=0,1,2,3)$,开关断开,对应的电流为 0;当 $D_i = \mathbf{1}$,开关与基准电压 V_{REF} 接通。根据理想集成运放电路的虚短和虚断,由图 7-2 可得

$$v_o = -R_f\left(\frac{V_{REF}}{R/8} \times D_3 + \frac{V_{REF}}{R/4} \times D_2 + \frac{V_{REF}}{R/2} \times D_1 + \frac{V_{REF}}{R} \times D_0\right)$$

$$= -\frac{R_f}{R} V_{REF} \sum_{i=0}^{3} D_i \cdot 2^i \quad (7-2)$$

若 $R_f = R$,可得

$$v_o = -V_{REF} \sum_{i=0}^{3} D_i \cdot 2^i \quad (7-3)$$

对比式(7-1)和式(7-2)可知，电路实现了数模转换。其中，电阻网络中各支路的电流 $\frac{2^i V_{REF}}{R}$ 是二进制各位的权值，R 越小，对应的权值越大，因此该电路称为权电阻网络 D/A 转换电路。

由式(7-2)可看出当 V_{REF} 为正电压时，输出 v_o 始终为负值。想要得到正的输出电压 v_o，可将 V_{REF} 取为负值。

这个电路的优点是结构简单，所用的电阻元件数很少。它的缺点是各个电阻的阻值相差较大，尤其在输入信号的位数较多时，这个问题就更加突出。例如当输入信号增加到 8 位时，如果取权电阻网络中最小的电阻 $R=10$ kΩ，那么最大的电阻阻值将达 $2^7 R=1.28$ MΩ，两者相差 128 倍。要想在极为宽广的阻值范围内保证每个电阻都有很高的精度是十分困难的，尤其对制作集成电路更加不利。

例 7-1 在如图 7-2 所示的权电阻网络 D/A 转换器的原理电路中，$V_{REF}=-10$ V，$R=100$ kΩ，$R_f=8$ kΩ，输入二进制码 $D_3 D_2 D_1 D_0 = \mathbf{1011}$，求输出电压时 v_o 的值。

解：由式(7-2)可知 $v_o = -\frac{R_f}{R} V_{REF} \sum_{i=0}^{3} D_i \cdot 2^i = -\frac{8}{100} \times (-10) \times 11$ V $= 8.8$ V

7.1.2 倒 T 形电阻网络 D/A 转换器

为了克服权电阻网络 D/A 转换器中电阻阻值相差太大的缺点，设计了如图 7-3 所示的倒 T 形电阻网络 D/A 转换器的电路。由图 7-3 可见，电阻网络中只有 R 和 $2R$ 两种阻值的电阻，这给电路的设计和制作带来了很大的方便。

在图 7-3 中，由于理想集成运放的虚短，无论开关合到哪一侧，都相当于接到了"地"电位上，只是 V_+ 是实际的地，而 V_- 是虚地，因此流过每个支路的电流也始终保持不变。从每个节点往左看，二端口网络的等效电路均为 R。假设基准电压提供的总电流为 $I(I=V_{REF}/R)$，则与开关相连的 $2R$ 电阻的电流依次为 $I/2, I/4, I/8$ 和 $I/16$。

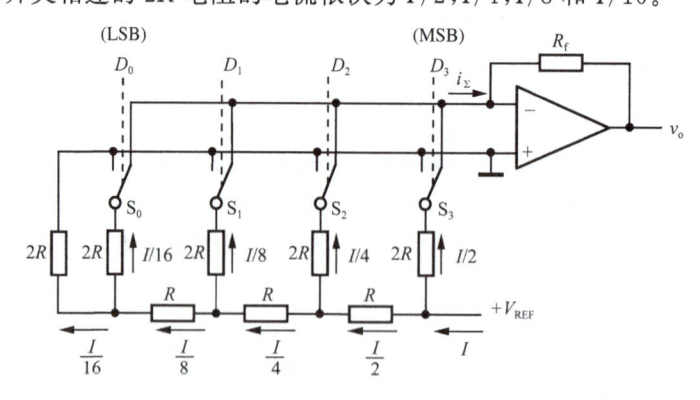

图 7-3 倒 T 形电阻网络 D/A 转换器的原理电路

于是，总电流为

$$i_\Sigma = \frac{V_{REF}}{R} \left(\frac{D_3}{2} + \frac{D_2}{4} + \frac{D_1}{8} + \frac{D_0}{16} \right)$$

$$= \frac{V_{REF}}{2^4 \times R} \sum_{i=0}^{3} D_i \cdot 2^i \qquad (7-4)$$

输出电压为

$$v_o = -i_\Sigma \times R_f = -\frac{R_f}{R} \cdot \frac{V_{REF}}{2^4} \sum_{i=0}^{3} D_i \cdot 2^i \qquad (7-5)$$

对于 n 位输入的倒 T 形电阻网络 D/A 转换器,输出模拟电压的计算公式为

$$v_o = -i_\Sigma \times R_f = -\frac{R_f}{R} \cdot \frac{V_{REF}}{2^n} \sum_{i=0}^{n-1} D_i \cdot 2^i \qquad (7-6)$$

对比式(7-1)和式(7-5)可知,电路实现了数模转换。倒 T 形的优点是各支路电流是同时直接流入运算放大器的输入端,没有传输时间上的延时,因而可提高转换速度,而且动态过程中的尖峰脉冲干扰也会大大减小。电路中只用了两种电阻,设计较为方便。因此,倒 T 形电阻网络 D/A 转换器是 D/A 转换中使用较多的一种。

例 7-2 在如图 7-3 所示的 4 位倒 T 形电阻网络 D/A 转换器中,$V_{REF} = -10\text{ V}$,$R_f = R$,输入二进制码 $D_3D_2D_1D_0 = \mathbf{1011}$,求输出电压时 v_o 的值。

解:由式(7-5)可知 $v_o = -\frac{R_f}{R} \cdot \frac{V_{REF}}{2^4} \sum_{i=0}^{3} D_i \cdot 2^i = \frac{10\text{ V}}{2^4} \times 11 = 6.875\text{ V}$

7.1.3 权电流型 D/A 转换器

在前面分析权电阻网络 D/A 转换器和倒 T 形电阻网络 D/A 转换器的过程中,都把模拟开关当作理想开关处理,没有考虑它们的导通电阻和导通压降。而实际上这些开关总有一定的导通电阻和导通压降,而且每个开关的情况又不完全相同。它们的存在无疑将引起转换误差,进而影响转换精度。

解决这个问题的一种方法就是采用图 7-4 所示的权电流型 D/A 转换器的原理电路。在权电流型 D/A 转换器中,用一组恒流源代替倒 T 形电阻网络。每个恒流源电流的大小依次为 $I/2, I/4, I/8$ 和 $I/16$。

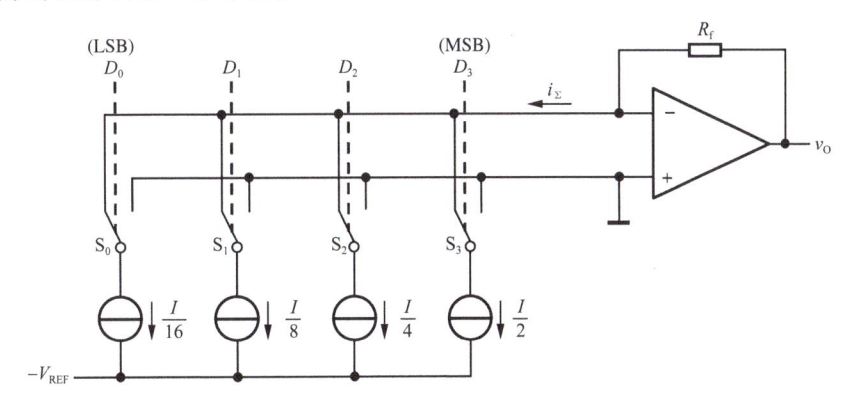

图 7-4 权电流型 D/A 转换器的原理电路

分析图 7-4,得

$$v_o = i_\Sigma \times R_f = R_f(\frac{I}{2}D_3 + \frac{I}{4}D_2 + \frac{I}{8}D_1 + \frac{I}{16}D_0)$$

$$= \frac{I}{2^4} \cdot R_f \sum_{i=0}^{3} D_i \cdot 2^i \tag{7-7}$$

由于采用了恒流源，因此每个支路电流的大小不再受开关导通电阻和电压的影响，大大提高了电路的转换精度。

例 7-3 在如图 7-4 所示的 4 位权电流型 D/A 转换器中，$I = 1.5$ mA，$R_f = 2$ kΩ，输入二进制码 $D_3D_2D_1D_0 = \mathbf{1011}$，求输出电压时 v_o 的值。

解： 由式(7-7)可知

$$v_o = \frac{I}{2^4} \cdot R_f \sum_{i=0}^{3} D_i \cdot 2^i = \frac{1.5 \text{ mA}}{2^4} \times 2 \text{ kΩ} \times 11 = 2.062\,5 \text{ V}$$

7.1.4 D/A 转换器的输出方式

在前面介绍的 D/A 转换器中，输入的是无符号的二进制数，即二进制数的每一位都是数值码。根据电路形式或参考电压的极性不同，输出电压或为 0 到正的满度值，或为 0 到负的满度值，D/A 转换器处于单极性输出方式。

采用单极性输出方式时，数字输入量采用自然二进制码，4 位 D/A 转换器单极性输出时，输入数字量与输出模拟量之间的关系见表 7-1。

表 7-1　　　　　　　　　　　4 位 D/A 转换器单极性输出

数字量				模拟量
D_3	D_2	D_1	D_0	v_o/V_{LSB}
1	1	1	1	15
1	1	1	0	14
1	1	0	1	13
1	1	0	0	12
1	0	1	1	11
1	0	1	0	10
1	0	0	1	9
1	0	0	0	8
0	1	1	1	7
0	1	1	0	6
0	1	0	1	5
0	1	0	0	4
0	0	1	1	3
0	0	1	0	2
0	0	0	1	1
0	0	0	0	0

* 表中 $V_{LSB} = V_{REF}/16$，指的是数字信号最低有效位为 1 时所对应的模拟电压。

实际上，D/A 转换器输入的都是有符号数，这就要求 D/A 转换器按符号的不同，输出为正、负极性的模拟电压，工作在双极性方式。采用双极性输出时常用的编码有 2 的补码、偏移二进制码等。表 7-2 以 4 位 D/A 转换器常用双极性编码为例列出了 2 的补码、偏移二进制码与模拟量之间的对应关系。

表 7-2　　　　　　　　　　4 位 D/A 转换器常用双极性编码

2 的补码				偏移二进制码				模拟量
D_3	D_2	D_1	D_0	D_3	D_2	D_1	D_0	v_o/V_{LSB}
0	1	1	1	1	1	1	1	7
0	1	1	0	1	1	1	0	6
0	1	0	1	1	1	0	1	5
0	1	0	0	1	1	0	0	4
0	0	1	1	1	0	1	1	3
0	0	1	0	1	0	1	0	2
0	0	0	1	1	0	0	1	1
0	0	0	0	1	0	0	0	0
1	1	1	1	0	1	1	1	−1
1	1	1	0	0	1	1	0	−2
1	1	0	1	0	1	0	1	−3
1	1	0	0	0	1	0	0	−4
1	0	1	1	0	0	1	1	−5
1	0	1	0	0	0	1	0	−6
1	0	0	1	0	0	0	1	−7
1	0	0	0	0	0	0	0	−8

* 表中 $V_{LSB}=V_{REF}/16$，指的是数字信号最低有效位为 1 时所对应的模拟电压。

二进制补码的最高位为符号位。符号位为 0 表示"＋"号；符号位为 1 表示"－"号，其他为数值位。对于正数，补码的数值部分为该二级制数值的绝对值；对于负数，补码的数值部分为该二进制数值的绝对值取反加 1；零的补码各位均为 0。

对照表 7-1 和表 7-2，可以看出偏移二进制码的 D/A 转换器输出比单极性 D/A 转换器输出电压拉低了 $(8 \cdot \dfrac{V_{REF}}{16})$V，也就是说，要得到输入为偏移二进制码的双极性 D/A 转换输出电压，只需将单极性 4 位 D/A 转换器的输出电压减去 $(8 \cdot \dfrac{V_{REF}}{16})$V 即可。

比较表 7-2 中 2 的补码与偏移二进制码可以发现，偏移二进制码和 2 的补码的区别只是符号位相反。如要实现输入为 2 的补码 D/A 转换，只需将偏移二进制码 D/A 转换器的高位求反即可。

采用 2 的补码输入的 4 位双极性输出 D/A 转换电路，如图 7-5 所示。最高位取反，

4 位倒 T 形的电阻网络加上 A_1 构成 4 位倒 T 形电阻网络的 D/A 转换器,其输出电压 $v_1=-\dfrac{V_{REF}}{2^4}\sum_{i=0}^{3}D_i\cdot 2^i$,此为单极性 4 位 D/A 转换器的输出电压。$A_2$ 的前端有两路信号求和,R_1 的作用是反相,$2R_1$ 配合 V_{REF} 的作用是电压偏置,最终的输出电压 $v_o=-v_1-\dfrac{V_{REF}}{2}$。

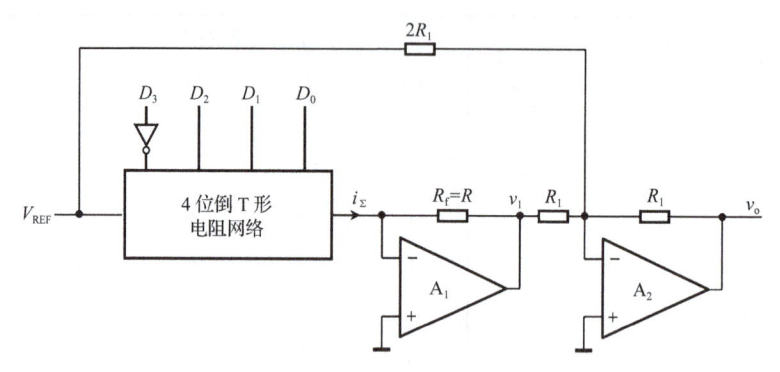

图 7-5　5 位双极性输出 D/A 转换器

若采用 2 的补码输入 $D_3D_2D_1D_0=$**0110**,$V_{REF}=16\text{ V}$,$V_{LSB}=V_{REF}/16=1\text{ V}$,高位取非后数字量变为 **1110**,单极性 D/A 转换输出 $v_1=-14\text{ V}$,经 A_2 的求和电路得到 $v_o=-(-14)-8=6\text{ V}$,与表 7-2 第 2 行一致。

若采用 2 的补码输入 $D_3D_2D_1D_0=$**1110**,$V_{REF}=16\text{ V}$,$V_{LSB}=V_{REF}/16=1\text{ V}$,高位取非后数字量变为 **0110**,单极性 D/A 转换输出 $v_1=-6\text{ V}$,经 A_2 的求和电路得到 $v_o=-(-6)-8=-2\text{ V}$,与表 7-2 第 10 行一致。

通过上面的例子不难总结出构成双极性输出 D/A 转换器的一般方法:在求和放大器的输入端接入一个偏置电压,同时将输入的符号位(最高位)反相后接到一般的 D/A 转换器的输入,就得到了双极性输出的 D/A 转换器。

7.1.5　D/A 转换器的主要技术指标

1. 分辨率

分辨率是 D/A 转换器对输入微小量变化敏感程度的表征。在实际应用中,往往用输入数字量的位数表示 D/A 转换器的分辨率,输入数字量的位数越多,输出电压可分离的等级越多,即分辨率越高。

分辨率还可用 D/A 转换器最小输出电压与最大输出电压之比给出。

n 位 D/A 转换器的分辨率表示为

$$\text{分辨率}=\frac{V_{LSB}}{V_m}=\frac{1}{2^n-1} \tag{7-8}$$

其中,V_{LSB} 为最小输出电压,输入数值码仅最低有效位为 1;V_m 为最大输出电压,输入数值码所有位均为 1。

例 7-4 已知 8 位 D/A 转换器满刻度输出电压 $V_\text{m}=12\text{ V}$。

(1) 求此 D/A 转换器的分辨率；

(2) 求最小输出电压；

(3) 若要求最小输出电压为 20 mV，至少应选用多少位的 D/A 转换器。

解：(1) 根据式(7-8)可知，8 位 D/A 转换器的分辨率 $=\dfrac{1}{2^n-1}=\dfrac{1}{2^8-1}=0.003\,9$

(2) 最小输出电压 $V_\text{LSB}=\dfrac{1}{2^n-1}\times V_\text{m}=\dfrac{1}{2^8-1}\times 12\text{ V}=0.047\text{ V}$

(3) 将 $V_\text{LSB}=20\text{ mV}$，$V_\text{m}=12\text{ V}$ 代入式(7-8)，可得

$$\frac{0.02}{12}=\frac{1}{2^n-1},\ n=9.23$$

因此至少应选用 10 位的 D/A 转换器。

2. 转换精度

转换精度是指对给定的数字量，D/A 转换器实际输出的模拟量与理论值之间的最大偏差。产生原因：D/A 转换器中各元件参数误差、基准电压不稳和运算放大器的零点漂移等。转换误差有比例系数误差、失调误差和非线性误差等。

如 n 位倒 T 形 D/A 转换器，若其参考电压 V_REF 偏离标准值 V_REF，就会在输出端产生误差电压 v_o。由式(7-5)可知

$$\Delta v_\text{o}=\frac{R_\text{f}}{R}\cdot\frac{\Delta V_\text{REF}}{2^n}\sum_{i=0}^{n-1}D_i\cdot 2^i \tag{7-9}$$

由 V_REF 引起的误差属于比例系数误差。

若误差为模拟量的实际起始数值与理想起始数值之差，称之为失调误差，一般是由运算放大器的零点漂移所引起的，它会使输出电压的转移特性曲线发生整体平移。

3. 转换速度

无论哪一种电路结构的 D/A 转换器，其中都包含有许多由半导体三极管组成的开关元件。这些开关元件开、关状态的转换都需要一定的时间。也就是说，当 D/A 转换器输入的数字量发生变化时，输出的模拟量并不能立即达到所对应的量值，需要延迟一段时间。通常用建立时间和转换速率两个参数来描述 D/A 转换器的转换速度。

建立时间：从输入的数字量从全 **0** 变成全 **1**，输出电压达到规定的误差范围（±LSB/2）时所需的时间。

转换速率：指信号工作状态下，模拟输出电压的最大变化率。通常以 V/μs 为单位表示。

7.1.6 集成 D/A 转换器及其应用

AD 公司生产的 AD7533 是 10 位 CMOS 电流开关型 D/A 转换器，其结构简单，通用性好。AD7533 芯片内只有倒 T 形电阻网络、CMOS 电流开关和反馈电阻（$R=10\text{ k}\Omega$）。

用 AD7533 组成 D/A 转换器时，必须外接运算放大器，其反馈电阻可采用片内电阻（10 kΩ）或外加电阻。AD7533 能够与 TTL 或 CMOS 接口，采用 5 V 至 15 V 电源供电，并且能为正极性或负极性基准电压输入提供适当的二进制记数法，因此应用非常灵活。

图 7-6 为 AD7533 的内部结构图，由图可知，此为 10 位倒 T 形电阻网络的 D/A 转换器，其管脚如图 7-7 所示。

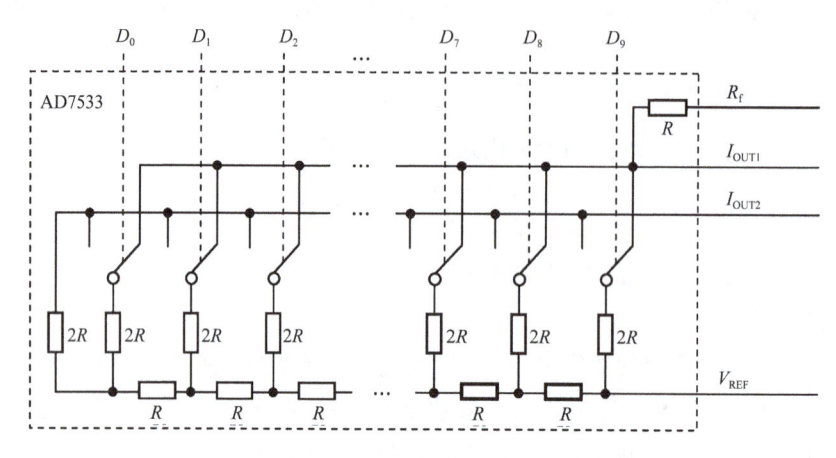

图 7-6　AD7533 内部结构

图 7-8 是 AD7533 构成数字可编程增益控制电路，图中 AD7533 与运放接成普通的反相比例放大电路形式。电路的输出端 v_o 接至 AD7533 的 V_{REF} 端，充当 DAC 的参考电压。输入信号 v_i 接 AD7533 的 R_f 端，控制运放反相端电流。根据理想集成运放的虚地，可以得到

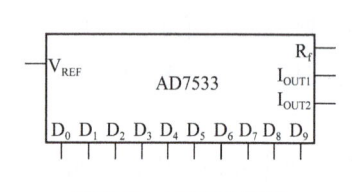

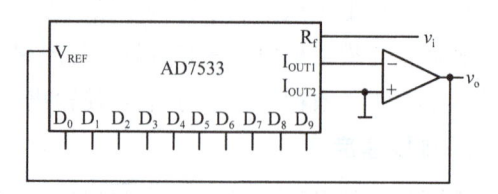

图 7-7　AD7533 管脚　　　　**图 7-8　AD7533 构成数字可编程增益控制电路**

$$\frac{v_i}{R} = \frac{-v_o}{2^{10}R} \sum_{i=0}^{9} D_i \cdot 2^i$$

$$A_v = \frac{v_o}{v_i} = -\frac{2^{10}}{\sum_{i=0}^{9} D_i \cdot 2^i}$$

放大电路的放大倍数是由输入的数字量决定，构成了可编程增益放大电路。若将倒 T 形电阻网络连接成运放的输入电阻，则构成了可编程增益衰减器。

AD7533 除了可作为数字可编程增益控制器，还可产生脉冲波，图 7-9（a）是由 AD7533、运算放大器及 4 位同步二进制计数器 74LVC161（异步清零）组成的波形产生电路。图中 74LVC161 采用反馈清零法，组成模 10 计数器，D/A 转换器的高位 $D_9 \sim D_4$ 均为 **0**，低 4 位输入是计数器的输出，$V_{REF} = -10$ V。在 CP 作用下，$Q_3 Q_2 Q_1 Q_0$ 输出分别为

$0000\sim1001$，由于异步清零，1010 的状态转瞬即逝，之后被复位为 0000。代入式(7-6)，得到输出电压值为

$$v_o = -i_\Sigma \times R_f = -\frac{R_f}{R} \cdot \frac{V_{REF}}{2^n} \sum_{i=0}^{n-1} D_i \cdot 2^i = \frac{10}{2^{10}} \sum_{i=0}^{9} D_i \cdot 2^i$$

由此可画出 v_o 的波形如图 7-9(b)所示，输出波形是有 10 个阶梯的阶梯波。如改变计数器的模，则改变波形的阶梯数。

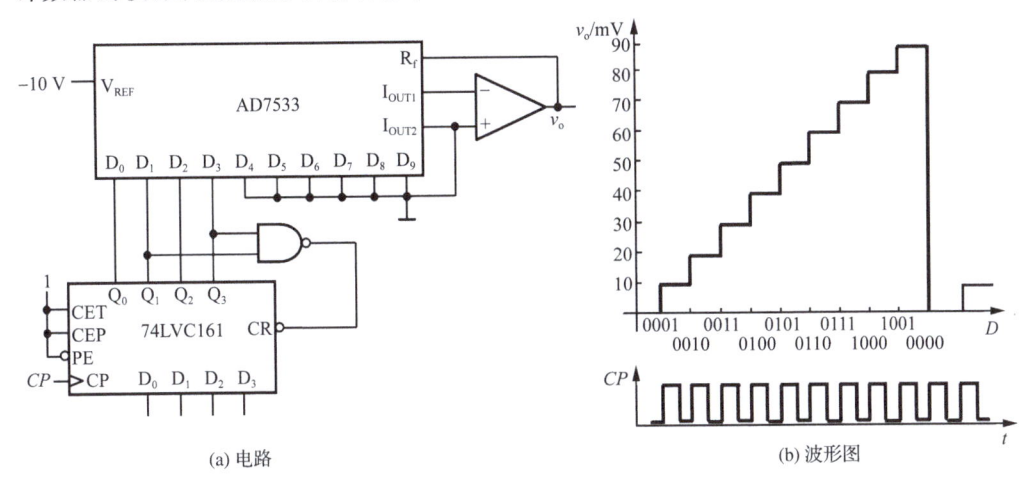

(a) 电路　　　　　　　　　　　　　　　(b) 波形图

图 7-9　AD7533 构成脉冲波产生电路

7.2　A/D 转换器

在 A/D 转换器中，因为输入的模拟信号在时间上是连续的，而输出的数字信号是离散的，所以转换只能在一系列选定的瞬间对输入的模拟信号取样，然后再将这些取样值转换成输出的数字量。

因此，A/D 转换的过程是首先对输入的模拟电压信号取样，取样结束后进入保持时间，在这段时间内将取样的电压量化为数字量，并按一定的编码形式给出转换结果。然后，再开始下一次取样。

7.2.1　A/D 转换的一般工作过程

要实现将连续变化的模拟量变为离散的数字量，需经过四个步骤：取样、保持、量化、编码，一般前两步由取样-保持电路完成，量化和编码由 ADC 完成，A/D 转换的工作过程如图 7-10 所示。

1. 取样与保持

取样是将随时间连续变化的模拟量转换为离散的模拟量。取样过程如图 7-11 所示，其中图 7-11(a)为取样的电路，$S(t)$ 为取样信号，高电平时，开关导通，输出信号等于输入信号；低电平时，开关断开，输出为 0。其电路波形图如图 7-11(b)所示，取样信号 $S(t)$ 的

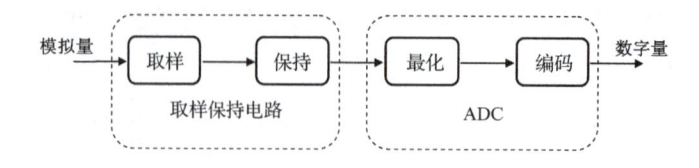

图 7-10 A/D 转换的工作过程

频率越高,信号还原的可能性越大。

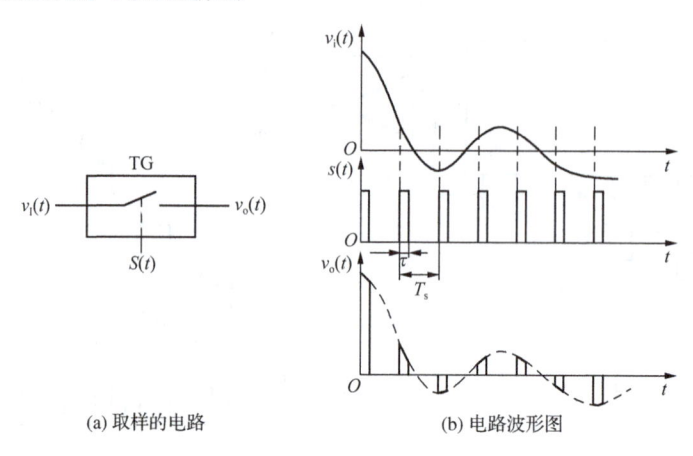

(a) 取样的电路 (b) 电路波形图

图 7-11 取样过程

为了保证能从取样信号将原来的被取样信号恢复,必须满足

$$f_s \geqslant 2f_{i\max} \tag{7-10}$$

式中,f_s 为取样信号 $S(t)$ 的频率,$f_{i\max}$ 为输入信号的最高频率分量。一般取 $f_s = 3\sim 5 f_{i\max}$。

将取样所得信号转换为数字信号往往需要一定的时间,为了给后续的量化编码电路提供一个稳定值,取样电路的输出还必须保持一段时间。一般取样与保持过程都是同时完成的。取样-保持电路的原理图及输出波形分别如图 7-12(a)、图 7-12(b)所示。取样-保持电路由输入放大器 A_1、输出放大器 A_2,保持电容 C_H 和开关驱动电路组成。电路中要求 $A_1 \cdot A_2 = 1$,且 A_1 具有较高的输入阻抗,以减小对输入信号源的影响。A_2 选用有较高输入阻抗和低输出阻抗的运放,这样不仅 C_H 上所存电荷不易泄漏,而且电路还具有较高的带负载能力。

$t_0 \sim t_1$ 时段,开关 S 闭合,电路处于取样阶段,电容器 C_H 充电,由于 $A_1 \cdot A_2 = 1$,因此 $v_o = v_i$。$t_0 \sim t_1$ 时段为保持阶段,此期间 S 断开,若 A_2 的输入阻抗足够大,且 S 为较理想的开关,可认为 C_H 几乎没有放电回路,输出电压保持不变。

2. 量化与编码

数字信号不仅在时间上是离散的,而且数值大小的变化也是不连续的。这就是说,任何一个数字量的大小只能是某个规定的最小数量单位的整数倍。在进行 A/D 转换时,必须将取样电压表示为这个最小单位的整数倍。这个转化过程称为量化,所取的最小数量

(a) 原理图　　　　　　　　　　(b) 输出波形

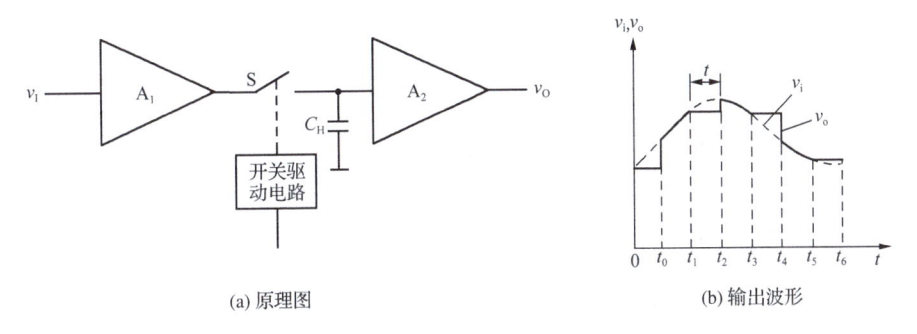

图 7-12　取样-保持电路

单位称为量化单位,用 Δ 表示。量化单位 Δ 是数字信号最低有效位为 1 时,所对应的模拟量,即 1 LSB。由于取样电压是连续的,它的值不一定都能被 Δ 整除,因此,在量化过程中,不可避免地存在误差,此误差称为量化误差,用 ε 表示。ε 属于原理误差,它是无法消除的。A/D 转换器的位数越多,1 LSB 所对应的 Δ 值越小,量化误差的绝对值越小。

量化的方法,一般有舍尾取整法和四舍五入法两种。舍尾取整的处理方法是:如输入电压 v_i 在两个相邻的量化值之间时,在 $(n-1)\Delta < v_i < n\Delta$ 时,取量化值为 $(n-1)\Delta$。四舍五入的处理方法:当 v_i 的尾数不足 $\Delta/2$ 时,舍去尾数取整数;当 v_i 的尾数大于或等于 $\Delta/2$ 时,则其量化单位在原数上加一个 Δ。

由以上分析可知,采用舍尾取整的量化方法,最大的量化误差 $|\varepsilon_{max}| = \Delta = 1\text{LSB}$,而四舍五入量化方法 $|\varepsilon_{max}| = \Delta/2 = \text{LSB}/2$,可见后者量化误差小,因此被大多数 A/D 转换器所采用。

将量化后的结果用二进制码或其他代码表示出来的过程称为编码。经编码输出的代码就是 A/D 转换器的转换结果。A/D 转换器按其工作原理的不同分为直接 A/D 转换器和间接 A/D 转换器两种。直接 A/D 转换器将模拟信号直接转换为数字信号,这类 A/D 转换器具有较快的转换速度,典型电路有并行比较型 A/D 转换器,逐次比较型 A/D 转换器。而间接 A/D 转换器则是先将模拟信号转换成某一中间量(时间或频率),然后再将中间量转换为数字量输出。此类 A/D 转换器的速度较慢,典型电路有双积分型 A/D 转换器、电压频率转换型 A/D 转换器等。

7.2.2　并行比较型 A/D 转换器

3 位并行比较型 A/D 转换器的原理电路如图 7-13 所示。它由电阻分压器、电压比较器、寄存器及优先编码器组成。优先编码器输入信号 I_7 的优先级最高,I_1 最低。分压器将基准电压分为 $(1/15)V_{REF}$,$(3/15)V_{REF}$,…,$(13/15)V_{REF}$ 不同电压值,分别作为各个比较器的参考电压。输入电压 v_i 的大小决定了各比较器的输出状态。例如,当 $(1/15)V_{REF} \leqslant v_i < (3/15)V_{REF}$ 时,比较器 $C_{07} = 1$,其他各比较器输出均为 **0**。3 位并行 A/D 转换器输入与输出关系对照表见表 7-3,可知 $D_2 D_1 D_0 = \mathbf{001}$。

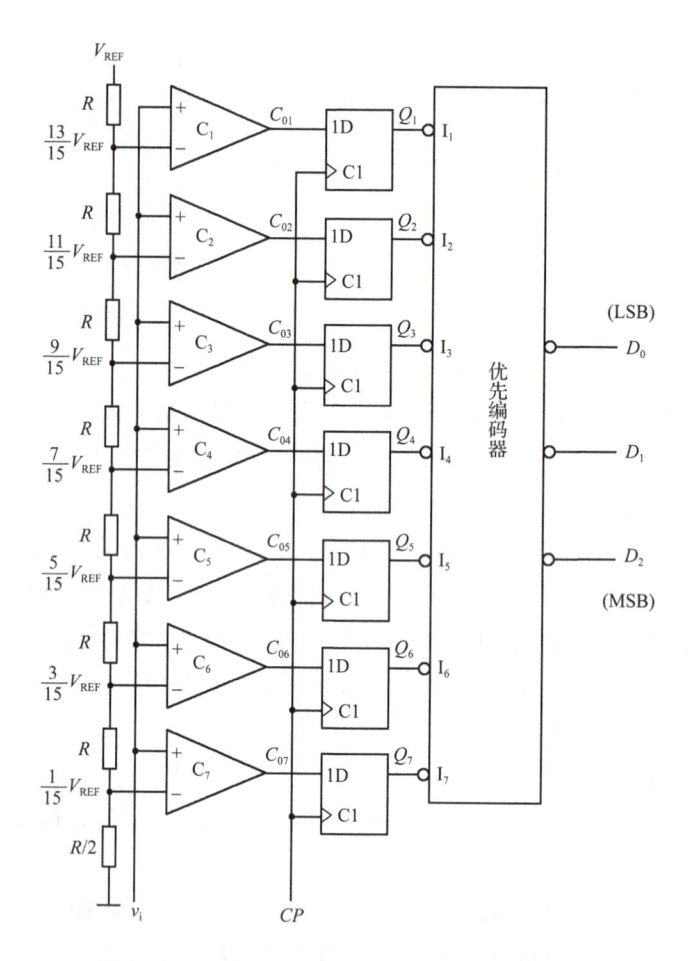

图 7-13 3 位并行比较型 A/D 转换器的原理电路

表 7-3　　　　　3 位并行 A/D 转换器输入与输出关系对照表

模拟输入	比较器输出状态							数字输出		
	C_{01}	C_{02}	C_{03}	C_{04}	C_{05}	C_{06}	C_{07}	D_2	D_1	D_0
$0 \leqslant v_i < V_{REF}/15$	0	0	0	0	0	0	0	0	0	0
$V_{REF}/15 \leqslant v_i < 3V_{REF}/15$	0	0	0	0	0	0	1	0	0	1
$3V_{REF}/15 \leqslant v_i < 5V_{REF}/15$	0	0	0	0	0	1	1	0	1	0
$5V_{REF}/15 \leqslant v_i < 7V_{REF}/15$	0	0	0	0	1	1	1	0	1	1
$7V_{REF}/15 \leqslant v_i < 9V_{REF}/15$	0	0	0	1	1	1	1	1	0	0
$9V_{REF}/15 \leqslant v_i < 11V_{REF}/15$	0	0	1	1	1	1	1	1	0	1
$11V_{REF}/15 \leqslant v_i < 13V_{REF}/15$	0	1	1	1	1	1	1	1	1	0
$13V_{REF}/15 \leqslant v_i < V_{REF}$	1	1	1	1	1	1	1	1	1	1

在并行 A/D 转换器中,由于是同时并行比较,其具有最短的转换时间。但如图 7-12 所示,3 位 A/D 转换器需要 7 个触发器,随着分辨率的提高,触发器数目按几何级数增加,n 位 A/D 需要 2^{n-1} 个触发器,电路的复杂程度大大增加。

例 7-5 在如图 7-13 所示的 3 位并行比较型 A/D 转换器中,$V_{REF}=7$ V,当 $v_i=2.4$ V,输出电压的数字量 $D_2D_1D_0$ 是多少?

解: 由计算可知 $5V_{REF}/15=2.33$ V,$7V_{REF}/15=3.27$ V 而输入电压 $v_i=2.4$ V,即 $5V_{REF}/15 \leqslant v_i < 7V_{REF}/15$,对照表 7-3,输出电压的数字量为 $D_2D_1D_0=$**011**。

7.2.3 逐次比较型 A/D 转换器

逐次比较型 A/D 转换器采用的是一种反馈比较型电路结构。它的构思如下:取一个数字量加到 D/A 转换器上,输出一个对应的模拟电压,与输入的模拟电压信号进行比较。若正好相等,就得到了与输入模拟电压相对应的数字量。如果两者不相等,则从高位到低位逐位增加数字量,经过多次比较后,就能找到与输入模拟量相对应数字量。

逐次比较的过程与天平称重非常相似。假设所用的砝码质量为 8 g,4 g,2 g,1 g,待称物品的质量为 13 g,按照见表 7-4 的步骤和方法可称出待称物品。

表 7-4   天平称重过程

次数	所加砝码重量	逐次比较	结果
第 1 次	8 g	砝码总质量<待称质量,8 g 砝码保留	8 g
第 2 次	再加 4 g	砝码总质量<待称质量,4 g 砝码保留	12 g
第 3 次	再加 2 g	砝码总质量>待称质量,2 g 砝码撤除	12 g
第 4 次	再加 1 g	砝码总质量=待称质量,1 g 砝码保留	13 g

8 位逐次比较型 A/D 转换器框图如图 7-14 所示,它由控制逻辑电路、数据寄存器、移位寄存器、D/A 转换器及电压比较器等组成。当电路启动后,第一个 CP 将移位寄存器置为 **10000000**,输入的模拟量与 **10000000** 对应的模拟电压 $-V_{REF}/2$ 比较,若 $v_i \geqslant -V_{REF}/2$,则寄存器最高位 D_7 的 **1** 保存,否则 $D_7=0$;第二个 CP 将移位寄存器置为 **01000000**。若最高位已存 **1**,数据寄存器将 **11000000** 送入 D/A 转换器,输入模拟量与其对应的输出电压 $-3V_{REF}/4$ 比较,若 $v_i \geqslant -3V_{REF}/4$,则寄存器 D_6 的 **1** 保存,否则 $D_6=0$。若最高位已存 0,则数据寄存器将 **01000000** 送入 D/A 转换器,输入模拟量与其对应的输出电压 $-V_{REF}/4$ 比较,若 $v_i \geqslant -V_{REF}/4$,则寄存器 D_6 的 **1** 保存,否则 $D_6=0$。依次类推,经逐次比较得到输出数字量。

设图 7-14 所示电路的 $v_i=3.92$ V,$V_{REF}=-10$ V,根据 8 位逐次比较的工作原理,其转换过程见表 7-5。由表可见,经过 8 个时钟周期,转换结束。在转换过程中,输出数字量对应的模拟电压 v_o 逐次逼近 v_i 值,最后的转换结果 $D_7 \sim D_0=$**01100100**。该数字量所对应的模拟电压为 3.906 25 V,与实际输入的模拟电压 3.92 V 的相对误差仅为 0.35%。

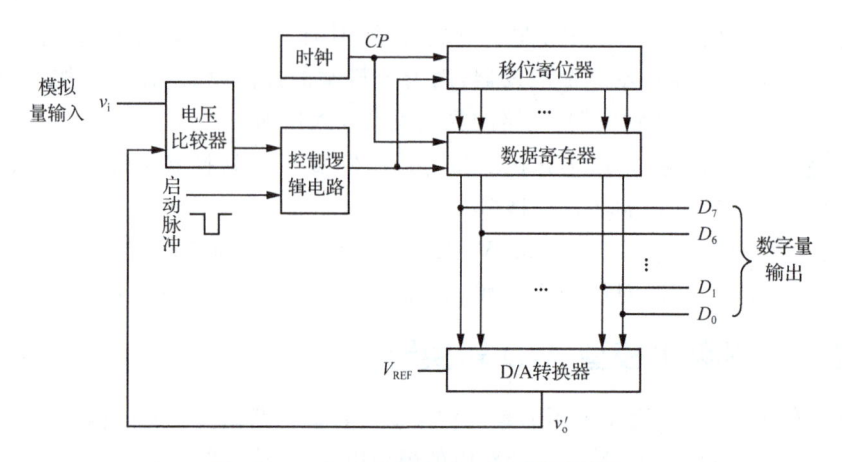

图 7-14　8 位逐次比较型 A/D 转换器框图

表 7-5　　　　　　　　　　8 位逐次比较型 A/D 转换实例

次数	比较值 v_o'	逐次比较	结果
1	$-\dfrac{V_{REF}}{2}=5\text{ V}$	3.92 V<5 V	$D_7=0$
2	$-\dfrac{V_{REF}}{4}=2.5\text{ V}$	3.92 V>2.5 V	$D_6=1$
3	$-(\dfrac{V_{REF}}{4}+\dfrac{V_{REF}}{8})=3.75\text{ V}$	3.92 V>3.75 V	$D_5=1$
4	$-(\dfrac{V_{REF}}{4}+\dfrac{V_{REF}}{8}+\dfrac{V_{REF}}{16})=4.375\text{ V}$	3.92 V<4.375 V	$D_4=0$
5	$-(\dfrac{V_{REF}}{4}+\dfrac{V_{REF}}{8}+\dfrac{V_{REF}}{32})=4.0625\text{ V}$	3.92 V<4.0625 V	$D_3=0$
6	$-(\dfrac{V_{REF}}{4}+\dfrac{V_{REF}}{8}+\dfrac{V_{REF}}{64})=3.90625\text{ V}$	3.92 V>3.90625 V	$D_2=1$
7	$-(\dfrac{V_{REF}}{4}+\dfrac{V_{REF}}{8}+\dfrac{V_{REF}}{64}+\dfrac{V_{REF}}{128})=3.984375\text{ V}$	3.92 V<3.984375 V	$D_1=0$
8	$-(\dfrac{V_{REF}}{4}+\dfrac{V_{REF}}{8}+\dfrac{V_{REF}}{64}+\dfrac{V_{REF}}{256})=3.9453125\text{ V}$	3.92 V<3.9453125 V	$D_0=0$

设 4 位逐次比较型 A/D 转换器的 $v_i=3.92\text{ V}$，$V_{REF}=-10\text{ V}$，转换的数字量 $D_3\sim D_0=$ **0110**，$-(\dfrac{V_{REF}}{4}+\dfrac{V_{REF}}{8})=3.75\text{ V}$，与实际输入的模拟电压 3.92 V 的相对误差为 4.34%。由此可见，位数越多，误差越小。

由表 7-5 可看出，逐次比较型 A/D 转换器完成一次转换所需时间与其位数 n 和时钟脉冲频率有关，位数越少，时钟频率越高，转换所需时间越短。

逐次比较型 A/D 转换器与并行 A/D 转换器相比较，前者的转换速度要慢一些，但位数较多时，逐次比较型 A/D 转换器的电路规模较小，转换精度较高，其转换速度较其他类型电路又快得多，因此，逐次比较型电路在集成 A/D 转换器产品中用得较多。

7.2.4 A/D 转换器的主要技术指标

1. 分辨率

A/D 转换器的分辨率用输出二进制(或十进制)数的位数表示。它说明 A/D 转换器对输入信号的分辨能力。从理论上讲，n 位输出的 A/D 转换器能区分 2^n 个输入模拟电压信号的不同等级，能区分输入电压的最小值为满量程输入的 $1/2^n$。在最大输入电压一定时，输出位数越多，量化单位越小，则分辨率越高。例如 A/D 转换器输出为 10 位二进制数，输入信号最大值为 5 V，那么这个转换器应能区分出的输入信号最小电压为 $5 \text{ V}/2^n =$ 4.88 mV。另外 ADC 的转换精度与电源电压和环境温度也有关系。

例 7-6 某信号采集系统要求用一片 A/D 转换集成芯片对热电偶的输出电压进行 A/D 转换。已知热电偶的输出电压范围在 0~0.025 V(对应的温度范围在 0~450 ℃)，需要分辨的温度为 0.1 ℃，试问应选择多少位的 A/D 转换器。

解：对于温度范围在 0~450 ℃，分辨温度为 0.1 ℃，则分辨率为 $\frac{0.1}{450} = \frac{1}{4\ 500}$，而 12 位 A/D 转换器的分辨率为 $\frac{1}{2^n} = \frac{1}{2^{12}} = \frac{1}{4\ 096}$，因此必须选用 13 位的 A/D 转换器。

2. 转换时间

ADC 的转换时间是指转换器从转换控制信号到来开始，到输出端得到稳定的数字信号为止所经过的时间。A/D 转换器的转换时间主要取决于转换电路的类型，不同类型的转换器转换速度相差甚远。其中并行比较型 A/D 转换器的转换速度最高，8 位 A/D 转换时间可达 50 ns 以内。逐次比较型 A/D 转换器次之，多数转换时间在 10~50 μs，但电路成本远低于并行比较型 A/D 转换器，因此是目前 A/D 转换器的主流产品。

在实际应用中，需要从系统数据总的位数、精度要求、输入模拟信号的范围及输入信号极性等方面综合考虑 A/D 转换器的选用。

7.2.5 集成 A/D 转换器及其应用

ADC0809 是 8 位 CMOS 逐次比较型 A/D 转换器，具有 8 个输入通道，可直接选通 8 路模拟量进行转换。转换时间为 100 μs，只需单个 +5 V 电源供电，模拟输入电压范围在 0~+5 V，不需要零点和满刻度校准。其工作的温度范围为 -40~+85 ℃。集成转换器 ADC0809 具有高转换速度，高精密度，环境影响小和低功耗等优点。由于芯片内有输出数据寄存器，输出的数字量可直接与在计算机 CPU 的数据总线相接，而无须附加接口电路。缺点是管脚多，接口电路比较复杂。

$IN_0 \sim IN_7$：8 路模拟信号输入端；

$D_7 \sim D_0$：8 位数字信号输出端；

$CLOCK$：时钟信号输入端；

$ADDA, ADDB, ADDC$：地址码输入端，不同的地址码选择不同通道的模拟量输入；

ALE：地址码锁存输入端，当输入地址码稳定后，ALE 的上升沿将地址信号锁存于地址锁存器内；

$V_{REF}(+)$,$V_{REF}(-)$:分别为参考电压的正、负输入端。一般情况下,$V_{REF}(+)$接V_{CC},$V_{REF}(-)$接 GND;

START:启动信号输入端。该信号的上升沿到来时片内寄存器被复位,在其下降沿开始 A/D 转换;

EOC:转换结束信号输出端。当 A/D 转换结束时,EOC 变为高电平,并将转换结果送入三态输出缓冲器,EOC 可以作为向 CPU 发出的中断请求信号。

OE:输出允许控制输入端。当 OE=1 时,三态输出缓冲器的数据送到数据总线。

ADC0809 控制信号时序图如图 7-15 所示,该图描述了各信号之间的时序关系。ALE 信号在地址信号有效后加入,在其上升沿将地址信号锁存于地址锁存与译码器,选择输入通道,在通道信号有效后经 t_1 时间,在 START 的下降沿电路开始 A/D 转换。经 t_C 时间转换结束,EOC 的高电平将结果存于三态输出缓冲器,当 OE 的高电平到来后的 t_K 时间,数字信号送出。

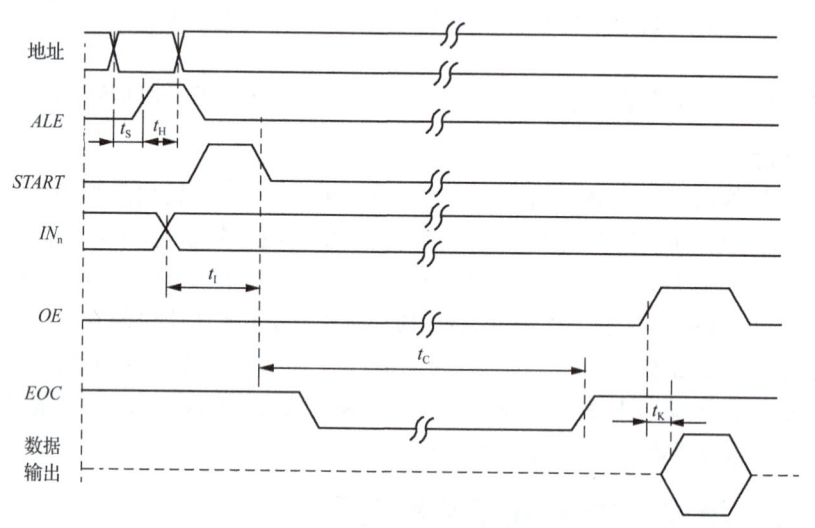

图 7-15　ADC0809 控制信号时序图

另外,模数、数模转换电路中要特别注意地线的正确连接,否则会产生严重的干扰,影响转换结果的准确性。A/D、D/A 及取样保持芯片上都提供了独立的模拟地(AGND)和数字地(DGND)的引脚。在线路设计中,必须将所有器件的模拟地和数字地分别相连,然后将模拟地与数字地仅在一点上相连接。

<<< 本章小结 >>>

● D/A 转换器中有权电阻网络型、倒 T 形电阻网络型、权电流网络型,其中权电阻网络型电阻差值过大,不利于集成化;倒 T 形电阻网络仅有 R 和 2R 两种阻值,各 2R 支路电流是定值,转换速度较高;权电流网络型用一组电流源代替倒 T 形的电阻网络,消除了模拟开关的导通电阻和导通电压的影响,提高了转换精度。

第 7 章 数模和模数转换器 177

- A/D 转换器介绍了并行比较型和逐次比较型,其中,并行比较型转换速度高,但需要的触发器个数较多;逐次比较型的电路规模比较小,转换精度高,转换速度较其他类型电路又快得多。
- 本章 A/D 转换器和 D/A 转换器的主要技术参数是转换精度和转换速度。目前,A/D 与 D/A 转换器正向着高速度、高分辨率和易于与微型计算机接口方向发展。

<<< 习 题 >>>

7-1 D/A 转换器的电路结构有哪些类型?各有何特点?

7-2 影响 D/A 转换器精度的主要因素有哪些?

7-3 简述并行比较型 A/D 转换器、逐次比较型 A/D 转换器的各自特点,它们各适用于哪些情况。

7-4 4 位权电阻网络 D/A 转换器如图 7-16 所示,$V_{REF}=-10\text{ V}$,$R_f=R$,输入二进制码 $D_3D_2D_1D_0=\mathbf{1001}$,求输出电压时 v_o 的值。

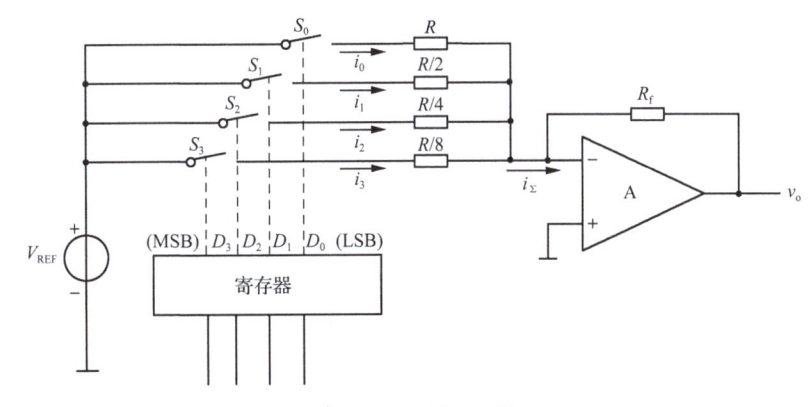

图 7-16 习题 7-4 图

7-5 4 位倒 T 形电阻网络 D/A 转换器如图 7-17 所示,输入数字量 $D_3D_2D_1D_0=\mathbf{0101}$ 时,输出电压 v_o 为 -5 V,求参考电压 V_{REF} 应取多少?

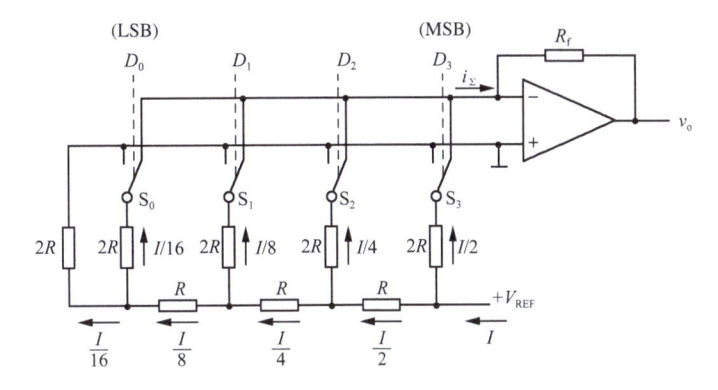

图 7-17 习题 7-5 图

7-6 若采用 2 的补码输入 $D_3D_2D_1D_0=1110$,$V_{REF}=10$ V,经具有双极性输出的 D/A 转换器电路后(图 7-18),输出电压 v_o 是多少?

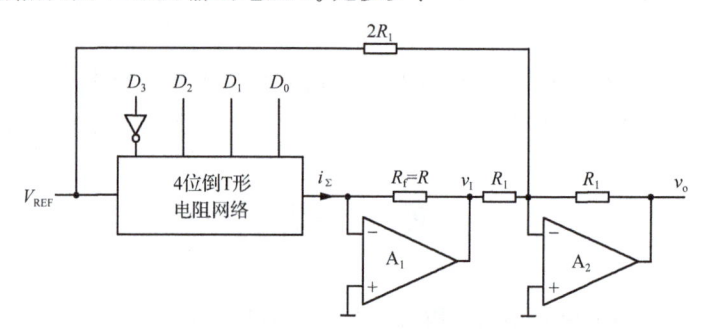

图 7-18 习题 7-6 图

7-7 已知 10 位 D/A 转换器满刻度输出电压 $V_m=20$ V。

(1)求最小输出电压;

(2)若要求最小输出电压为 15 mV,至少应选用多少位的 D/A 转换器。

7-8 由 AD7533 组成的双极性输出 D/A 转换器如图 7-19 所示,求电路输出电压 v_o 的表达式。

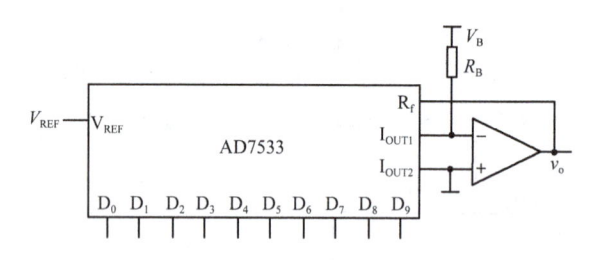

图 7-19 习题 7-8 图

7-9 8 位逐次比较型 A/D 转换器的 $v_i=10.569$ V,$V_{REF}=-16$ V,求输出的数字量和相对误差各是多少?

参 考 文 献

[1] Thomas L. Floyd. Digital Fundamentals (sevenedition).科学出版社，2002

[2] Adel S. Sedra and Keneth C. Smith. Microelectronic Circuits[M]. 6th ed. Oxford University Press,New York:2009.

[3] Alan B. Marcovitz.逻辑设计基础[M].3 版.殷宏玺等译.北京:清华大学出版社,2010.

[4] Thomas L. Floyd.数字电子技术（第九版）[M].余璆译.北京电子工业出版社,2008

[5] 华中科技大学电子技术课程组编,康华光主编.电子技术基础.数字部分[M].6 版.北京:高等教育出版社,2014.

[6] 清华大学电子学教研组编,阎石主编.数字电子技术基础[M].5 版.北京:高等教育出版社,2006.

[7] 西安交通大学电子学教研室编,沈尚贤主编.电子技术导论（上）[M].北京:高等教育出版社,1985.

[8] 周士成,林春方,章利才,等.电路技术基础下篇:数字电子技术[M].合肥:安徽大学出版社,2003

[9] 侯建军.数字电子技术基础[M].2 版.北京:高等教育出版社,2007.

[10] 秦曾煌主编.电工学[M].7 版.北京:高等教育出版社,2009.

附 录

本书常用符号表

符号	含义
A_0、A_1、A_2	第 0、1、2、位译码器地址输入
$A>B$、$A=B$、$A<B$	数字比较器大于、等于、小于
BCD	二—十进制码
C	传输门高电平控制信号
CE	存储器片选输入端
CEP	计数器并行进位允许输入端
CET	计数器进位运输输入端
CP	时钟脉冲
CP_n	时序电路中第 n 个触发器的时钟信号
cp_n	异步时序电路中第 n 个触发器的时钟有效标志
CR	清零输入端
CS	片选信号输入
C_{ext}	外接电容端
C_L	负载电容
$\overline{C}$	传输门低电平控制信号
D	数据
D	数据输入
D	D 锁存器或触发器的 D 输入端
D_{PO}	移位寄存器并行输出
D_{SI}	移位寄存器串行输入端
D_{SL}	移位寄存器左移串行输入端
D_{SO}	移位寄存器串行输出端
D_{SR}	移位寄存器右移串行输入端
E	使能控制端
E	锁存器使能输入端
E	时序电路激励信号向量

EC	计数允许输入端
$EI; EO$	使能输入;使能输出
FF_n	时序电路中触发器 n
f_A	异步输入信号翻转的平均频率
f_{CP}	时钟频率
f_{cmax}	最高时钟频率
G	逻辑门
G	进位产生变量
I	时序电路的输入信号向量
J	JK 触发器的 J 输入端
K	JK 触发器的 K 输入端
LE	锁存允许输入端
O	时序电路的输出信号向量
OE	储存器输出使能输入端
PE	并行置数允许输入端
Q	锁存器或触发器的输出端
Q^n	触发器的现态
$Q^{(n+1)}$	触发器的次态
q	占空比,
R	SR 锁存器或 SR 触发器的复位(置 0)输入端
$RESET$	时序电路的复位信号
R_D	锁存器或触发器的直接复位(置 0)输入端
R_L	负载电阻
S	SR 锁存器或 SR 触发器的置位(置 1)输入端
S	时序电路的状态向量
S_D	锁存器或触发器的直接置位(置 1)输入端
S^n	时序电路的现态
$S^{(n+1)}$	时序电路的次态
T	周期
T	T 触发器的 T 输入端
T_A	异步输入信号翻转的平均周期
TC	计数器进位输出
T_{CP}	时钟周期
t	时间
t_f	下降时间
t_{pHL}	高电平到低电平的传输延迟时间
t_{pLH}	低电平到高电平的传输延迟时间
t_{pd}	平均传输延迟时间

符号	含义
t_w	脉冲宽度
t_r	上升时间
V_{CC}	TTL 电路电源电压
V_{DD}	CMOS 电路电源电压
V_I	输入电压
v_I	输入电压瞬时值
V_O	输出电压
v_O	输出电压瞬时值
V_{OH}	输出高电平时的电压
V_{OL}	输出低电平时的电压
V_{REF}	参考电压
V_{TH}	阈值电压
$V_{(T+)}$	施密特触发特性的正向阈值电压
$V_{(T-)}$	施密特触发特性的负向阈值电压
×	任意态,无关项
τ	时间常数
⎍	电平触发信号
⎍↑	上升沿触发信号
⎍↓	下降沿触发信号